Das Klagerecht von Umweltverbänden in Schweden

Cecil Hammann

Das Klagerecht von Umweltverbänden in Schweden

PETER LANG
Frankfurt am Main · Berlin · Bern · Bruxelles · New York · Oxford · Wien

Bibliografische Information der Deutschen Nationalbibliothek
Die Deutsche Nationalbibliothek verzeichnet diese Publikation in der Deutschen Nationalbibliografie; detaillierte bibliografische Daten sind im Internet über http://dnb.d-nb.de abrufbar.

Zugl.: Bremen, Univ., Diss., 2009

Umschlaggestaltung:
Olaf Glöckler, Atelier Platen, Friedberg

Gedruckt auf alterungsbeständigem,
säurefreiem Papier.

D 46
ISBN 978-3-631-60180-8

www.peterlang.de

Natürlich könnt ihr eine Klage beim Umweltgericht erheben. Umweltschutz wird bei uns groß geschrieben. Schweden ist ein Vorreiter, ein Wegweiser im Umweltschutz. Wenn das alle so machten wie wir, wäre alles viel besser. Jeder kann sich bei uns für die Umwelt einsetzen.
Ihr müßt nur zusehen, daß ihr eine Vereinigung seid. Und ihr müßt als satzungsmäßiges Ziel den Umweltschutz haben. Und ihr müßt seit mindestens drei Jahren in eurer Vereinigung aktiv gewesen sein. Und ihr müßt für den Umweltschutz aktiv sein. Und ihr müßt mindestens 2.000 Mitglieder in eurer Vereinigung haben. Und ihr müßt sie in diesen drei Jahren gehabt haben. Und ihr müßt die ganze Zeit mit allen in Schweden aktiv gewesen sein. Und dann könnt ihr aber doch nicht alles in jedem Stadium anfechten. Und ihr könnt es auch nicht gegenüber jeder Stelle machen. Also nicht bei der Regierung. Und nicht bei privaten Stellen. Und nicht und nicht und nicht
GERICHT
WIR KLAGEN
Weh & Ach
GOTT SEI'S GEKLAGT
E.E.

Inhaltsübersicht

Inhaltsverzeichnis

Abkürzungsverzeichnis

a. A.	andere Ansicht
a.a.O.	am angegebenen Ort
ABl.	Amtsblatt
Abs.	Absatz
a.E.	am Ende
AFDL	Lag om allmänna förvaltningsdomstolar (Gesetz über die allgemeinen Verwaltungsgerichte)
Anm.	Anmerkung
AnwBl	Anwaltsblatt
AöR	Archiv des öffentlichen Rechts (Zeitschrift)
art.	artikel
Art., Artt.	Artikel (Singular, Plural)
Aufl.	Auflage
Bd.	Band
bet.	betänkande (Bericht, Gutachten)
BNatSchG	Bundesnaturschutzgesetz
Bsp.	Beispiel
bspw.	beispielsweise
bzw.	beziehungsweise
CMLR	Common Market Law Review (Zeitschrift)
Ders.	derselbe
d.h.	das heißt
dir.	direktiv
DÖV	Die öffentliche Verwaltung (Zeitschrift)
Ds	Departementsserien (Ministeriumsberichte)
Ds Bo	Berichte des Ministeriums für Wohnungsbau
DVBl.	Deutsches Verwaltungsblatt (Zeitschrift)
EC	European Community
EELR	European Environmental Law Review (Zeitschrift)
EG	Europäische Gemeinschaft, Europeiska gemenskapen
EGV	EG-Vertrag
EKMR	Europeiska konventionen om skydd för de mänskliga rättigheterna och de grundläggande friheterna
ELJ	European Law Journal (Zeitschrift)

ELNI	Environmental Law Network International (Zeitschrift)
EMRK	Europäischen Menschenrechtskonvention
endg.	endgültig
etc.	et cetera
EU	Europäische Union, Europeiska unionen, European Union
EuGH	Europäischer Gerichtshof
EWG	Europäische Wirtschaftsgemeinschaft
F	Förordning (schwed. Verordnung)
f	folgende/r (Seite, Paragraph)
ff.	folgende (Seiten, Paragraphen)
FL	Förvaltningslag (Verwaltungsgesetz)
FN	Fußnote
FPL	Förvaltningsprocesslag (Verwaltungsprozessgesetz)
FT	Förvaltningsrättslig tidskrift (Zeitschrift)
fvl.	forvaltningsloven (norwegisches Verwaltungsgesetz)
G	Gesetz
gem.	gemäß
ggf./ggfls.	gegebenenfalls
HD	Högsta domstolen (oberstes ordentliches Gericht Schwedens)
h.M.	herrschende Meinung
Hrsg.	Herausgeber
Hs.	Halbsatz
i.d.F.	in der Fassung
i.e.S.	im engeren Sinne
ILM	International Legal Materials
i.V.m.	in Verbindung mit
IVU/IVVU	integrierte Vermeidung und Verminderung der Umweltverschmutzung
i.w.S.	im weiteren Sinne
JB	Jordabalken (Immobiliargesetzbuch)
jmfr.	Jämför (vergleiche)
JöR	Jahrbuch des öffentlichen Rechts
JO	Justitieombudmannen
JoU	Jordbruksutsottets betänkande (Bericht des Landwirtschaftsausschusses)
JT	Juridisk tidskrift (Zeitschrift)
JuU	Justitieutskottets betänkande (Bericht des Justizausschusses)
JZ	Juristenzeitung
KK	kammarkansliet
KN	Koncessionsnämnden för miljöskydd

Kungl. Maj:ts	Kungliga Majestäts (der Königlichen Majestät)
KOM	Kommission der Europäischen Gemeinschaft
L	Lag (Gesetz)
lbkg.	Lovbekenedtgørelse (dänisches Gesetzesblatt)
lit.	litera (Buchstabe)
LKP	Lag om kemiska produkter (Gesetz über chemische Produkte)
m.a.W.	mit anderen Worten
MB	Miljöbalk (Umweltgesetzbuch)
mbl.	miljøbeskyttelselov (dänisches Umweltschutzgesetz)
m. E.	meines Erachtens
MF	Miljöskyddsförordning (Umweltschutzverordnung)
m.fl.	med flera (und andere)
MKB	Miljökonsequensbesprivningar
m.m.	med mera (und dergleichen)
ML	Miljöskyddslagen (Umweltschutzgesetz)
MÖD	Miljööverdomstolen (Umweltobergericht)
MSL	Miljöskadelag (Umweltschadengesetz)
MT	Miljörättslig tidskrift (Zeitschrift)
m.w.N.	mit weiteren Nachweisen
nbl.	naturbeskyttelselov (dänisches Naturschutzgesetz)
NGO	Non-Governmental Organisation
NJA	Nytt Juridiskt Arkiv (Zeitschrift)
Nr.	Nummer
nr.	nummer
NRL	Naturressurslag (Gesetz über die natürlichen Ressourcen)
NuR	Natur und Recht (Zeitschrift)
NVL	Naturvårdslag (Gesetz über die Naturpflege)
NVwZ	Neue Zeitschrift für Verwaltungsrecht
o.g.	oben genannt/e/en/er/es
osv.	och så vidare (und so weiter)
p	punkt (Zitierweise für einen „Satz“ in einer schwed. Gesetzesvorschrift)
PBL	Plan- och bygglag (Plan- und Baugesetz)
PL	lov om planlægning (dänisches Plangesetz)
prop.	proposition (Gesetzesvorschlag, Regierungsvorlage)
RB	Rättegångsbalken (Prozessgesetzbuch)
Rdn.	Randnummer
RiL	Richtlinie
RF	Regeringsform (schwedische Verfassung, eines der vier schwedischen Grundgesetze)

RO	Riksdagsordning (Reichstagsordnung, eines der vier schwedischen Grundgesetze)
RPL	Rättsprövningslagen (Gesetz über die Rechtmäßigkeitsprüfung von Entscheidungen der Regierung)
rskr.	Riksdagens skrivelse (Handlungsanzeige des Parlaments)
RÅ	Regeringsrättens årsbok (jährlich erscheinende Entscheidungssammlung des Regierungsgerichts, des höchsten Verwaltungsgerichts)
S.	Satz, Seite
saml.	samling (amtliche Sammlung)
schwed.	schwedisch
SekrL	Sekretesslag (Geheimhaltungsgesetz)
SFS	Svensk författningssammling (schwedisches Gesetzblatt)
skr.	skrivelse (amtliche Mitteilung)
Slg.	Amtliche Sammlung der Entscheidungen des Europäischen Gerichtshofs
SO	Successionsordning (Thronfolgeordnung, eines der vier schwedischen Grundgesetze)
sog.	sogenannte/r/s
SOU	Statens offentliga utredningar (öffentliche Gutachten der Regierung)
st.	stycke (Absatz)
SvJT	Svensk Juridisk Tidskrift (Zeitschrift)
SÖ	Statens överenskommelser med främmande makter (Sammlung völkerrechtlicher Verträge)
u.a.	unter anderem
UAbs.	Unterabsatz
UN	United Nations
UN/ECE	United Nations Economic Commission for Europe
usw.	und so weiter
UPR	Umwelt- und Planungsrecht (Zeitschrift)
Urt.	Urteil
UTR	Jahrbuch des Umwelt- und Technikrechts
UVP	Umweltverträglichkeitsprüfung
V, VO	Verordnung
vgl.	vergleiche
VUR	Schriftenreihe des Vereins für Umweltrecht
VwGO	Verwaltungsgerichtsordnung
ZaöRV	Zeitschrift für ausländisches öffentliches Recht und Völkerrecht

z.B.	zum Beispiel
z.T.	zum Teil
ZUR	Zeitschrift für Umweltrecht

A) Einführung

I) Thema der Arbeit

Die Belange der Umwelt rücken immer mehr in den Mittelpunkt öffentlichen Interesses. Dies gilt insbesondere für Industrienationen, aber auch für Schwellen- und Entwicklungsländer. Bei Planung und Bau von Anlagen wird in Mitteleuropa etwa seit den 60er Jahren[1] des letzten Jahrhunderts verstärkt auf die Auswirkungen dieser Vorhaben auf die Umwelt geachtet. Je mehr man der Belange der Umwelt gewahr wird, desto mehr stellt sich die Frage, wer ihre Interessen wahrnehmen soll. Ist es Aufgabe des Staates bzw. der öffentlichen Hand, allgemein das Schutzgut der Umwelt im Rahmen der Daseinsvorsorge für die Bürger zu wahren, oder soll auch einzelnen[2] das Recht zugestanden werden, die Belange der Umwelt zu vertreten, sei es organisiert in Vereinigungen[3] oder zufällig zusammengeschlossen in Aktionsgruppen und Initiativen, und dabei vor allem als Partei oder Beteiligte in Verwaltungs- und/oder Gerichtsverfahren als Partei zu partizipieren.[4] In Schweden waren diese Fragen im Rahmen mehrer Gesetzesvorhaben aktuell.[5] Insbesondere anlässlich der Schaffung einer umfassenden umweltrechtlichen Kodifikation, des Umweltgesetzbuches *(„Miljöbalken")*,[6] wurde auch über die Einführung eines Klagerechts für einzelne Bürger, Gruppen und Vereinigungen in Umweltfragen diskutiert.[7] Das Umweltgesetz-

---

1 Ebbesson, Miljörätt, S. 16.

2 Für das Gemeinschaftsrecht hat dies der EuGH schon in der Rechtssache van Gend en Loos, 26/62 – Slg. 1963, 1 ff. – festgestellt: „Die Wachsamkeit der an der Wahrung ihrer Rechte interessierten einzelnen stellt eine wirksame Kontrolle dar, welche die durch die Kommission und die Mitgliedsstaaten gemäß den Artt. 169 und 170 ausgeübte Kontrolle ergänzt."

3 Die Einräumung einer Klagebefugnis für Organisationen stärkt die Durchsetzbarkeit des Interesses der Umwelt, denn dieses Gut ist keinem einzelnen Bürger spezifisch zugeordnet, vgl. EUDUR-Sach/Simm, Band 1, § 44 Rdn. 97.

4 Ebbesson, Access to Justice in Environmental Matters in the EU, S. 3.

5 SOU 1966:65, S. 299 und prop. 1969:28, S. 189 f., 205 f. 375 f. und 394–396 zum Umweltschutzgesetz *(„miljöskyddslagen");* SOU 1987:32, S. 174–191 zum Umweltschutzgesetz und prop. 1987/88:85, S. 266 f.; SOU 1994:151, Teil A, S. 257–268 und Teil C, S. 151–252 zum Gesetz über Gruppenklagen.

6 Im Folgenden auch MB abgekürzt.

7 SOU 1993:27, S. 603–621; prop. 1994/95 :10, S. 220–225 ; SOU 1996 :103, 503–536 und prop. 1997/98 :45, *Miljöbalken*, Teil 1, 486–491 und Teil 2, S. 211–213.

buch trat am 1. Januar 1999 mit einer Regelung zum Klagerecht von Vereinigungen in Kraft, die viele Vereinigungen und insbesondere spontan oder zufällig geschlossene ausschließt, so dass die Diskussion weitergeht.[8] Weiter zeichnen sich Veränderungen durch internationale und supranationale Verpflichtungen Schwedens ab, die sich auch auf das noch junge Klagerecht für Vereinigungen in Umweltangelegenheiten auswirken werden.

II) Ziel der Arbeit

Die Arbeit soll die Entwicklungen in den relevanten Rechtsbereichen und die bestehenden Regelungen in einem Mitgliedsstaat der Europäischen Gemeinschaft aufzeigen. Damit sollen zum einen Anregungen gegeben werden, für den eigenen Rechtskreis zu lernen, zum anderen aber auch der kritische Blick auf einen Nachbarstaat geschärft werden. Denn Umweltprobleme machen bekanntermaßen nicht vor Staatengrenzen halt, für die Durchsetzbarkeit der Umweltinteressen muss daher das gleiche gelten. Darüber hinaus sollen die Probleme geschildert werden, die bei der Regelung der Materie auftreten können. Hierzu gehören insbesondere auch die Probleme, die ein souveräner Staat bei der Gesetzgebung bzw. der Regelung einer Materie hat, wenn er durch internationale Verträge oder aufgrund supranationaler Verpflichtungen Vorgaben erhält, die er für den eigenen Rechtskreis und vor dem Hintergrund eigener Rechtstraditionen umsetzen muss.

III) Gang der Untersuchung

Die Arbeit stellt in einem ersten Schritt die rechtlichen Rahmenbedingungen für die Einführung des Klagerechts für Vereinigungen in Umweltsachen vor Inkrafttreten des Umweltgesetzbuches dar. Hierzu wird zum besseren Verständnis des Lesers zunächst ein Überblick über die Entwicklung des schwedischen Verwaltungsrechts und sodann des schwedischen Umweltrechts gegeben. Eingebettet in diese Darstellung wird das Klagerecht des einzelnen Bürgers und dabei insbesondere die Klage- bzw. Anfechtungsmöglichkeiten erörtert. Dabei werden die Klage- und Anfechtungsmöglichkeiten für schwedische Umweltorganisationen besonders erläutert. In einem zweiten Schritt soll das Umweltgesetzbuch in seinen grundsätzlichen Zügen vorgestellt und anhand dessen die materiellen Voraussetzungen des Klagerechts für Vereinigungen erläutert, die mit Einführung

8 Siehe unten C).

des Umweltgesetzbuches geschaffen wurden. In einem dritten Schritt werden die internationalen und supranationalen Verpflichtungen Schwedens, namentlich die Aarhus-Konvention[9] und die aufgrund der Konvention ergangenen Richtlinien 2003/4/EG[10] und 2003/35/EG[11] sowie der Richtlinienvorschlag der Europäischen Kommission vom 24.10.2003[12] zur Umsetzung der Konvention in Gemeinschaftsrecht, vorgestellt und aufgezeigt, dass das schwedische Klagerecht für Vereinigungen in Umweltangelegenheiten diesen Vorgaben nicht vollständig entspricht. Schließlich wird das Ergebnis der Prüfung in einem vierten Teil zusammengefasst und ein Ausblick gewagt.

---

9 Gemeint ist das „Übereinkommen über den Zugang zu Informationen, die Öffentlichkeitsbeteiligung an Entscheidungsverfahren und den Zugang zu Gerichten in Umweltangelegenheiten“. Die Konvention ist benannt nach der dänischen Stadt Aarhus (Århus), in der sie unterzeichnet wurde, vgl. auch Zschiesche, ZUR 2001, 177 (177).

10 Richtlinie 2003/4/EG des europäischen Parlaments und des Rates vom 28.1.2003 über den Zugang der Öffentlichkeit zu Umweltinformationen und zur Aufhebung der Richtlinie 90/313/EG, ABl. L Nr. 41 vom 14.2.2003, S. 26.

11 Richtlinie 2003/35/EG des europäischen Parlaments und des Rates über die Beteiligung der Öffentlichkeit bei der Ausarbeitung bestimmter umweltbezogener Pläne und Programme und zur Änderung der Richtlinien 85/337/EWG und 96/61/EG des Rates in Bezug auf die Öffentlichkeitsbeteiligung und den Zugang zu Gerichten vom 26.5.2003, ABl. L Nr. 156 vom 25.6.2003, S. 17.

12 KOM(2003) 624 endg.

B) Rechtliche Rahmenbedingungen

Zum richtigen Verständnis des Anfechtungsrechts von Umweltorganisationen in Schweden ist es erforderlich, die in Schweden herrschenden rechtlichen Rahmenbedingungen einzubeziehen.[13] Ohne die Darstellung des Hintergrundes würde sich der zu untersuchende Regelungsgegenstand nicht ausreichend erschließen.[14] Dies erfordert zunächst einen Einstieg in das schwedische allgemeine Verwaltungsrecht und sodann einen Einstieg in das besondere (Umwelt-) Verwaltungsrecht. Die Darstellung dieser Rahmenbedingungen soll allgemein gehalten werden und geht nur dort in die Tiefe, wo es für das Verständnis der zu untersuchenden Problemstellung nötig ist.

I) Einführung in das schwedische allgemeine Verwaltungsrecht

Das Verwaltungsrecht stellt in Schweden kurz zusammengefasst denjenigen Teil der Rechtswissenschaft dar, der sich mit den rechtlichen Reglungen beschäftigt, die die Tätigkeit der Verwaltungsbehörden bestimmen.[15] Eine eindeutige Trennung zwischen Verwaltung und Verwaltungsgerichtsbarkeit ist in Schweden nicht bekannt[16]. Im Grundsatz unterliegen Verwaltungsentscheidungen einer rein administrativen Überprüfung.[17] Zwar wurden insbesondere in der jüngeren Geschichte Versuche unternommen, verwaltungsinternen und verwaltungsgerichtlichen Rechtsschutz voneinander zu trennen. Eine umfassende und nachvollziehbare Trennung ist jedoch nicht geglückt,[18] sondern immer nur partiell für einzelne besondere verwaltungsrechtliche Disziplinen erfolgt. In vielen Bereichen ist daher bis heute im Einzelfall zu prüfen, ob Rechtsschutz lediglich behördenintern oder darüber hinaus über Verwaltungsgerichte – hier gibt es allgemeine und besondere – erfolgen muss.[19]

---

13 Sommermann, DÖV 1999, 1017 (1022); Starck, JZ 1997, 1021 (1026 ff.).
14 Beaucamp, UPR 2001, 134 (134 f.).
15 Sundberg, Allmän förvaltningsrätt, S. 15.
16 Hellners/Malmqvist, Förvaltningslagen, S. 14 f. m.w.N.
17 Westerlund, MT 1995, 212 (213 f.).
18 Sterzel in: NJH, S. 1023.
19 Einen kurzen Überblick gibt Warnling-Nerep, En introduktion till förvaltningsrätten, S. 27.

1) Historischer Hintergrund

Es ist eine offene Frage,[20] wo man bei der Darstellung der Entwicklung einer Rechtsmaterie anfängt. Um die notwendigen Voraussetzungen zur Untersuchung des Themas dieser Arbeit zu schaffen, ist es ausreichend, den historischen Hintergrund des schwedischen Verwaltungsrechts von Beginn des vergangenen Jahrhunderts an zu betrachten und zusammengefasst darzustellen.[21] Die davor liegenden Zeitabschnitte mit ihren rechtlichen Veränderungen werden daher nur kurz behandelt. Bei der Untersuchung der Verwaltungsstrukturen und der Verwaltungsgerichtsstrukturen ist zu beachten, dass Schweden seit dem Mittelalter eine Monarchie und ein Zentralstaat ist.[22]

a) Der Monarch als oberste exekutive Prüfungsinstanz

Die Verwaltung Schwedens ist hierarchisch aufgebaut und hat seit der Reichsgründung[23] an seiner Spitze den König stehen.[24] Der König hatte ursprünglich nicht nur durch von ihm erlassene Rechtsvorschriften, sondern auch durch Anordnungen und Befehle im Einzelfall das Recht, auf die ihm untergeordneten Verwaltungsstellen einzuwirken, um so die effektive Führung des Staates sicherzustellen.[25] Bestimmte Entscheidungen behielt sich die Krone als erste und einzige Prüfungsinstanz vor. Eine gerichtliche Überprüfung der Entscheidungen der Verwaltung im Sinne der Lehre Montesquieus von der Gewaltenteilung war in Schweden bis Anfang des 19. Jahrhunderts nicht bekannt.[26] Dies war auf die herrschende staatsphilosophische Ansicht zurückzuführen, dass der König – als absoluter Monarch von Gottes Gnaden – keine Fehler machte bzw. machen konnte.[27] Nach der damaligen Anschauung konnte damit auch die ihm unterstell-

---

20 Nergelius, Förvaltningsprocess, normprövning och europarätt, S. 24.

21 Ebenda.

22 Gemäß dem 1. Kapitel, § 5 Abs. 1 RF ist der König oder die Königin Staatschef des Landes. Alle Macht geht jedoch gemäß dem 1. Kapitel, § 1 RF vom Volke aus. Der Reichstag, das schwedische Parlament, vertritt und repräsentiert das Volk, 1. Kapitel, § 4 Abs. 1 RF.

23 Gemeint ist hier das Jahr 1523, in dem sich Gustav Vasa zum König über Schweden ausrufen ließ und damit den Bruch der Kalmarer Union zwischen Dänemark, Norwegen und Schweden, die seit 1397 bestanden hatte, herbeiführte.

24 Sundberg, Allmän förvaltningsrätt, S. 4; Sterzel in: NJH, S. 1023.

25 Sundberg, Allmän förvaltningsrätt, S. 4 f.

26 Warnling-Nerep, FT 1991, 129 (130); Sundberg, Allmän förvaltningsrätt, S. 8.

27 Die Gesetzgebungsmacht lag bereits seit 1682 allein beim König. 1693 bekräftigte der Reichstag die absolute Herrschaft des Königs. Als König von Gottes Gnaden wurde er als verantwortlich lediglich gegenüber Gott angesehen, von dem er seine Macht erhalten hatte, vgl. Melin/Johannson/Hedeborg, Sveriges Historia, S. 119.

te Verwaltung keine Fehlentscheidungen treffen. Zwar war bereits im Jahr 1823 ein Vorschlag betreffend die Trennung der Verwaltung und der Gerichte vorgelegt worden. Jedoch war dieser Vorschlag mit einer Reihe Einschränkungen versehen. Tenor dieser Einschränkungen war, dass die reine administrative Prüfung von Verwaltungsentscheidungen qualitativ gerichtlichen Entscheidungen entspräche. So berief man sich in diesem Vorschlag auch auf die besondere Sachkunde der Verwaltung in eigenen Angelegenheiten.[28] Dementsprechend wurde der Vorschlag nur teilweise durch eine königliche Verordnung[29] umgesetzt. Hierdurch wurden solche Rechtstreite, die Verträge zwischen der öffentlichen Verwaltung und einzelnen Bürgern betrafen, wie auch andere Angelegenheiten mit fiskalischem Charakter der Entscheidungsgewalt der ordentlichen Gerichtsbarkeit unterstellt.[30] Zwar war damit ein erster Schritt heraus aus dem reinen „intra-administrativen" Prüfungssystem getan, ein Schritt hin zum Grundsatz gerichtlicher Kontrolle des Verwaltungshandelns war damit aber noch nicht erfolgt; dieser sollte erst 1909 mit der Errichtung von *Regeringsrätten* in Stockholm erfolgen.[31]

b) Schrittweise Übergabe der königlichen Prüfungskompetenz an die Regierung

Im Laufe der Jahrhunderte seit der Reichsgründung wurde die Macht des absoluten Herrschers mehr und mehr auf die Regierung, den damals sog. „Staatsrat" *(„statsrådet")*, übertragen.[32] Die Regierung rückte damit im Laufe der Zeit von der Stellung eines beratenden Organs immer mehr in die Stellung des (absoluten) Monarchen selbst ein. Mit der Übernahme der Tätigkeiten des Monarchen übernahm die Regierung – zur Entlastung des Monarchen – auch die höchste Prüfungskompetenz in Verwaltungsangelegenheiten. Dies galt auch für jene Art von Entscheidungen, die die Krone als erste und einzige Prüfungsinstanz zu treffen hatte und wurde schließlich in späteren Gesetzen von der Regierung sogar

28 Sundberg, Allmän förvaltningsrätt, S. 8 f.

29 KF 17/4 1828 ang. upphörande av styrelseverkens domsrätt i vissa mål.

30 Sundberg, Allmän förvaltningsrätt, S. 9.

31 Nergelius spricht von einem Meilenstein *(„milstolpe")* im nationalen schwedischen Verwaltungsprozessrecht, vgl. Nergelius, Förvaltningsprocess, normprövning och europarätt, S. 24. Siehe auch unten B) I) 1) c) (1).

32 Diese Machtübertragung geht zurück auf das Grundgesetz *„Regeringsformen"* in der Fassung von 1806, die auf der Montesquieu'schen Lehre der Gewaltenteilung basierte, vgl. Melin/Johannson/Hedeborg, Sveriges Historia, S. 164.

noch ausgeweitet, indem sie die Anwendungsfälle des alleinigen Prüfungsrechts ausweitete.[33]

c) Errichtung von Gerichten zur Überprüfung von Verwaltungsentscheidungen

Es war die Regierung, die Anfang des 20. Jahrhunderts die Errichtung des ersten schwedischen Verwaltungsgerichts initiierte und damit den Grundstein für den Aufbau einer schwedischen Verwaltungsgerichtsbarkeit legte. Ein zweites Verwaltungsgericht sollte alsbald folgen.

(1) Regeringsrätten

Im Jahr 1909 wurde *Regeringsrätten* per Gesetz[34] errichtet. Grund für die Errichtung des Gerichts war die Entlastung der Regierung als oberste Prüfungsinstanz im administrativen Prüfungssystem.[35] Das Gericht sollte die aufkommenden Rechtsfragen prüfen, während Fragen der Angemessenheit oder der Zweckmäßigkeit von Verwaltungsentscheidungen weiter von der Regierung geprüft werden sollten.[36] Insoweit erklärt sich auch der Name des Gerichts, das übersetzt „Regierungsgericht" heißt. Seine örtliche Zuständigkeit erstreckte sich auf ganz Schweden.[37] Die Angelegenheiten, für die *Regeringsrätten* sachlich zuständig sein sollte, waren in § 2 des Gesetzes über *Regeringsrätten* in 19 Ziffern aufgelistet. Daneben gab es Fälle, in denen das Gericht nicht selbst entscheiden durfte, sondern lediglich beratend für die Regierung tätig war und die Sache mit eigenem Votum an die Regierung zur Entscheidung weiterzugeben hatte. Dies galt für Angelegenheiten, in denen mehrere Fragen behandelt wurden, die nicht alle der Prüfungskompetenz von *Regeringsrätten* unterfielen, sondern auch der Prüfungskompetenz der Regierung, § 3 des Gesetzes über *Regeringsrätten.* Gemäß § 4 dieses Gesetzes war das Gericht außerdem befugt, die Regierung anzurufen, um einen Dispens von geltenden Vorschriften zu erreichen. Nicht alle Angelegenheiten wurden von *Regeringsrätten* zur Prüfung angenommen, sondern das Gericht konnte sich die Zulassung des Rechtsmittels vorbehalten *(„prövningstillstånd")*. Die Zulassung wurde nur dann erteilt, wenn die Prüfung der Sache für die Einheitlichkeit der Rechtsanwendung oder Rechtsauslegung von

---

33 Im umweltrechtlichen Bereich mag hier das Gesetz über den Umgang mit natürlichen Ressourcen genannt werden, in dem die Regierung die alleinige Prüfungshoheit über bestimmte Arten von Vorhaben hat, dazu unten ausführlich unter B) II) 3) c) (2) (iv).

34 *Lag (1909:38 s. 3) om Kungl. Maj:ts regeringsrätt.*

35 Nergelius, Förvaltningsprocess, normprövning och europarätt, S. 25.

36 Prop. 1971:30, S. 6.

37 Prop. 1993/94:133, S. 24.

besonderem Gewicht war. Weiter hatte das Gericht keine Befugnis, Entscheidungen der Regierung zu überprüfen, wodurch klargestellt wurde, dass das Gericht nicht neben der Regierung stand, sondern, wie alle andere Verwaltung auch, unter ihr.[38]

(2) Kammarrätten

Das zweite Verwaltungsgericht Schwedens, das Kammergericht *(„kammarrätt")* wurde installiert, um den König als oberste Prüfungsinstanz in einigen Bereichen zu entlasten.[39] Wie auch *Regeringsrätten* hatte das Kammergericht – mit Sitz in Stockholm – ganz Schweden als Gerichtsbezirk.[40] Die Vorschriften über das Kammergericht finden sich teilweise in der Verordnung für das Kammergericht,[41] teils in der Bekanntmachung mit Vorschriften betreffend das Anfechtungsverbot in gewissen Anfechtungsangelegenheiten,[42] teils in weiteren Gesetzen.[43] Inhaltlich war *kammarrätten* hauptsächlich für Steuerangelegenheiten zuständig.[44] Meist kamen die Fälle entweder von den einzelnen Prüfungsämtern oder den Provinzialregierungen zu *kammarrätten.* Die Entscheidungen von *kammarrätten* selbst waren in vielen Fällen endgültig und konnten nicht angefochten werden.[45]

2) Die Entwicklung des Anfechtungsrechts und der Instanzordnung vor der Verwaltungsreform von 1971

a) Das Anfechtungsrecht vor der Verwaltungsreform 1971

Eine einheitliche Gesetzesbestimmung, die das Recht der Anfechtung staatlicher Entscheidungen normierte, gab es im schwedischen Verwaltungsrecht bis zur Verwaltungsreform von 1971 nicht, sondern Vorschriften hierüber fanden sich

---

38 Nergelius, Förvaltningsprocess, normprövning och europarätt, S. 25.

39 Dies galt für die Bereiche, in denen der König seine Kompetenzen noch nicht an die Regierung übertragen hatte, vgl. Prop. 1971:30, S. 9.

40 Prop. 1993/94:133, S. 24.

41 *Stadgan (1959:545) för kammarrätten.*

42 *Kungörelse (1924:528) med föreskrifter angående fullföljd av talan i vissa besvärs- och anmärkningsmål m. m.*

43 Prop. 1971:30, S. 9.

44 Im Gesetzesvorschlag wird von zirka 95 % gesprochen, ansonsten wurden Fälle über Kindergeld oder Sozialhilfe behandelt, vgl. Prop. 1971:30, S. 9 f.

45 Prop. 1971:30, S. 10.

verteilt in den einzelnen Verwaltungsgesetzen.[46] Fehlten diese, wurde das Anfechtungsrecht aus allgemeinen Rechtsgrundsätzen hergeleitet, um Rechtssicherheit zu gewährleisten und das Vertrauen der Bürger in die Verwaltung zu stärken.[47] Auf diese Weise wurde jedem Bürger das Recht gewährt, eine Verwaltungsentscheidung von einer übergeordneten Behörde und letztlich vom König überprüft zu bekommen. Voraussetzung war allerdings, dass der Bürger von der angefochtenen Entscheidung selbst in irgendeiner Weise betroffen war.[48] So, wie es Vorschriften gab, die ein Anfechtungsrecht ausdrücklich beinhalteten, gab es auch Vorschriften, die ein solches ausdrücklich ausschlossen. Dies war meist so bei Sachverhalten, die von minderer Bedeutung im Hinblick auf das Postulat der Rechtssicherheit waren; gleiches galt auch für Fälle, in denen solche Vorschriften fehlten. Ausgeschlossen war immer die Anfechtung von rein internen Entscheidungen der Behörden ohne Außenwirkung oder von Entscheidungen ohne unmittelbare Rechtswirkung, wie etwa eine Verweisung einer Angelegenheit an eine andere Behörde.[49] Inhaltlich hatte die übergeordnete Behörde den Sachverhalt ebenso umfassend zu prüfen wie die Ausgangsbehörde. Die Prüfung erfolgte sowohl unter rechtlichen Gesichtspunkten als auch unter Zweckmäßigkeitserwägungen. Die übergeordnete Behörde war berechtigt, ihre eigene Entscheidung anstelle der Entscheidung der Ausgangsbehörde zu setzen.[50]

b) Der Instanzenzug vor der Verwaltungsreform 1971

Im Verwaltungsaufbau gab es Behörden, die die Anfechtungsprüfungen als Teil ihrer Aufgaben wahrnahmen, und solche, deren ausschließliche Tätigkeit es war, Anfechtungsprüfungen vorzunehmen. Bei letzteren waren die Arbeitsabläufe und das Verfahren so gestaltet wie bei den ordentlichen Gerichten, so dass man diese ausschließlichen Überprüfungsbehörden als „Verwaltungsgerichte" bezeichnete, wobei die Grenze zur „einfachen" anfechtungsprüfenden Behörde fließend war.[51] Als Verwaltungsgerichte durften zumindest *Regeringsrätten* und das Kammergericht sowie das sog. Versicherungsgericht *(„försäkringsdomstol"*[52]*)* angesehen werden.[53] Die Liste der Verwaltungsbehörden, die neben

46 Ebenda.

47 Prop. 1971:30, S. 3.

48 Ebenda.

49 Prop. 1971:30, S. 3 f.

50 Prop. 1971:30, S. 4.

51 Prop. 1971:30, S. 4 f.

52 Das Versicherungsgericht wurden mit dem Gesetz über das Versicherungsgericht *(lag (1961:262) om försäkringsdomstol)* errichtet. Gemäß § 1 Abs. 1 dieses Gesetzes hatte es ange-

anderen Tätigkeiten auch Anfechtungsangelegenheiten zu überprüfen hatten, war ungleich länger: Genannt werden sollen hier die Provinzialregierungen, die hauptsächlich regional für die Überprüfung kommunaler Entscheidungen zuständig waren, und die zentralen Ämter (sog. *„nämnder"* oder *„verk"*), die die Entscheidungen ihnen unterstellter Behörden zu prüfen hatten. Als letzte Instanz prüfte der Staatsrat *(„statsrådet")* des Königs, also der Regierung, die Entscheidungen. Die Länge des Instanzenzuges wie auch seine Zusammensetzung variierte je nach Art der Verwaltungsangelegenheit. In vielen Fällen konnte eine Entscheidung nur von einer weiteren Instanz überprüft werden, die entweder der Staatsrat, ein Verwaltungsgericht oder eine übergeordnete Verwaltungsbehörde sein konnte. Dort, wo im Instanzenzug ein „Gericht" vorgesehen war, war es das einzige Gericht, das entschied, und die Entscheidung wurde letztinstanzlich getroffen.[54]

3) Verwaltungsreform 1971

Im Jahr 1971 gab sich Schweden eine Reihe Gesetze mit großer Bedeutung für die öffentliche Verwaltung. Die Reform („Verwaltungsrechtsreform") bildete den Schlusspunkt in einem lange währenden und sehr sorgfältig über mehrere Jahrzehnte durchgeführten Gesetzgebungsverfahren, in dem sowohl die Arbeit der Verwaltung, der Instanzenzug und die Frage nach der Einführung einer „echten" Verwaltungsgerichtsbarkeit untersucht worden waren.[55] Durch die Reform erhielt Schweden drei zentrale Gesetze im verwaltungsrechtlichen Bereich: das Gesetz über allgemeine Verwaltungsgerichte (AFDL),[56] das Verwaltungsgesetz (FL)[57] und das Verwaltungsprozessgesetz (FPL).[58] Die Gesetze beinhalteten sowohl eine Änderung der Zuständigkeiten sowohl von *Regeringsrätten* als auch von *Kammarrätten* wie auch die Einrichtung einfacher Verwaltungsgerichte und darüber hinaus die Einführung von allgemeinen Regeln zum Verfahren bei den Verwaltungsgerichten und den Verwaltungsbehörden. Weiter wurde die erwei-

---

fochtene Entscheidungen des Reichsversicherungsamts oder des Versicherungsrats zu prüfen. Seine Entscheidungen waren endgültig, vgl. § 1 Abs. 2 dieses Gesetzes.

53 Prop. 1971:30, S. 5.

54 Ebenda.

55 Hellners/Malmquist, Förvaltningslagen, S. 17.

56 *Lag (1971:289) om allmänna förvaltningsdomstolar.*

57 *Förvaltningslag*, SFS (1971:290).

58 *Förvaltningsprocesslag*, SFS (1971:291).

terte Möglichkeit geschaffen, eine Verwaltungsentscheidung überhaupt von einem eigenständigen Verwaltungsgericht überprüfen lassen zu können.[59]

a) Aufbau der Verwaltungsgerichtsbarkeit

(1) Umorganisierung der bestehenden Verwaltungsgerichte Regeringsrätten und Kammarrätten

Die Umorganisierung der Verwaltungsgerichte beinhaltete die Verlagerung der gerichtlichen Überprüfung in Verwaltungssachen von *Regeringsrätten* auf die Kammergerichte.[60] *Regeringsrätten* wurde mit dieser Reform zu einer reinen Rechtsprüfungsinstanz umgewandelt.[61] Darüber hinaus sollte das Gericht weiter dadurch entlastet werden, dass generell eine Zulassung zum Rechtsmittel erfolgen musste.[62] Die Anzahl der Kammergerichte wurde erhöht, die Gerichtsbezirke entsprechend unterteilt.[63] Die Kammergerichte wurden zu allgemeinen Verwaltungsgerichten direkt unter *Regeringsrätten* umgewandelt und hatten dort im wesentlichen die gleichen Aufgaben zu bewältigen wie *Regeringsrätten.*[64]

(2) Untere Instanzen

Daneben wurde durch ein eigenes Gesetz die Rechtsprechung auf der Ebene der Provinzen neu gestaltet.[65] Durch dieses Gesetz wurden u.a. die früheren jeweiligen Prüfungsämter zu Finanzgerichten umgewandelt und besondere Gerichte, die Verwaltungsgerichte *(„länsrätter“)*, zur Überprüfung von Sozial- und Führerscheinangelegenheiten gebildet. Die „gerichtliche“ Tätigkeit war allerdings zunächst wieder eine exekutive im Rahmen der Verwaltungshierarchie. Dieser Teil der Umorganisation wurde erst zum 1.7.1979 abgeschlossen, als die Finanzgerichte und die Provinzialgerichte aus den Provinzialregierungen ausgegliedert wurden und zu eigenständigen Gerichten für jede Provinz umgewandelt wurden.[66] Diese Gerichte nehmen seit dem 1.7.1979 Aufgaben der Judikative wahr, ohne in die Verwaltungshierarchie eingegliedert zu sein.

---

59 Westerlund, MT 1995, 212 (214).

60 Prop. 1971:30, S. 1.

61 Hellners/Malmquist, Förvaltningslagen, S. 17.

62 Prop. 1971:30, S. 1.

63 § 1 Abs. 2 und 3 AFDL.

64 Ragnemalm, FT 1975, 155 (160 f.).

65 Gesetz über Finanzgerichte, Grundstücksbewertungsgerichte und Verwaltungsgerichte *(Lag om skatterätt, fastighetstaxeringsrätt och länsrätt)*, vgl. Ragnemalm, FT 1975, 155 (155).

66 Westerlund, MT 1995, 212 (214).

(3) Neuer Instanzenzug

Gemäß § 14 AFDL war Klage immer beim Verwaltungsgericht *(„länsrätt")* zu erheben, wenn es spezialgesetzlich bestimmt war. Die Entscheidung eines Verwaltungsgerichts war bei einem *Kammarrätt* anzufechten, als letzte Instanz entschied *Regeringsrätten* als reine Rechtsprüfungsinstanz.[67] Gemäß § 3 FL bzw. § 2 des FPL galten jedoch abweichende Bestimmungen in Spezialgesetzen oder Verordnungen vorrangig. Zu diesen Spezialgesetzen gehört auch, dies sei bereits hier angemerkt, das Umweltgesetzbuch,[68] das eine eigene Verfahrens- und Instanzordnung vorhält.[69]

b) Auswirkungen auf das Verwaltungsverfahren

Für die Verwaltungsbehörden ergaben sich durch die Verwaltungsrechtsreform keine organisatorischen Neuerungen, sieht man einmal von der Ausgliederung der vorherigen „Gerichts-Abteilungen" und dem teilweise geänderten Instanzenzug ab. Dagegen wurde durch das neue Verwaltungsgesetz das Verfahren der Verwaltung geregelt. Unter dem Begriff „Verwaltungsverfahren" fasst man im schwedischen Recht das Verfahren des Entstehens einer Verwaltungsentscheidung von der Anhängigkeit bei einer Behörde bis zur Vollziehung der Entscheidung, wobei auch das Anfechtungsverfahren hierzu zählt.[70] Mit dem Gesetz wurde eine Reihe grundlegender Vorschriften darüber eingeführt, wie die Behörden ihre Tätigkeit strukturieren sollen und wie das Verwaltungsverfahren ausgestaltet sein sollte.[71] Damit wurden die vorher in Einzelfällen herausgebildeten Regeln, wie die Verwaltung zu arbeiten hat, erstmals in gesetzliche Form gegossen.[72]

4) Verwaltungsreform 1986

Das Verwaltungsgesetz wurde bereits Mitte der 1980er Jahre durch ein Gesetz[73] reformiert, das zum Ziel hatte, den Schwerpunkt des Verfahrens auf die erste Prüfungsbehörde zu verlagern und dabei die „Servicepflicht" der Verwaltung

---

67 Sterzel in: NJH, S. 1027.
68 Strömberg, Allmän förvaltningsrätt, S. 173.
69 Dazu unten C) V) 1).
70 Strömberg, Allmän förvaltningsrätt, S. 78.
71 Warnling-Nerep, En introduktion till förvaltningsrätten, S. 27.
72 Hellners/Malmquist, Förvaltningslagen, S. 18.
73 *Förvaltningslag*, SFS (1986:223).

betonte.[74] Weitere wichtige Neuerung in diesem Gesetz war die Einführung eines Nachprüfungsverfahrens *(„omprövning“)*[75] durch die entscheidende Behörde selbst.[76] Damit sollte die Verwaltungstätigkeit beschleunigt werden, da insoweit nicht zwei verschiedene Behörden (hiermit ist auch ein Gericht gemeint) in ein und derselben Sache beschäftigt würden.[77] Die Regierung stellte sich hier in ihrem schließlich Gesetz gewordenen Vorschlag gegen Stimmen aus der Lehre, die eine Verdeutlichung des Instanzenzuges aus Gründen der Rechtssicherheit forderten und nach dem Absetzen der Entscheidung durch die Ausgangsbehörde eine Überprüfung der Entscheidung nur noch durch die nächsthöhere Instanz und dort durch die Verwaltungsgerichte zulassen wollten.[78]

5) Die Schaffung des Rechtsprüfungsgesetzes

Wie oben[79] ausgeführt waren Entscheidungen der Regierung endgültig und eine Überprüfung der Regierungsentscheidungen durch Gerichte nicht vorgesehen. Erst 1988 trat ein Gesetz in Kraft, das in gewissem Umfang die Überprüfung einer eigentlich rechtskräftigen Regierungsentscheidung durch ein Gericht zuließ: das Gesetz über die Rechtsprüfung gewisser Verwaltungsentscheidungen (RPL).[80] Zu diesem Gesetz hatte man sich nach langer Debatte entschlossen, nachdem mehrere Entscheidungen des Europäischen Gerichtshofs für Menschenrechte ergangen waren, in denen das schwedische Prinzip der Regierungsprüfung – ohne die Möglichkeit der Überprüfung durch ein Gericht oder eine andere staatliche Stelle kritisiert worden war und als unvereinbar mit den Vor-

---

74 Prop. 1985/86:80, S. 1.

75 Die eingesetzte Verwaltungsrechtsarbeitsgruppe hatte ihren Abschlussbericht bereits 1981 zur Diskussion vorgelegt, vgl. SOU 1981:46. Durch eine Zusatzweisung im Jahre 1983 wurde der Arbeitsgruppe aufgetragen, weiter die Frage zu untersuchen, inwieweit den Behörden vorgeschrieben werden kann, ihre eigenen Entscheidungen zunächst selbst zu überprüfen. Der so umgearbeitete Abschlussbericht wurde von der Arbeitsgruppe noch im selben Jahr vorgelegt, vgl. SOU 1983:73.

76 Strömberg, Allmän förvaltningsrätt, S. 78.

77 Prop. 1985/86:80, S. 40.

78 Ragnemalm, FT 1974, 57 (83) sah vor allem keine Beschleunigung, wenn zunächst noch einmal die Ausgangsbehörde die Sache behandeln durfte und danach erst die nächsthöhere Instanz. Zudem sei eine Zersplitterung einer einheitlichen Angelegenheit möglich, wenn Teile der Sache von der Ausgangsbehörde, andere Teile aber von der nächsthöheren Instanz geprüft würden. Vgl. auch Strömberg, Allmän förvaltningsrätt, S. 83.

79 Siehe oben B) I) 1) b).

80 *Lag (1988:205) om rättsprövning av vissa förvaltningsbeslut.*

gaben des Art. 6 EMRK angesehen wurde.[81] Nach eigener Einschätzung des Gesetzgebers brachte dieses Gesetz eine Neuerung grundlegender Bedeutung im schwedischen Verwaltungs- bzw. Verwaltungsprozessrecht.[82] Diese Einschätzung konnte jedoch nur die Tatsache betreffen, dass unter bestimmten Voraussetzungen zuvor unanfechtbare bzw. unantastbare Entscheidungen jetzt einer gerichtlichen Prüfung zugeführt werden konnten; eine Veränderung und eine Neuordnung des schwedischen Verwaltungsverfahrens, des Verwaltungsgerichtsverfahrens und des Gerichtswesens überhaupt fand nicht statt. Die Änderungen, d.h. die Ergänzung der vorhandenen Rechtsschutzmöglichkeiten durch die Rechtsprüfung vor *Regeringsrätten* war daher nur eine Minimallösung und in seinen Auswirkungen entsprechend begrenzt.[83] Gemäß § 1 RPL kann jeder einzelne Beteiligte eines Verwaltungsverfahrens die Rechtsprüfung nach diesem Gesetz beantragen, wenn die Sache inhaltlich der Aufzählung des 8. Kapitels, § 2 oder 3 RF unterfällt.[84] Die beiden letztgenannten Vorschriften enthalten eine Auflistung von Rechtsverhältnissen, die der Staat nur durch ein formelles Gesetz regeln darf. Hierzu zählen persönliche Freiheiten, das Namensrecht oder etwa das Eigentumsrecht.[85] Die Rechtsprüfung erfolgt ausschließlich durch *Regeringsrätten* und beschränkt sich auf die Prüfung der Rechtmäßigkeit einer Verwaltungsentscheidung, also deren Vereinbarkeit mit geltendem Recht.[86] Die Zweckmäßigkeit der Entscheidung oder die Ermessensausübung ist nicht Gegenstand des Rechtsprüfungsverfahrens.[87]

6) Weitere grundlegende Gesetzesänderungen

Auch nach der großen Verwaltungsreform von 1971[88] war der Instanzenzug nicht abschließend vereinheitlicht worden. Insbesondere war in Einzelfällen fraglich, wann die Zuständigkeit der Verwaltungsgerichte überhaupt begründet

---

81 Nergelius, Förvaltningsprocess, normprövning och europarätt, S. 30; Warnling-Nerep, FT 1991, 129 (129).

82 Prop. 1987/88 om europakonventionen och rätten till domstolsprövning i Sverige, S. 19.

83 Warnling-Nerep, FT 1996, 1 (2).

84 Die Voraussetzungen für die Prüfung sind in § 1 des Gesetzes über die Rechtsprüfung bestimmter Verwaltungsentscheidungen benannt: Der Antragsteller muss einen Verstoß gegen das 8. Kapitel, §§ 2 oder 3 RF, etwa persönliche Freiheiten, Eigentumsschutz, geltend machen, er muss die Umstände hierzu genau bezeichnen, und es muss sich um eine Einzelfallentscheidung gegen den Betroffenen handeln. Außerdem darf es keinen anderen Weg der Rechtsverfolgung geben; das Verfahren der Rechtsprüfung ist also subsidiär.

85 Westerlund, MT 1995, 212 (217).

86 Westerlund, MT 1995, 212 (216).

87 Warnling-Nerep, FT 1991, 129 (134).

88 Siehe oben B) I) 3).

war.[89] Problematisch war die Auslegung der Vorschrift des § 14 AFDL, der statuierte, dass Klagerhebung oder Einlegung eines Rechtsmittels dann vor den Verwaltungsgerichten zu geschehen hatte, wenn dies in einem speziellen Gesetz vorgesehen war. Nach allgemeiner Ansicht war die Vorschrift so auszulegen, dass es zur verwaltungsgerichtlichen Überprüfung einer Angelegenheit nur kam, wenn entsprechende spezielle Vorschriften bestanden.[90] Gab es solche Vorschriften in Gesetzen nicht, musste es daher bei der reinen Verwaltungsprüfung bleiben. Unter anderem im Hinblick auf die Vorgaben des Art. 6 EMRK wurde aus diesem Grund das Verwaltungsgesetz 1998 ergänzt. In der neu eingefügten Vorschrift des § 22 a des Verwaltungsgesetzes[91] ist als Grundsatz festgelegt, dass eine Verwaltungsentscheidung bei einem allgemeinen Verwaltungsgericht *(„länsrätt")* anzufechten ist. Die Vorschrift beinhaltet jetzt eine Zugangsregel zu den Verwaltungsgerichten für die Fälle, in denen einzelgesetzlich nichts ausdrücklich bestimmt ist.[92] Die Vorschrift beinhaltet also die genau gegensätzliche Formulierung zum alten § 14 Abs. 1 AFDL und setzt diese Vorschrift letzten Endes nach dem eindeutigen Willen des Gesetzgebers außer Kraft.[93] Gerade dieses Gesetzgebungsvorhaben zeigt, wie schwer man sich dabei tun kann, überkommenes Recht bzw. überkommene Rechtstraditionen zugunsten einer neuen Regelung zu ändern. Unabhängig davon wird durch diese Vorschrift das Verfahren in Verwaltungs- und -rechtsstreitigkeiten abgekürzt. Zuvor war schon 1994 die Zulassungsprüfung des Rechtsmittels vor den Kammergerichten eingeführt worden, um die Verfahrensdauern zu verkürzen.[94] Die Straffung des Instanzenzuges auf diese Weise erfolgte auch aus Kostengründen und wurde insbesondere von der Politik als Vorteil sowohl für die Allgemeinheit als auch den einzelnen dargestellt.[95] Zutreffend ist jedenfalls, dass durch die einzelnen Reformschritte der Instanzenzug im Bereich des Verwaltungsrechts übersichtlicher und damit nachvollziehbarer geworden ist, insbesondere für den rechtsschutzsuchenden Bürger.

---

89 Nergelius, Förvaltningsprocess, normprövning och europarätt, S. 27 f.

90 Lavin, JT 1994/95, S. 731 (731).

91 *Förvaltningslag*, SFS (1986:223) in der Fassung des Gesetzes (1998:368).

92 Malmquist/Riberdahl/Torngren, Allmän förvaltningsrätt, § 22 a, S. 90.

93 Nergelius, Förvaltningsprocess, normprövning och europarätt, S. 29.

94 Prop. 1993/94:133, S. 33.

95 Wennergren, Förvaltningsprocesslagen m. m., § 34 a FPL, S. 358.

7) Zusammenfassung

Bis zur Neugestaltung des Verwaltungsverfahrens- und des Verwaltungsprozessrechts galt in Schweden das ungeschriebene Prinzip, dass eine Verwaltungsentscheidung bei der nächsthöheren Behörde angefochten werden konnte und danach beim König bzw. bei der Regierung.[96] Nach und nach wurde in Schweden eine eigenständige Verwaltungsgerichtsbarkeit eingerichtet, die zur Aufgabe hatte, Entscheidungen der Exekutive auf ihre Vereinbarkeit mit dem Gesetz zu überprüfen. Anfechtungsberechtigt ist, dies kann als Grundsatz bereits an dieser Stelle festgehalten werden, seit jeher derjenige, dessen Rechtsstellung durch eine Verwaltungsentscheidung betroffen ist.

II) Einführung in das schwedische Umweltrecht – Rechtszustand vor Inkrafttreten des Umweltgesetzbuches zum 1. Januar 1999

1) Der Begriff des Umweltrechts im schwedischen Recht

Das Umweltrecht ist ein Teil des Verwaltungsrechts,[97] genauer des besonderen Verwaltungsrechts.[98] Das Umweltrecht kann als das Rechtsgebiet beschrieben werden, das den Schutz der äußeren Umwelt und des Gesundheitsschutzes sowie den Umgang mit und die Nutzung von natürlichen Ressourcen regelt.[99]

2) Die Anfänge der Umweltgesetzgebung in Schweden

Auch hier stellt sich die Frage, wo genau man in der Geschichte anfangen kann, die Entwicklung eines Rechtsgebiets darzustellen.[100] Die ersten Vorschriften mit Umweltbezug hat es schon in Zeiten gegeben, in denen Schweden noch ein feudaler Ständestaat war und man mit bestimmten Regelungen versuchte, die Ressourcen und Aktiven, die die Natur bereithielt, zu schützen, um so zukünftige Generationen und deren Versorgung zu sichern.[101] Der Umweltschutz war damit

---

96 Strömberg, Allmän förvaltningsrätt, S. 172.
97 Michanek, Utvecklingen av miljörätt i Sverige, S. 16.
98 Strömberg, Speciell förvaltningsrätt, S. 5.
99 Ebbesson, Miljörätt, S. 12.
100 Für die gleiche Frage zum Verwaltungsrecht s.o. B) I) 1).
101 Rubenson, Miljöbalken, S. 15.

natürlich nur indirektes Schutzgut dieser Vorschriften, aber zumindest ein Effekt, der sich aus Gesetzen etwa über Jagd, Waldwirtschaft oder den Umgang mit Bodenschätzen ergab.[102] Ein weiterer Ansatz ist die öffentlichrechtliche Gesetzgebung über Umweltschutz in den ersten Jahrzehnten des 20. Jahrhunderts. Hier hatte man in Schweden vorwiegend den Gesundheitsschutz im Blick und wollte durch bestimmte Regelungen sanitären Missständen insbesondere in Städten abhelfen sowie die Bebauung in dichtbesiedelten Bereichen regeln.[103] Der Umweltschutz wurde damit sicher nur zufällig, gleichsam als Nebenprodukt geregelt, jedoch kann man festhalten, dass heutige Umweltgesetzgebung ihre Ursprünge in diesen Hygienegesetzen hat.[104] Gleiches gilt für die heutige Abfallgesetzgebung.[105] Sonst wurden Probleme des Umweltschutzes zumindest seit der Industrialisierung Schwedens im 19. Jahrhundert in Nachbarstreitigkeiten bzw. beim Nachbarschutz und damit innerhalb von Privatrechtsverhältnissen akut.[106] Gerichte verlangten in solchen Nachbarstreitigkeiten Schutzmaßnahmen gegen Störungen von Nachbargrundstücken oder untersagten die Ausübung störender Tätigkeiten sogar ganz.[107] Umweltgesetzgebung im eingangs definierten Sinne gab es im 19. Jahrhundert bis in die ersten Hälfte des 20. Jahrhunderts nicht.[108] Als Ausnahmen mag man die Gesetze über den Schutz von Naturdenkmälern und Nationalparks[109] aus dem Jahr 1909 ansehen.[110] Weiter soll die Schaffung eines einheitlichen Wassergesetzes, das die einzelnen Provinzgesetze über den

---

102 Westerlund, Miljörättsliga grundfrågor, S. 5, Rdn. 105.

103 Michanek, Utvecklingen av miljörätt i Sverige, S. 16.

104 Zu denken ist hier etwa an die Abfallgesetzgebung, vgl. Rubenson, Miljöbalken, S. 15.

105 Ebbesson, Miljörätt, S. 16.

106 Lindblom, Miljöprocess, Del I, S. 20; Svärd/Rahmn, Prövning enligt miljöskyddslagen, § 1, S. 21.

107 Zu beachten ist, dass diese Rechtsstreite vor den ordentlichen Gerichten zwischen zivilen Parteien ausgetragen wurden und keinen verwaltungsrechtlichen Hintergrund hatten bzw. Behörden involviert waren, wie etwa in einer Entscheidung *Svea hovrätts* vom 14.1.1853, in der *„Lunglöfs snuskvarn"*, einer Tabakmühle, der Betrieb solange untersagt wurde, bis „Anstalten" getroffen waren, durch die Schnupftabakstaub nicht mehr in das Haus der Nachbarn eindringen konnte. Grundlage für die Entscheidung des Gerichts waren im übrigen die Vorschriften über Grunddienstbarkeiten, vgl. das 14. Kapitel des Grundstücksgesetzbuches in seiner jetzigen Fassung *(Jordabalken, SFS 1970:994)* über Grunddienstbarkeiten. Das betroffene Nachbargrundstück hatte keine Pflicht zu dienen, das störende Grundstück kein Recht zu herrschen, vgl. Michanek, Utvecklingen av miljörätt i Sverige, S. 17, zu den Begrifflichkeiten Beckman/Bäärnhielm/Nilsson/Synnergren, Fastighetsrätt, JB 14 kap. 1 §, S. 524.

108 Michanek, Utvecklingen av miljörätt i Sverige, S. 17.

109 *Lag den 25 juni 1909 angående naturminnesmärkens fredande och lag den 25 juni 1909 angående nationalparker.*

110 Ebbesson, Miljörätt, S. 16.

Umgang mit Wasser und Wassergerechtigkeiten regelte, benannt werden, soweit dort der Umgang mit einer natürlichen Ressource geregelt wurde.[111]

3) Die Zeit zwischen den Weltkriegen bis in die 90er Jahre des 20. Jahrhunderts

In den 30er und 40er Jahren des vorigen Jahrhunderts verschlechterte sich der Zustand einzelner Umweltmedien durch verstärkte Industrialisierung insbesondere im Bereich der Städte merklich; dies galt vor allem für den Zustand des Wassers in Seen, Flüssen und an den Küsten Schwedens.[112] 1941 wurde daher das Wassergesetz[113] von 1918 dahingehend geändert, dass die Einleitung von Abwässern in Oberflächengewässer nicht mehr ohne vorherige Genehmigung durch die zuständigen Wassergerichte[114] erfolgen durfte. Damit war der Regelungsgehalt des Wassergesetzes, das zuvor lediglich die Entnahme und die Verwendung der Ressource Wasser regelte, um den Umgang mit Wasserverunreinigungen erweitert worden.[115] Der Erfolg war begrenzt.[116] Die Umweltprobleme waren auf lange Sicht für das Medium Wasser nicht in den Griff zu bekommen.[117] Umweltgesetzgebung im engeren Sinne fand erst ab 1969 mit der Einführung des Umweltschutzgesetzes *(„Miljöskyddslagen“)* statt.[118] Darauf folgten bis Ende der 1990er Jahre weitere Umweltgesetze mit mehr oder weniger begrenzten Regelungsbereichen, von denen die wichtigsten[119] im folgenden kurz ihrem materiellen Inhalt nach vorgestellt werden sollen. Seit dieser Zeit hat sich das Umweltrecht in Schweden zu einem eigenen Rechtsgebiet mit neuen, eigenen Inhalten entwickelt, das sich – nicht zuletzt durch Einflüsse aus anderen Rechtskreisen wie auch durch das Gemeinschaftsrecht[120] – mit eigener Dynamik weiterentwickelt.[121]

---

111 *Vattenlagen*, SFS (1918:523).

112 Michanek, Utvecklingen av miljörätt i Sverige, S. 18.

113 Siehe oben FN 111.

114 Auch diese Wassergerichte waren keine Einheiten der Judikative, sondern als Genehmigungsbehörde in die Verwaltung eingegliedert, vgl. Michanek, Utvecklingen av miljörätt i Sverige, S. 18.

115 Ebbesson, Miljörätt, S. 15.

116 Michanek spricht von einem „Dämpfer“, vgl. Michanek, Utvecklingen av miljörätt i Sverige, S. 18.

117 Michanek, Utvecklingen av miljörätt i Sverige, S. 18.

118 Westerlund, Miljöskyddslagen, S. 11.

119 Die Auswahl ist rein subjektiv.

120 Nordh, Talerätt i miljömål, Kapitel 18.

121 Lindblom, Miljöprocess, Del II, S. 731.

a) Das Umweltschutzgesetz („Miljöskyddslagen“)

(1) Hintergrund und Gesetzgebungsverfahren

Die Vorarbeiten zum Umweltschutzgesetz (ML)[122] gehen auf den Gedanken des nachbarrechtlichen Immissionsschutzes zurück.[123] Im Oktober 1963 berief der damalige Justizminister im Namen des Königs eine Arbeitsgruppe, die die Frage der Genehmigungspflicht über nachbarstörende Tätigkeiten aufarbeiten sollten, sog. *„Immissionssakkunniga“*. Da sich abzeichnete, dass das ein Gesetz mit dem angestrebten Regelungsinhalt zu kurz greifen würde, wurde der Auftrag der Arbeitsgruppe bereits im September 1964 erweitert, einen Gesetzesentwurf allgemein über Immissionsschutz vorzulegen.[124] Die Arbeit wurde mit dem Schlussbericht „Luftverunreinigung, Lärm und andere Immissionen“[125] abgeschlossen. In diesem Bericht waren Vorschläge u.a. zu einem Immissionsschutzgesetz und einem Gesetz über ein Ordnungsgesetz zur Überwachung zum Schutz von Wasserverunreinigung, Luftverunreinigung und Lärm u.a. enthalten. Die Arbeitsgruppe ging davon aus, dass Immissionen, insbesondere Luftverunreinigung und Lärm, ein ernstzunehmendes Problem waren, dessen man nur Herr werden konnte, wenn man übergreifend aus unterschiedlichen Blickwinkeln tätig würde, so dass sie eine bloße zivilrechtliche nachbarrechtliche Schutzgesetzgebung ablehnte. Aufgrund dieses Berichts wurde ein Gesetzesvorschlag zur Einführung des Umweltschutzgesetzes und zur Änderung des Wassergesetzes sowie des Naturschutzgesetzes erarbeitet, in dem die Vorschläge der Arbeitsgruppe aufgenommen und eine Abkehr vom reinen nachbarrechtlichen Hintergrund des Gesetzes erfolgte.[126] Mit Verabschiedung des Gesetzes war so erstmals ein medienübergreifendes Überwachungs- und Prüfungssystem errichtet worden.[127]

(2) Inhalt des Gesetzes

Gemäß § 1 Nr. 1–3 ML war das Gesetz anzuwenden auf alle Emissionen wie Abwasser, festen Stoffen oder Gas von Boden, Gebäuden oder Anlagen in Gewässern, Seen oder anderen Wassergebieten (Nr. 1); auf die Verwendung von Boden, Gebäuden oder Anlagen auf eine Weise die Verunreinigungen von Ge-

122 *Miljöskyddslag*, SFS (1969:387).

123 Svärd/Rahmn, Prövning enligt Miljöskyddslagen, S. 17.

124 Prop. 1969:28, S. 38.

125 *Betänkande rörande „Luftförorening, buller och andra immissioner“*, SOU 1966:65.

126 Prop. 1969:28.

127 Jedenfalls insoweit als sowohl Wasser- als auch Luftverunreinigungen betroffen waren, vgl. Ebbesson, Miljörätt, S. 15 f.

wässern, Seen oder anderen Wassergebieten, mit Ausnahme von Bautätigkeit im Wasser, mit sich führen konnte (Nr. 2); oder die Verwendung von Boden, Gebäuden oder Anlagen auf eine Weise, die eine Störung für die Umgebung durch Luftverunreinigung, Lärm, Erschütterung, Licht oder Vergleichbares, mit sich führen konnte, wenn die Störung nicht rein zufällig war (Nr. 3). Die dort benannten Tätigkeiten waren sog. „umweltgefährdende Tätigkeiten".[128] Das Gesetz sah eine Anmelde- und Genehmigungspflicht für diese umweltgefährdenden Tätigkeiten vor. Welche Tätigkeiten vom Gesetz umfasst waren, ergab sich aus drei sog. „Listen" – eingeteilt in die Buchstaben „A" bis „C" –, die sich im Anhang des Gesetzes fanden. Diese Listen gaben zwar nur vor, welche Behörde die jeweilige Tätigkeit zu prüfen hatte. Sie dienten jedoch als Richtschnur bei der Bewertung und Einordnung einzelner Tätigkeiten, wobei die Prüfung durch die Behörde letztlich ausschließlich an den Vorgaben des § 1 ML vorgenommen werden durfte.[129] Die Tätigkeiten der „A"-Liste waren vom Genehmigungsamt *(„Koncessionsnämden")*, die Tätigkeiten der „B"-Liste von den Provinzialregierungen zu prüfen und zu genehmigen, die Tätigkeiten der „C"-Liste waren dagegen lediglich bei der zuständigen Provinzialregierung anzumelden. Das Genehmigungsamt war eigens zur Prüfung solcher Vorhaben mit dem ML geschaffen worden.[130] Es übernahm auch die Tätigkeit der alten Wassergerichte, die mit Inkrafttreten des Umweltschutzgesetzes zunächst abgeschafft wurden.[131] Aufgabe der Behörden war es zu prüfen, ob der gewählte Ort für die Tätigkeit geeignet war, oder ob es andere, bessere Ansiedlungsmöglichkeiten (§ 4 ML) für sie gab, ob weitere Schutzmaßnahmen zu treffen waren (§ 5 ML) und in bestimmten Fällen eine Schlussabwägung zu treffen (§ 6 ML), in die die Auswirkungen der Tätigkeit auf die Umwelt einbezogen werden sollten.[132] Nach einer Gesetzesänderung 1981 war es der Allgemeinheit innerhalb eines Beratungsverfahrens, das vor dem Genehmigungsantrag durchzuführen war, möglich, Stellungnahmen abzugeben, sofern sie ein Interesse in der Sache nachweisen konnte, § 12 a ML. Wer davon im einzelnen Gebrauch machen durfte, auch ob Umweltorganisationen zu beteiligen waren, war umstritten.[133]

---

128 Svärd/Rahmn, Prövning enligt Miljöskyddslagen, S. 20. Der Begriff kehrt im 9. Kapitel, § 1 des Umweltgesetzbuches mit fast wortgleicher Definition wieder.

129 Westerlund, Miljöskyddslagen, Kapitel 3, S. 25.

130 Lindblom,Miljöprocess, Del I, S. 23.

131 Michanek, Utvecklingen av miljörätten i Sverige, S. 18

132 Westerlund, Miljöskyddslagen, Kapitel 6, S. 76.

133 Ericsson, Miljöskyddslagen i praktiken, S. 15.

b) Das Gesetz über die Pflege der Natur („Naturvårdslagen")

(1) Hintergrund und Gesetzgebungsverfahren

Grundlage des Gesetzes über die Pflege der Natur (NVL)[134] ist ein Aktionsprogramm der Regierung aus dem Jahr 1963 betreffend die grundlegenden Richtlinien über die Naturpflege.[135] Bereits 1960 hatte eine eigens eingesetzte Arbeitsgruppe *(Naturvårdsutredning)* ihren Bericht „Natur und Gesellschaft"[136] vorgelegt, auf den sich das Programm seinerseits bezog. In der weiteren Gesetzgebungsarbeit sollte versucht werden, die Interessen der Gesellschaft und ihren Lebensstandard sowie ihre Ansprüche an die Natur mit dem Interesse an der Bewahrung der Natur und ihre Erhaltung für kommende Generationen in Einklang zu bringen.[137] Diese Prämisse wurde dem Gesetzesvorschlag zugrundegelegt.[138] Das Gesetz über die Pflege der Natur trat noch 1964 in Kraft und ersetzte das bis dahin geltende Naturschutzgesetz.[139] Im Gegensatz zu seinem Vorgänger regelte das NVL nicht nur einzelne Schutzgebiete und ihre Voraussetzungen, sondern hatte auch die Bedeutung der Natur für die Allgemeinheit, insbesondere für die Erholung und das Leben im Freien *(„friluftslivet")*, im Blick.[140] Die Schutzgebietsgesetzgebung wurde ausgeweitet auf Kulturlandschaften und auf für bestimmte Forschungszwecke geeignete Landschaften.[141] Die Schutzgüter des Gesetzes waren bei der Ausübung jeder Tätigkeit zu berücksichtigen. Das Gesetz wurde 1974 geändert, nachdem der Reichstag Richtlinien für die sog. „Reichsplanung" erlassen hatte.[142] Neben weiteren Änderungen hatte die Verabschiedung zweier neuer Gesetze 1987 größere Bedeutung für das NVL: das Plan- und Baugesetz (PBL)[143] und das Gesetz über die Haushaltung mit natürlichen Ressourcen (NRL)[144], die beide auf die sog. „Richtlinien zur Reichsplanung" zurückgingen. Beide Gesetze beinhalten Regeln über die Kontrolle der

---

134 *Naturvårdslag, SFS (1964:822).*
135 Jonzon/Delin/Bengtsson, Naturvårdslagen, S. 13.
136 Betänkande SOU 1962:36.
137 NJA II. 1965, S. 206.
138 Prop. 1964:128, S. 24 ff.
139 *Naturskyddslag den 21 november 1952.*
140 NJA II. 1965, S. 207.
141 Jonzon/Delin/Bengtsson, Naturvårdslagen, S. 14.
142 Gesetzesvorschlag über die regionale Entwicklung und die Haushaltung mit Boden und Wasser, prop. 1964:128.
143 *Plan- och Bygglagen*, SFS (1987:10).
144 *Lag (1987:12) om hushållning med naturresurser.*

Allgemeinheit über die Verwendung von Boden, die sich auch auf die Anwendung des NVL auswirkten mussten.[145]

(2) Inhalt des Gesetzes

§ 1 Abs. 1 Satz 1 NVL bestimmte, dass die Natur ein Teil des nationalen Besitzstands sei, der zu schützen und zu bewahren sei. Nach Satz 2 dieser Vorschrift hatte jeder Rücksicht im Umgang mit der Natur zu nehmen. Bei Vorhaben, die sich schädlich auf die Natur auswirken konnten, waren angemessene Schutzmaßnahmen zu ergreifen, um Schäden zu begrenzen oder ihnen entgegenzuwirken, § 1 Abs. 2 NVL. Weiter wurde die Naturpflege als staatliche und kommunale Aufgabe festgeschrieben, § 2 NVL. In § 3 NVL wurden allerdings die Belange der Natur, mithin der Schutzgedanke des Gesetzes, wieder zur Disposition gestellt, indem vorgeschrieben wurde, dass bei behördlicher Prüfung von Naturfragen auch auf andere öffentliche Interessen und bestimmte Einzelinteressen einzugehen sei. Wie oben bereits angedeutet, regelte das NVL weiter hauptsächlich die Errichtung und Unterhaltung einzelner Arten von Schutzgebieten sowie die Zuständigkeit der einzelnen Behörden hierzu. Diese waren die Nationalparks (§§ 4–6 NVL), für deren Ausweisung die Krone zuständig war (§ 4 Abs. 1 NVL), und Naturreservate (§§ 7–12 NVL), die von der jeweiligen Provinzialregierung ausgewiesen werden konnten (§ 7 NVL). Weiter konnten einzelne Naturgegenstände, etwa ein einzelner Baum,[146] von der Provinzialregierung als Naturdenkmal ausgewiesen werden (§ 13 NVL) und bestimmte Tier- und Pflanzenarten von der Krone oder einer von ihr bestimmten Behörde unter Schutz gestellt werden, § 14 NVL. Die Vorschriften der §§ 15 und 16 NVL beschäftigten sich schließlich mit den besonderen Bestimmungen für das Leben im Freien *(„friluftslivet")* bzw. dem sog. „Jedermannsrecht" *(„Allemansrätten")*. Letzteres erfährt im schwedischen Recht keine einheitliche Definition. Zusammengefasst versteht man hierunter das Recht der Allgemeinheit, sich in der freien Natur, auch auf Privatgrundstücken, aufzuhalten und sich in ihr zu bewegen.[147] Um *friluftslivet* zu schützen, waren die Provinzialregierungen ermächtigt, Strandschutzgebiete rund um Gewässer, Seen und an den Meeresküsten auszuweisen (§ 15 NVL) und in diesen Gebieten Rechte einzelner, etwa auf Bebauung, einzuschränken, § 16 NVL. In § 18 NVL fand sich der grundlegende Ansatz für die Beplanung einzelner Gebiete oder Gebietsteile wieder,[148] wonach beim Abbau

145 Jonzon/Delin/Bengtsson, Naturvårdslagen, S. 18.

146 Rubenson, in NJH S. 572.

147 Bengtsson, SvJT 1985, 425 (425). Siehe auch unten B) II) 4).

148 NJA II. 1987, S. 230 f.

von Kies, Sand, Ton oder anderen Bodenschätzen die Gruben so anzulegen waren, dass das Landschaftsbild insgesamt nicht beeinträchtigt wurde und dass vor Anmeldung und Genehmigung Pläne über die Tätigkeit einzureichen und zu prüfen waren. §§ 23, 24 NVL verboten die Verunreinigung öffentlicher Plätze mit Abfällen und ermächtigten die Provinzialregierung, bei Verstößen gegen den Störer vorzugehen und diesen zur Wiederherstellung des ursprünglichen Zustands anzuhalten. Die Vorschriften des NVL sind später in wesentlichen Teilen in das 7. Kapitel des Umweltgesetzbuches überführt worden.[149]

c) Das Gesetz über den Umgang mit natürlichen Ressourcen („Lagen om hushållning med naturressurcer")

(1) Hintergrund und Gesetzgebungsverfahren

Das Gesetz über die Haushaltung mit natürlichen Ressourcen (NRL)[150] geht seinerseits auf die verschiedenen Vorarbeiten über die sog. „Reichsplanung" zurück.[151] 1972 beschloss der Reichstag, die Forderungen und Konflikte hinsichtlich der Nutzung von Boden und Bodenschätzen in Schweden systematisch zu erfassen.[152] In der Entschließung wurden zum einen die geographische Beplanung, zum anderen die tätigkeitsanknüpfende Planung als die beiden zu verfolgenden Ziele angegeben; das Parlament war insbesondere der Ansicht, dass dem Staat und somit der Allgemeinheit insgesamt die Planung mit natürlichen Ressourcen oblag und nicht bloß lokal im Interesse der Kommunen – etwa bei der Bauleitplanung – stand.[153] Es war daher beabsichtigt, zwei Arten von Planungsverfahren einzuführen, die Leitplanung gemäß dem Baugesetz (BL)[154] und eine Lokalisierungsprüfung bestimmter Großanlagen durch die Regierung gemäß dem neu ins Baugesetz eingeführten § 136 a BL, wenn diese von wesentlicher Bedeutung für die Haushaltung mit Boden und Wasser war. In den Leitplänen sollten die Kommunen die in dem Beschluss niedergelegten Richtlinien konkretisieren, der Staat sollte anlässlich einer Prüfung feststellen, dass die Planung diesen Richtlinien entsprach.[155] Die Richtlinien selbst teilten sich in zwei Gruppen auf: Die tätigkeitsanknüpfenden Richtlinien betrafen die Naturpflege, die

149 Bengtsson/Bjällås/Rubenson/Strömberg, Miljöbalken, 7. kap, Inledning, S. 7:2.

150 Siehe oben FN 144.

151 Ödmann, Planering och lagstiftning, S. 2.

152 Prop. 1972:111, bilaga 2; Civilutskottet 1972:35; riksdagens skrivelse 348.

153 Prop. 1972:111, bilaga 2, S. 129.

154 *Byggnadslagen*, SFS 1947:385.

155 Auf diese Weise wurde die Durchführung der Richtlinien in den Generalplänen sichergestellt, vgl. prop. 1972:111, bilaga 2, S. 304 f.

Fischerei sowie die Land- und Forstwirtschaft, aber auch die Landesverteidigung und *„friluftslivet“*,[156] die geographischen Richtlinien betrafen die Frage, wie einzelne Tätigkeiten aus Sicht des Staates aus Lokalisierungsgesichtspunkten am besten in bestimmten Gebieten angesiedelt werden konnten.[157] Die Richtlinien entfalteten tatsächlich keine Wirkung in der Praxis.[158] Die Lokalisierungsprüfung nach § 136 a BL wurde jedoch in der Praxis umgesetzt. Die Gemeinden hatten zwar gegen die Regierungsprüfung ein Vetorecht, dieses wurde jedoch nur selten wahrgenommen.[159] Das Prüfungsrecht der Regierung wurde 1975 durch Gesetz[160] ausgeweitet: Zum einen sollte nicht nur die Lokalisierung der Tätigkeiten selbst, sondern auch ihr Hinzukommen geprüft werden, zum anderen wurden zwei neue Prüfungsgründe eingeführt, nämlich für Industrien und für industriegleiche Tätigkeiten, die wesentliche Bedeutung für die Haushaltung mit Energie oder Hartfaserrohwaren hatten. Zu beachten ist jedoch, dass Tätigkeiten, die von § 136 a BL umfasst sind, auch nach anderen Gesetzen zu prüfen waren.[161] Mit § 136 a BL wurde jedoch eine umfassende Prüfung solcher Tätigkeiten auf höchster Ebene erreicht, die allen anderen Prüfungen, durch welche Behörden und nach welchen Gesetzen auch immer, vorging.[162]

Die Richtlinien wurden jedoch zur Grundlage der weiteren Planungsarbeit, die der Reichstag durchzuführen 1980 offiziell entschied.[163] Die Arbeiten waren insbesondere von ideologischen Aspekten zwischen den Sozialdemokraten und den konservativen Parteien über den Schutz und die Sicherheit des Eigentums geprägt und zogen sich auf diese Weise nach einem Regierungswechsel noch bis Mitte der 1980er Jahre hin, als die wieder in Regierungsverantwortung befindli-

---

156 Prop. 1972:111, bilaga 2, S. 140–159.

157 Prop. 1972:111, bilaga 2, S. 159–175.

158 Ödmann, Planering och lagstiftning, S. 4. Auf der einen Seite wurden nur eine geringe Anzahl von Generalplänen, etwa 20 Stück, der Regierung zur Prüfung zugeführt, vgl. prop. 1985/86:1, S. 71. Auf der anderen Seite wurden bei Passivität der Kommunen keine Generalplanung vom Staat durchgeführt, was in den Richtlinien vorgesehen war. Michanek weist auf zwei Fälle hin, vgl. Michanek, Energirätt, S. 46, FN 23.

159 In prop. 1989/90:126, S. 7 ist angegeben, dass das Vetorecht lediglich in vier Fällen aktiv ausgeübt wurde, wobei davon auszugehen ist, dass in vielen anderen Fällen in Ansehung eben des Vetorechts eine direkte Verständigung zwischen den Betreibern und den Kommunen im Vorweg stattgefunden hatte.

160 SFS 1975:459 und 1321.

161 Michanek, Energirätt, S. 47, FN 29.

162 Prop. 1972:111, bilaga 2, S. 362. Hiernach waren die Entscheidungen der Regierung bindend für Prüfungen nach dem Umweltschutzgesetz, dem Wassergesetz und dem Gesetz (1981:599) über die Errichtung von Feuerungsanlagen für feste Brennstoffe *(„fastbränslelag“)*. Gleiches galt für die Planung und Prüfung von Baugenehmigungen nach dem Baugesetz, vgl. prop. 1972:111, bilaga 2, S. 365.

163 Prop. 1980/81:183.

chen Sozialdemokraten einen Gesetzesvorschlag über die Haushaltung mit natürlichen Ressourcen auf der Grundlage der Richtlinien[164] ins Parlament einbrachten.[165] Dieser Vorschlag wurde heftig diskutiert, auch in den eigenen Reihen, jedoch nach einigen Änderungen und Ergänzungen vom Reichstag angenommen.[166]

(2) Inhalt des Gesetzes

Das NRL enthielt verschiedene voneinander unabhängige Regelungsbereiche.

(i) Ziele des Gesetzes

Im 1. Kapitel, § 1 NRL waren die Ziele des Gesetzes aufgeführt, nämlich dass Boden, Wasser und die sonstige körperliche Umwelt so gebraucht werden sollten, dass aus ökologischer, sozialer und volkswirtschaftlicher Sicht eine langfristig gute Haushaltung gefördert wurde. Mit Boden waren nach den Gesetzesmaterialien auch darunter befindliche Ressourcen und Naturschätze gemeint.[167] Die „sonstige körperliche" Umwelt betraf von Menschenhand geschaffene Werte wie Gebäude und Anlagen.[168] Unter „guter Haushaltung" war zu verstehen, dass die natürlichen Ressourcen, insbesondere die begrenzten, so effektiv und zweckgerichtet wie möglich genutzt werden sollten und dass eine Abwägung zu geschehen hatte zwischen dem Interesse, die Ressource für die Zukunft zu erhalten und dem Nutzen, die Ressource in Anspruch zu nehmen.[169]

(ii) Haushaltungsbestimmungen

Kapitel 2 und 3 präzisierten die grundlegenden und besonderen Haushaltungsbestimmungen des NRL. Zweck der Vorschriften war die Lösung von Interessenkonflikten, die durch Anwendung anderer Umweltgesetze nicht möglich gewesen wäre,[170] insbesondere auch deswegen, weil diese Gesetze unterschiedliche Hintergründe hatten und so der Umweltschutzgedanke von Gesetz zu Gesetz unterschiedlich stark ausgeprägt war.[171] Dieser Zersplitterung sollte entgegenge-

---

164 Michanek, Energirätt, S. 47.

165 Prop. 1985/86:3.

166 Ödmann, Planering och lagstiftning, S. 5.

167 Prop. 1985/86:3, S.150.

168 Damit wird meines Erachtens die soziale und gesellschaftspolitische Dimension des Gesetzes deutlich, vgl. auch Prop. 1985/86:3, S. 150.

169 Prop. 1985/86:3, S. 152.

170 Michanek, Energirätt, S. 48.

171 Ds Bo 1984:3, S. 32.

wirkt werden, indem durch die Schaffung der Haushaltungsbestimmungen gemeinsame Grundregeln für alle Prüfungen mit Umweltbezug aufgestellt wurden.[172] Sie waren also auch auf andere Gesetze anzuwenden. Zwei Möglichkeiten waren denkbar: zum einen die Anwendung bei der Beplanung nach dem Plan- und Baugesetz, zum anderen bei der Absetzung von Entscheidungen im Einzelfall.[173] Welche Gesetze im einzelnen betroffen waren, ergab sich aus dem 1. Kapitel, § 2 NRL.[174] Im 2. Kapitel fand sich eine Auflistung über bestimmte Interessen, die bei der Anwendung des Gesetzes zu beachten waren, etwa dass störungsanfällige Boden- und Wassergebiete so lang als möglich gegen Eingriffe zu schützen waren, aber auch, dass Land- und Forstwirtschaft von nationalem Interesse *(„riksintresse")* waren und bei Abwägungen zu berücksichtigen waren.[175] Das 3. Kapitel beinhaltete Regelungen über bestimmte Gebiete im Land,[176] denen bei der Genehmigungsprüfung Vorrang eingeräumt werden sollte hinsichtlich der Erhaltung ihres Natur- oder Kulturwertes, 3. Kapitel, § 1 Abs. 1 NRL.

(iii) Abwägungspflicht

Wie widerstreitende Interessen im Einzelfall zu bewerten waren, ergab sich ausdrücklich nicht aus dem Gesetz selbst, sondern, so die Gesetzesbegründung, sollte der jeweiligen Behörde – oder Kommune – bei der Planung im Einzelfall zu entscheiden überlassen sein.[177] Vorgegeben war lediglich, dass solche Interessen, die nach dem Gesetzeswortlaut „so lange als möglich" geschützt werden sollten, gegenüber anderen Tätigkeiten oder Interessen Vorrang eingeräumt werden sollte.[178] Gemäß dem 6. Kapitel, § 1 NRL sollten auch nach dem PBL aufgestellte Pläne und Planungsgrundlagen von der prüfenden Behörde gesichtet und in die eigene Entscheidung mit einbezogen werden.

172 Prop. 1985/86:3, S. 20.

173 Karnov-Michanek, 1996–97, Band 2, S. 2118, Lag 1987:12, Rdn. 5.

174 Hierzu gehörten u.a. das Plan- und Baugesetz (jedoch nur soweit Baugenehmigungen betroffen waren, nicht dagegen etwa bei Abrissgenehmigungen), das Wassergesetz, das Umweltschutzgesetz, das Gesetz über die Pflege der Natur und das Gesetz über bestimmte Torffundstätten *(Lag (1985:620) om vissa torvfyndigheter).*

175 Zum Begriff des nationalen Interesses vgl. Torp, MT 1995, S. 350 ff.

176 Und eine Auflistung dieser Gebiete in den §§ 2–7 NRL.

177 Prop. 1985/86:3, S. 22 ff.

178 Prop. 1985/86:3, S. 61.

(iv) Genehmigungsprüfung bestimmter Industrieanlagen

Losgelöst von den Inhalten der ersten drei Kapitel regelte das 4. Kapitel die Zulässigkeit und die Lokalisierung von bestimmten Arten von Industrieanlagen, deren Prüfung der Regierung vorbehalten war.[179] Die Industrieanlagen waren im 4. Kapitel, § 1 NRL aufgezählt.[180] Diese waren in der Regel solche, die großen Umwelteinfluss hatten, und daher von der Regierung und nicht – nach den Vorschriften des ML – von *Koncessionsnämden* zu prüfen, um den oben beschriebenen hohen Prüfungsstandard zu erreichen. Allerdings war auch die Regierung bei der Prüfung der Anlagen den Regelungen des 2. und 3. Kapitels unterworfen, 4. Kapitel, § 3 Abs. 1 NRL. Entscheidungen der Regierung nach dem 4. Kapitel waren unanfechtbar.[181]

d) Das Gesetz über chemische Produkte („Lagen om kemiska produkter")

(1) Hintergrund und Gesetzgebungsverfahren

Das Gesetz über chemische Produkte (LKP)[182] ging zurück auf Gesetzgebung über Vorsichtsmaßnahmen und Risikobeurteilung bei bestimmten Tätigkeiten oder dem Umgang mit Stoffen und Material im weitesten Sinne.[183] Durch das Gesetz wurde das Gesetz über Gesundheits- und umweltgefährdende Waren[184] aufgehoben, in dem sich zuvor Regelungen in diesem Bereich befunden hatten.

(2) Regelungsbereich

Der Anwendungsbereich erstreckte sich nach § 1 Abs. 1 Satz 1 LKP auf den Umgang, den Import und den Export von chemischen Produkten und deren Zubereitungen. Das Gesetz bezweckte die Vorbeugung von Schäden an der Gesundheit der Menschen oder an der Umwelt durch chemische Produkte, § 1

---

179 Ödmann bezeichnet diesen Aufbau als „ungewöhnlich", vgl. Ödmann, Planering och lagstiftning, S. 1.

180 Es musste sich vor allem um „neue" Anlagen handeln. Was darunter zu verstehen war, war im Einzelfall zu entscheiden. Der bloße Neubau eines Gebäudes dürfte nicht dazu gezählt haben, Karnov-Michanek, 1996–97, Band 2, S. 2122, Lag 1987:12, Rdn. 97. Wenn mit dem Neubau auch die Aufnahme einer anderen Tätigkeit einherging oder die „alte" Tätigkeit wesentlich verändert wurde, lag damit nach dem Willen des Gesetzgebers eine „neue" Anlage vor, die nach dem 4. Kapitel NRL von der Regierung zu prüfen war, prop. 1985/86:3, S. 188.

181 Warnling-Nerep, FT 1996, 1 (2).

182 *Lag (1985:426) om chemiska produkter.*

183 Karnov-Rubenson, 1996–97, Band 2, S. 2106, Lag 1985:426, Rdn. "*".

184 *Lag (1973:329) om hälso- och miljöfarliga varor.*

Abs. 1 Satz 2 LKP. Es bestand weitestgehend aus Rahmenregelungen, die inhaltlich durch Verordnungen der Regierung ausgefüllt wurden, so dass sich der inhaltliche Charakter des Gesetzes erst aufgrund der erlassenen Verordnungen ergab.[185] Zu nennen wäre hier insbesondere die Verordnung über chemische Produkte.[186] Durch das Gesetz wurde jeder, der beabsichtigte, ein Produkt, das eine chemische Substanz enthielt oder mit ihm behandelt war, herzustellen oder einzuführen, verpflichtet, sich über die Eigenschaften des Produkts und seine Auswirkungen auf die Schutzgüter des Gesetzes zu informieren und selbst Nachforschungen anzustellen, § 6 LKP. Nach § 7 LKP mussten Gewerbetreibende entsprechende chemische und toxikologische Kenntnisse nachweisen, die für den Umgang mit dem Produkt erforderlich waren. Das Gesetz sah auch eine Kennzeichnungspflicht für diese Waren vor, § 8 LKP.

e) Das Gesetz über Maßnahmen betreffend Tiere und Pflanzen, die geschützten Arten angehören („Lagen om åtgärder beträffande djur och växter som tillhör skyddade arter")

Das Gesetz über Maßnahmen betreffend Tiere und Pflanzen, die geschützten Arten angehören,[187] trat mit dem Vollzug des Beitritts Schwedens zur Europäischen Gemeinschaft am 1. Januar 1995 in Kraft. Nach § 1 des Gesetzes war es der Regierung oder einer von ihr bestimmten Behörde möglich, Vorschriften zum Schutz wildlebender Tier- und Pflanzenarten betreffend die Ein- und Ausfuhr, den Transport, den Handel etc. von Tieren und Pflanzen zu erlassen, wenn damit die internationalen Verpflichtungen Schwedens auf diesem Gebiet erfüllt werden konnten. Das Gesetz diente insbesondere der Umsetzung der Richtlinie des Rates 79/409/EWG vom 2. April 1979 über die Erhaltung wildlebender Vögel[188] und der Richtlinie des Rates 92/43/EWG vom 21. Mai 1992 über die Erhaltung der natürlichen Lebensräume sowie der wildlebenden Tiere und Pflanzen.[189]

f) Das Umweltschadengesetz („Miljöskadelag")

Das Umweltschadengesetz (MSL)[190] trat am 1. Juli 1986 in Kraft. Zuvor waren gesetzliche Vorschriften über Umweltschäden im Umweltschutzgesetz (ML) enthalten. Diese wurden aus dem ML ausgegliedert und mit den Vorschriften des

---

185 Karnov-Rubenson, 1996–97, Band 2, S. 2106, Lag 1985:426, Rdn. "*".
186 *Förordning (1985:835) om kemiska produkter.*
187 *Lag (1994:1818) om åtgärder beträffande djur och växter som tillhör skyddade arter.*
188 ABl. EG Nr. L 103 vom 25.4.1979, S. 1.
189 ABl. EG Nr. L 206 vom 22.7.1992, S. 7.
190 *Miljöskadelag*, SFS (1986:225).

Grundstücksgesetzbuches (JB)[191] über Schadensersatz bei Nachbarstreitigkeiten im MSL zusammengeführt, um eine einheitliche strikte Gesetzgebung hinsichtlich der Verantwortung für solche Schäden zu erreichen, die durch umweltgefährdende Tätigkeiten entstanden waren.[192] Nach § 1 Absatz 1 dieses Gesetzes bestand eine Ersatzpflicht für Personenschäden, Sachschäden und reine Vermögensschäden, die von einer Tätigkeit auf einem Grundstück verursacht wurden. Die Ersatzpflicht war an die Voraussetzung gebunden, dass eine in § 3 MSL aufgeführte Störung – etwa die Verunreinigung von Gewässern (Nr. 1) oder die Verunreinigung von Luft (Nr. 4) oder Boden (Nr. 5) – zu dem Schaden gemäß § 1 Abs. 1 MSL geführt haben musste. Der Geschädigte war hinsichtlich dieser Voraussetzungen beweispflichtig.[193] In Ansehung der Beweislast und der im Bereich der Umweltschäden auftretenden Schwierigkeiten bei der Belegung der Ursächlichkeit enthielt § 3 Abs. 3 MSL eine Beweiserleichterung.[194] Nach dieser Vorschrift war es ausreichend, wenn im Hinblick auf die Art der Störung und der Schadensauswirkungen, andere mögliche Schadensursachen sowie der übrigen Umstände eine überwiegende Wahrscheinlichkeit für einen solchen Ursachenzusammenhang bestand.

g) Das Gesetz über die Verbreitung von Schädlingsbekämpfungsmitteln über Waldgebieten („Lag om spridning av bekämpningsmedel över skogsmark")

Das Gesetz über die Verbreitung von Schädlingsbekämpfungsmitteln[195] entstand[196] nach einer langen Debatte, die in den 1970er und 1980er Jahren in Schweden über die Verbreitung von Schädlingsbekämpfungsmitteln über Waldgebieten geführt worden war.[197] Nach § 1 des Gesetzes war das Ausbringen von Bekämpfungsmitteln untersagt. Zwar hatte das staatliche Forstamt *(„Skogsvårdsverket")* nach § 2 des Gesetzes die Möglichkeit, Ausnahmen von dem Verbot zu erlassen, jedoch wurde den Kommunen nach § 3 des Gesetzes das Recht eingeräumt, solchen Ausnahmen für Waldgebiete in ihrem Hoheitsbereich zu widersprechen und auf diese Weise durch das Gesetz der Einfluss der Kommunen auf das Ausbringen solcher Mittel gestärkt.[198]

191 *Jordabalken*, SFS (1970:994).

192 Vgl. die Zusammenfassung der Gesetzgebung in der Stellungnahme des Gesetzesausschusses zur Überführung der Vorschriften des MSL ins Umweltgesetzbuch (MB), 1997/98:LU2y.

193 Prop. 1985/86:83, S. 46 ff.

194 Prop. 1985/86:83, S. 45 f.

195 *Lag (1983:428) om spridning av bekämpningsmedel över skogsmark.*

196 Vgl. die Vorarbeiten in: Prop. 1982/83:145; JoU 1982/83:34.

197 Karnov-Rubenson, 1998–99, Band 2, S. 2273, Lag 1983:428, Rdn. "*".

198 Ebenda.

h) Weitere Gesetze mit Umwelt- und Naturschutzcharakter

Als weitere Gesetze mit Naturschutz- und Umweltschutzcharakter können das Jagdgesetz[199], das Plan- und Baugesetz[200] oder aber das Seuchengesetz[201] genannt werden. Die Regelungsinhalte dieser Gesetze waren bereichsspezifisch, wie sich bereits aus ihren Namen entnehmen lässt. Die Liste dieser Art von Gesetzen mit Umweltcharakter könnte beliebig fortgesetzt werden.

4) Das Jedermannsrecht *(„Allemansrätten")*

Das sog. „Jedermannsrecht" *(„Allemansrätten")* nimmt in der schwedischen Rechtsordnung eine Sonderstellung ein.[202] Man versteht darunter grundsätzlich die Berechtigung des einzelnen, in bestimmtem Umfang den Grund und Boden eines anderen zu nutzen, etwa zum Spazierengehen, Zelten, Pilze sammeln oder bloß, um die Natur zu genießen.[203] Eine gesetzliche Definition zum Jedermannsrecht gibt es nicht.[204] Am ehesten kann man das Recht negativ definieren, indem man Handlungen im Einzelfall benennt, die nachteilige Konsequenzen für den Störer nach sich ziehen und somit nicht mehr vom Jedermannsrecht gedeckt sind.[205] Hierzu zählen alle strafrechtlich bewehrten Handlungen, wie etwa ein Hausfriedensbruch oder ein Diebstahl auf dem fremden Grund und Boden, aber auch Handlungen, die den Störer gegenüber dem betroffenen Eigentümer schadensersatzpflichtig machen oder Handlungen, die es dem Eigentümer ermöglichen, eine (zivilrechtliche) Unterlassungsklage zu erheben bzw. eine einstweilige Verfügung zu erwirken, die den Störer von der weiteren Nutzung des konkreten Grundstücks ausschließen.[206] Das Jedermannsrecht wird auf diese Weise auch vom Naturschutz- bzw. Umweltschutzrecht bedingt und nimmt entsprechend eine Zwitterstellung zwischen Zivil- und öffentlichem Recht ein.[207] Stört man wildlebende Tiere, bricht man Äste ab oder verunreinigt ein Grundstück,

---

199 *Jaktlagen, SFS (1987:259).*

200 *Plan- och bygglagen, SFS (1987:10).*

201 *Smittskyddslagen SFS (1988:1472).*

202 Bengtsson, SvJT 1985, 425 (425).

203 Ebbesson, Miljörätt, S. 159.

204 Mohr, Die Haftung für ökologische Schäden im nordischen und im vereinheitlichten EG-Recht, S. 18. In einigen Gesetzen wird das Jedermannsrecht zwar benannt bzw. auf es Bezug genommen, vgl. bspw. das 2. Kapitel, § 18 RF oder seinerzeit § 1 NL. Wie der Begriff auszufüllen ist, geht aus dem Gesetz nicht hervor.

205 Ebbesson, Miljörätt, S. 159.

206 Jonzon/Delin/Bengtsson, Naturvårdslagen, S. 38.

207 Bengtsson in: Michanek/Björkman, Miljörätten i förändring – en antologi, S. 53 f.

handelt man nicht nur gegen Eigentümerinteressen, sondern auch gegen Naturinteressen. Das Jedermannsrecht wird also auch durch Umweltinteressen begrenzt.[208]

5) Zusammenfassung

Reine Umweltgesetzgebung ohne nachbarrechtlichen oder gesundheitsschutzrechtlichen Charakter gibt es in Schweden seit den 60er Jahren des vergangenen Jahrhunderts. Übergreifende und nicht bloß medien- oder bereichsbezogene Umweltgesetzgebung erfolgte vor allem durch die Schaffung des ML, des NVL und des NRL. Insbesondere das NRL war mit seinem Ansatz der Interessenabwägung auf der einen Seite und dem Gedanken der umfassenden Planung sowohl einzelner Vorhaben als auch hinsichtlich des Umgangs mit Ressourcen ein Gesetz, das grundsätzliche Geltung im Bereich des Umweltrechts beanspruchen konnte.

III) Der Instanzenzug im Umweltrecht

Nachdem die materiellrechtlichen Regelungen der einzelnen Umweltgesetze erläutert worden sind, soll in diesem Abschnitt ein Überblick über die Ausgestaltung der Prüfungs- und Überprüfungsverfahren innerhalb der besonderen Umweltverwaltung und der Verwaltungsgerichtsbarkeit gegeben werden, um den Instanzenzug bzw. die verschiedenen Instanzenzüge in seinen Grundzügen darzustellen.

1) Umweltrechtliche Prüfungsverfahren bis zum 31. Dezember 1998

a) Die Regierung als alleinige Prüfungsinstanz bei der Genehmigung bestimmter Großanlagen

Wie bereits oben[209] geschildert, ist die Regierung des Königs im Laufe der Zeit in die Rolle des absoluten Monarchen hineingewachsen und hat dessen umfassenden Prüfungskompetenzen übernommen. Diese Kompetenzen wurden teilweise auf nachgeordnete Behörden delegiert, teilweise hat die Regierung ihre

208 Westerlund, MT 1993, 20 (44).

209 Siehe oben B) I) 1) b).

Sonderstellung als alleinige Prüfungsinstanz in bestimmten Verwaltungsverfahren behalten. Für den umweltrechtlichen Bereich wichtigstes Beispiel hierfür ist das Gesetz über die natürlichen Ressourcen.[210] Nach den Bestimmungen des 4. Kapitels dieses Gesetzes oblag es der Regierung, Großanlagen, die erheblich auf die Umwelt einwirken konnten, als erste und einzige Prüfungsinstanz zu genehmigen. Welche Anlagen so von der Regierung zu genehmigen waren, war im 4. Kapitel, § 1 des Gesetzes über die Haushaltung mit Naturressourcen aufgeführt.[211] Rechtsschutzmöglichkeiten gegen eine Entscheidung der Regierung gab es nicht. Die Entscheidungen der Regierung waren endgültig und konnten nur von der Regierung selbst widerrufen oder geändert werden.

b) Bindung der Unterbehörden an die Entscheidung der Regierung bei Folgeprüfungen

Hatte die Regierung eine Entscheidung nach dem 4. Kapitel des NRL getroffen, waren alle anderen Prüfungsbehörden, die den Sachverhalt nach anderen Gesetzen zu prüfen hatten, an die Entscheidung der Regierung gebunden. Solche nachfolgenden Prüfungen wurden in der Regel von *Koncessionsnämden*[212] in bezug auf Umweltschutzangelegenheiten und auf wasserbezogene Angelegenheiten von den Wassergerichten[213] durchgeführt. Hatte also die Regierung bspw. eine Lokalisierungsprüfung nach dem 4. Kapitel des NRL etwa für ein Zementwerk durchgeführt und die Ansiedlung dieses Zementwerkes an einem bestimmten Ort gutgeheißen, war *Koncessionsnämnden* gemäß § 2 Abs. 2 ML an diese Entscheidung gebunden und musste die notwendige Genehmigung nach dem ML erteilen.[214] Eine Antragsbefugnis nach dem Rechtsprüfungsgesetz (RPL) bestand für Behörden nicht.[215] Eine seiner Auffassung nach falsche Regierungsentscheidung konnte *Koncessionsnämnden* lediglich durch Nebenbestimmungen oder Auflagen zu der naturschutzrechtlichen Genehmigung zumindest teilweise korrigieren.[216]

---

210 Siehe oben B) II) 3) c).

211 Der dort aufgeführte Anlagenkatalog entspricht im übrigen dem des 17. Kapitels, § 1 MB.

212 Ehemalige zentrale Genehmigungsbehörde für umweltgefährdende Tätigkeiten, siehe oben B) II) 3) a) (2).

213 Sog. „*vattendomstolar*". Siehe hierzu auch unten B) III) 1) f).

214 Westerlund, MT 1993, 20 (34).

215 Warnling-Nerep, FT 1991, 129 (135).

216 Westerlund, MT 1993, 20 (34).

c) Prüfung in Angelegenheiten nach dem Umweltschutzgesetz

Angelegenheiten gemäß dem Umweltschutzgesetz[217] wurden in der Regel von *Koncessionsnämden* oder von der jeweils örtlich zuständigen Provinzialregierung geprüft.[218] *Koncessionsnämden* hatte insbesondere umfangreiche Angelegenheiten zu prüfen, die in einer Beilage zur Umweltschutzverordnung (MF),[219] der sogenannten „A"-Liste verzeichnet waren. Umgekehrt oblag es den Provinzialregierungen, die Angelegenheiten zu prüfen, die in der „B"-Liste aufgenommen waren.[220] Die Entscheidungen der Provinzialregierungen wurden in diesen Fällen bei *Koncessionsnämden* angefochten, § 48 Abs. 1 Nr. 2 ML. Dessen Entscheidungen in den Anfechtungsverfahren waren abschließend und konnten ihrerseits nicht mehr angefochten werden, § 48 Abs. 2 ML. Entscheidungen von *Koncessionsnämden*, die dieses erstinstanzlich getroffen hatte, waren bei der Regierung anzufechten, § 48 Abs. 1 Nr. 3 ML. Hinsichtlich der Errichtung eines Umweltschutzgebietes und der Erteilung von Ausnahmen konnten Entscheidungen einer Provinzialregierung, sofern sie gemäß § 8 a Abs. 2 ML dazu von der Regierung ermächtigt gewesen war, direkt bei der Regierung angefochten werden, § 48 Abs. 3 ML i.V.m. § 8 a ML.

d) Weitere Angelegenheiten mit Umweltbezug

Andere Angelegenheiten mit Umweltbezug, die nicht nach den Vorschriften des Umweltschutzgesetzes[221] zu prüfen waren, wurden erstinstanzlich von Unterbehörden oder kommunalen Ämtern geprüft.[222] Ihre Entscheidungen wurden bei einem allgemeinen Verwaltungsgericht *(„länsrätt")* angefochten. Allerdings galt bspw. nach dem Gesundheitsschutzgesetz (HSL)[223], dass Entscheidungen kommunaler Ämter in Angelegenheiten, die durch das Gesetz geregelt waren, zunächst bei der Provinzialregierung angefochten werden mussten und diese Entscheidungen danach bei einem allgemeinen Verwaltungsgericht angefochten werden konnten, § 25 Abs. 2 Satz 1 HSL. Die gerichtliche Prüfung konnte in diesen Fällen nach der allgemeinen Instanzordnung also beim Verwaltungsgericht und danach vor einem *Kammarrätt* vorgenommen werden, allerdings nur, wenn dieses das Rechtsmittel zugelassen hatte, § 25 Abs. 2 Satz 2 HSL. Unter

---

217 *Miljöskyddslagen*, SFS (1969:387).
218 Westerlund, MT 1993, 20 (35).
219 *Miljöskyddsförordning*, SFS (1989:364).
220 § 5 MF.
221 *Miljöskyddslagen*, SFS (1969:387).
222 Westerlund, MT 1993, 20 (40).
223 *Hälsoskyddslagen*, SFS (1982:1080).

gleichen Bedingungen war *Regeringsrätten* dann die Revisionsinstanz. Gleiches galt für die Prüfung in Angelegenheiten nach dem Naturpflegegesetz (NVL). Hier war gemäß § 40 Abs. 1 NVL die Entscheidung einer kommunalen Behörde bei der Provinzialregierung anzufechten. Entscheidungen anderer staatlicher (also nicht kommunaler) Behörden als der Regierung waren bei den allgemeinen Verwaltungsgerichten anzufechten, § 40 Abs. 2 Satz 1 NVL, wenn sie nicht ausnahmsweise bei der Regierung anzufechten waren, § 40 Abs. 2 Satz 2 NVL. Zu diesen Ausnahmen zählte etwa die Entscheidung einer Provinzialregierung hinsichtlich der Errichtung eines Naturreservats. Sofern ein *Kammarrätt* das Rechtsmittel zugelassen hatte, konnte die Entscheidung einer staatlichen Behörde dort angefochten werden, § 40 Abs. 2 Satz 3 NVL. Unter gleichen Umständen war die Revision bei *Regeringsrätten* möglich.

e) Die Anfechtung von Entscheidungen der Regierung

Wie oben[224] bereits dargestellt, gab es Entscheidungen, die die Regierung ausschließlich zu prüfen hatte. Gegen diese Entscheidungen gab es bis zur Einführung des Rechtsprüfungsgesetzes kein Rechtsmittel.

f) Angelegenheiten nach dem Wassergesetz

Wasserbezogene Angelegenheiten, also solche, die nach dem Wassergesetz[225] zu prüfen waren, wurden in erster Instanz von eigens eingerichteten „Wassergerichten“ *(„vattendomstolar“)* geprüft.[226] Es gab sechs[227] Wassergerichte in Schweden, die funktional den Amtsgerichten *(„tingsrätter“)* zugeordnet waren, 13. Kapitel, § 1 Abs. 1 VL. Sie tagten in besonderer Zusammensetzung mit einem Vorsitzenden, der Berufsrichter war, 13. Kapitel, § 3 Abs. 2 VL, und einem technischen Mitglied sowie zwei Beamten des Wassergerichts, 13. Kapitel, § 3 Abs. 1 VL. Die Gerichte hatten auch in Antragsverfahren auf Genehmigungserteilung zu entscheiden, also exekutiv tätig zu werden.[228] Diese Konstruktion findet sich weiterhin im schwedischen Umweltrecht.[229] Das Berufungsgericht in

---

224 Siehe oben B) II) 3) c) (iv).

225 *Vattenlag*, SFS (1983:291).

226 Zum Gesetzesvorschlag, in dem auch die Einführung der besonderen Gerichte und die Besetzung der Gerichte neben Berufsrichtern auch mit Sachverständigen vorgeschlagen wurde, vgl. Prop. 1969:28.

227 Gemäß Bekanntmachung (1971:550) waren diese in Luleå, Umeå, Östersund, Stockholm, Växjö und Vänersborg belegen.

228 Prop. 1969:28, S. 235.

229 Siehe hierzu unten C) V) 2) c).

wasserbezogenen Angelegenheiten war Svea Hofgericht *(„Svea hovrätt")* in Stockholm als Wasserobergericht *(„vattenöverdomstol")*, 13. Kapitel, § 1 Abs. 2 und § 11 VL. Die Vorschriften des Berufungsverfahrens waren in §§ 65–71 VL geregelt. Von dort gingen die zur Revision zugelassenen Sachen zum Obersten Gerichtshof *(„Högsta domstolen")*, 13. Kapitel, § 1 Abs. 3 VL. Besondere Verfahrensvorschriften für das Gericht fanden sich in § 72 VL. Das Wassergesetz enthielt für die Wassergerichte in seinem 13. Kapitel eine eigene Verfahrensordnung. Auf die allgemeinen Regeln des Prozessgesetzbuches durften die Wassergerichte nur subsidiär zurückgreifen.[230]

g) Entschädigungsfragen

Auch in Entschädigungsfragen waren die Zuständigkeiten auf die einzelnen Gerichte je nach Gesetz, aufgrund dessen Entschädigung verlangt wurde, verteilt.[231] Die Darstellung solcher Vorschriften soll hier jedoch nicht vertieft werden.

2) Zusammenfassung

Bestimmungen über die Prüfung von Umweltangelegenheiten fanden sich in einer Reihe von Einzelgesetzen. Entsprechend waren auch die Vorschriften über die Zuständigkeit der einzelnen Behörden, über das von ihnen anzuwendende Verwaltungsverfahren und den Instanzenzug in jedem Einzelgesetz gesondert geregelt.[232]

---

230 Strömberg, Vattenlagen, 13 kap., § 2.

231 Im Naturpflegegesetz waren Entschädigungsfragen in den §§ 25–28 und 30–36 geregelt. Nach einer Gesetzesänderung Anfang der 1970er Jahre wurden die Entschädigungsregeln in weiten Teilen den Vorschriften des Enteignungsgesetzes *(„Expropriationslag")* angeglichen, vgl. Jonzon/Delin/Bengtsson, Naturvårdslagen, S. 200 ff. Aus dem Umweltschutzgesetz *(„Miljöskyddslag")* wurde 1986 heraus ein Umweltschadengesetz *(„Miljöskadelag")* gebildet, das seinerseits Regelungen über Entschädigungsfragen enthielt, vgl. Cervin/Jensen, Mark- och miljörätt, S. 154. Im Wassergesetz fanden sich die Vorschriften hierzu im 9. Kapitel. Entschädigt wurde danach, wer einen Eingriff in sein Recht am Wasser erdulden musste. Hier ist darauf hinzuweisen, dass das Wasser nach schwedischem Recht kein Allgemeingut ist, sondern ein grundstücksbezogenes Recht, vgl. Michanek, Svensk miljörätt, S. 201. In den Vorarbeiten zum Wassergesetz von 1983 wurde der Übergang zum öffentlichrechtlichen System, wonach Wasser ein der Allgemeinheit zustehendes Gut ist, diskutiert, jedoch im Hinblick auf die eigene Rechtstradition verworfen, vgl. SOU 1977:27, S. 128 ff. Entsprechend kann der Eigentümer des Wassers vom Staat oder dem Nutznießer einer staatlichen Genehmigung eine Entschädigung für die Rechtsbeeinträchtigung verlangen, vgl. Strömberg, Vattenlagen, 9 kap., vor § 1.

232 Vgl. die Zusammenstellung bei Westerlund, MT 1993, 20.

IV) Das Anfechtungsrecht für Umweltorganisationen – Rechtszustand vor Inkrafttreten des Umweltgesetzbuches zum 1. Januar 1999

1) Der Grundsatz der Verletzung eigener Rechte im schwedischen Verwaltungs- und Verwaltungsprozessrecht

Entscheidungen *(„beslut")* der Verwaltung können grundsätzlich angefochten werden. Die Voraussetzungen hierzu ergeben sich aus der Vorschrift des § 22 FL.[233] Das Anfechtungsrecht steht nicht jedermann zu, sondern lediglich demjenigen, der von der anzufechtenden Verwaltungsentscheidung betroffen ist. Weitere Voraussetzung ist, dass die Entscheidung eine Beschwer *(„om det har gått emot honom")* des Betroffenen enthält und dass gegen die Entscheidung überhaupt ein Rechtsmittel besteht. Bestehen diese Voraussetzungen im Einzelfall, ist die Verwaltungsentscheidung grundsätzlich beim allgemeinen Verwaltungsgericht anzufechten.[234]

a) Die Anfechtbarkeit der Entscheidung der Verwaltung

Einen allgemeinen Grundsatz, dass oder wann eine Entscheidung einer Behörde anfechtbar ist, gibt es im schwedischen Verwaltungsrecht nicht. Wann eine Verwaltungsentscheidung überhaupt anfechtbar ist, ergibt sich aus den jeweiligen Spezialgesetzen und aus den Grundsätzen, die die Rechtsprechung aufgestellt hat.[235] Danach ist jedenfalls eine Verwaltungsentscheidung, die für den Adressaten rechtlich bindend ist, also mit positiver Rechtskraft versehen oder sofort vollstreckbar ist, anfechtbar.[236] Umgekehrt bedarf es einer solchen rechtlichen Bindung nicht, wenn die Entscheidung sonst erhebliche persönliche oder wirtschaftliche Auswirkungen für den Adressaten der Entscheidung hat.[237] Nicht anfechtbar sind hingegen bloße verwaltungsinterne Entscheidungen, also solche ohne Außenwirkungen, oder Verfahrensentscheidungen ohne Sachbezug.[238] Eine Ausnahme gilt für die Fälle, in denen spezielle gesetzliche Vorschriften, die dies

---

233 *Förvaltningslag*, SFS (1986:223).

234 Diesen Grundsatz bestimmt die Vorschrift des § 22 a Satz 1 des Verwaltungsgesetzes, die mit Gesetz (1998:386) eingeführt wurde und seit 1.1.1999 in Kraft ist.

235 Strömberg, Allmän förvaltningsrätt, S. 184 f.

236 Sterzel in: NJH, S. 1037; Strömberg, Allmän förvaltningsrätt, S. 186.

237 Malmqvist/Riberdahl/Torngren, Allmän förvaltningsrätt, § 22, S. 80, Strömberg, Allmän förvaltningsrätt, S. 186.

238 § 22 a Satz 2 FL.

gestatten, bestehen.[239] Hierzu zählt beispielsweise die Entscheidung einer Behörde, einen Vertreter oder Beistand, den sich ein Beteiligter im Verwaltungsverfahren genommen hat, abzuweisen, wenn dieser sich ungeeignet gezeigt hat, seine Aufgaben wahrzunehmen oder im Verwaltungsverfahren angemessen aufzutreten, § 9 Abs. 2 FL. Gemäß § 9 Abs. 3 FL ist eine solche Entscheidung im laufenden Verwaltungsverfahren gesondert anfechtbar und dies gemäß den Vorschriften, die für die Anfechtung der – gedachten – Entscheidung in der Hauptsache gelten. Auch im Verwaltungsprozessrecht gilt gemäß § 34 Abs. 1 Satz 1 FPL der Grundsatz, dass gegen Entscheidungen, die die Sache nicht beenden, nur ein Rechtsmittel eingelegt werden darf, wenn hiermit auch Entscheidungen in der Sache angefochten werden. In § 34 Abs. 1 Satz 2 FPL finden sich als Ausnahmen aufgezählt angreifbare reine Verfahrensverstöße.

b) Der Begriff der Beschwer

Der Begriff der Beschwer ist ebenfalls nicht eindeutig geklärt. Grundsätzlich gilt, dass das Anfechtungsrecht demjenigen zusteht, der Adressat der Entscheidung ist.[240] Dies kann jemand sein, der einen Antrag gestellt und dieser ganz oder teilweise abgelehnt worden ist oder gegen den eine Verfügung oder ein Verbot gerichtet ist.[241] Umgekehrt ist jedoch derjenige nicht anfechtungsberechtigt, der nicht Beteiligter des Verwaltungsverfahrens gewesen ist.[242] Anders verhält es sich wiederum in den Fällen, in denen ein einzelner von den Wirkungen einer Entscheidung betroffen ist, ohne dass er im vorangegangenen Verwaltungsverfahren beteiligt gewesen ist.[243] Zu nennen wäre hier etwa der Nachbar eines Bauvorhabens.[244] Bei den diversen Vorarbeiten zu den Verwaltungsgesetzen[245] wurde auch die Frage diskutiert, ob eine abschließende Definition des Klageberechtigten gesetzlich festgeschrieben werden sollte und welchen Inhalts sie sein sollte.[246] Nach Auffassung des Gesetzgebers war es jedoch den Gerichten vorbehalten, diese Frage im konkreten Einzelfall zu klären, so dass eine weitergehende Definition über die eingangs genannten allgemeinen Voraussetzun-

239 Sterzel in: NJH, S. 1037.

240 Strömberg, FT 1984, 339 (347).

241 Strömberg, Allmän förvaltningsrätt, S. 190.

242 Ragnemalm, FT 1975, 155 (178).

243 Strömberg, Allmän förvaltningsrätt, S. 190.

244 Lindblom, Miljöprocess, Del I, S. 118 f; Ragnemalm, FT 1975, 155 (178).

245 Siehe oben B) I) 2).

246 Beispiele hierfür finden sich in SOU 1964:27, S. 21 und S. 185–189 sowie SOU 1968:27, S. 9 und S. 85–87, Kritik von beiden Richtungen in prop. 1971:30 Teil 2, S. 434–436 sowie S. 441 f.

gen nicht ins Gesetz aufgenommen wurde.[247] Um das Anfechtungsrecht nicht zu weit auszudehnen, wird seitens der Rechtsprechung entweder auf die Auswirkungen der anzufechtenden Verwaltungsentscheidung auf den einzelnen oder auf die berührten Interessen des einzelnen abgestellt, die von der Rechtsordnung anerkannt sein müssen.[248] Ob die Interessen von der Rechtsordnung anerkannt sind, muss im Einzelfall anhand entweder konkreter Vorschriften oder der Gesetzesmaterialien hierzu geprüft werden.[249] Verwaltungsentscheidungen, die lediglich verfahrensrechtlichen Charakter haben, können, wie oben ausgeführt, grundsätzlich nicht angefochten werden.

c) Klagerechte im Umweltrecht

Gemäß den oben genannten Grundsätzen war das Anfechtungsrecht in Umweltschutzstreitigkeiten insbesondere von den materiellen Regelungen der berührten Gesetze und der durch sie geschützten Interessen abhängig.[250]

(1) Klageberechtigung nach dem Wassergesetz

Im Wasserrecht galt derjenige als klageberechtigt, der Eigentümer eines Grundstücks oder Inhaber besonderer Rechte an einem Grundstück war, wenn das wasserbezogene Vorhaben das Grundstück schädigen oder sonst ein wesentliches Interesse des Berechtigten an der Nutzung des Grundstücks verletzte.[251] Umgekehrt waren Personen ohne solchen Grundstücksbezug nicht klageberechtigt.[252] Völlig ohne Ausnahme war dieser Grundsatz jedoch nicht. Zwar vertrat im wassergerichtlichen Verfahren über die Zulässigkeit der Brücke über den Öresund *Högsta domstolen* (als Zivilgericht) die Auffassung, dass Berufsfischer, auch wenn sie mit festen Gerätschaften fischten, nicht nach den Vorschriften des Wassergesetzes als klageberechtigt angesehen werden konnten.[253] Umgekehrt hatte *Regeringsrätten* (als Verwaltungsgericht) in einem Rechtsprüfungsverfahren nach dem RPL[254] über die Zulassung der Öresundbrücke durch die Regie-

247 Prop. 1971:30 Teil 2, S. 434–436.
248 Sterzel in: NJH, S. 1037; Strömberg, Allmän förvaltningsrätt, S. 190.
249 Strömberg, Allmän förvaltningsrätt, S. 190.
250 Ebbesson, JT 1999–2000, 3 (10).
251 Nordh, Talerätt i miljömål, S. 297.
252 Ebbesson, JT 1999–2000, 3 (10).
253 NJA I. 1995, 322.
254 Siehe oben B) III) 1) e).

rung hinsichtlich desselben Personenkreises entschieden, dass dieser klagebefugt im Sinne des Wassergesetzes war.[255]

(2) Klageberechtigung nach dem Umweltschutzgesetz

Nach dem Umweltschutzgesetz war die Klageberechtigung grundsätzlich ebenfalls an Grundstücksrechte geknüpft, jedoch weniger ausgeprägt als in wasserrechtlichen Angelegenheiten. Fest stand aufgrund der Vorarbeiten zum Gesetz, dass die Berufung auf das Jedermannsrecht[256] nicht ausreichen können konnte, ein Klagerecht anzunehmen.[257] Nach Auffassung von *Regeringsrätten* war jede Person klageberechtigt, die Schäden oder Nachteilen durch eine umweltgefährdende Tätigkeit aus einem Genehmigungsbeschluss ausgesetzt war.[258] Eine bloß theoretische oder völlig unerhebliche Gefährdung war nach Ansicht von *Regeringsrätten* jedoch nicht ausreichend.[259]

(3) Klageberechtigung nach dem Gesetz über den Umgang mit natürlichen Ressourcen

Große Bedeutung kam der Auslegung der einschlägigen Vorschriften des Gesetzes über den Umgang mit natürlichen Ressourcen zu, da *Koncessionsnämnden* bei seiner Prüfung nach dem Umweltschutzgesetz an die Feststellungen der Regierung nach dem NRL gebunden war und die Regierung nach den Vorschriften dieses Gesetzes auch andere als die im Gesetz explizit genannten Vorhaben prüfen konnte mit der Folge, dass die Bindungswirkung auch hier eintrat.[260] Dadurch waren für den einzelnen die Entscheidungen der Regierung, in denen es um das „Ob“ der Vorhaben ging, letztlich wichtiger als die Folgeprüfung durch *Koncessionsnämnden* über das „Wie“ des Vorhabens mit den Anfechtungsmöglichkeiten nach dem Umweltschutzgesetz.[261] Die Genehmigung der Öresundbrücke, um bei diesem Beispiel zu bleiben, wurde nicht nur wie oben beschrieben nach dem Wassergesetz geprüft und erteilt,[262] sondern auch nach den Vorschriften des NRL und hier von der Regierung. Als Rechtsmittel hiergegen blieb nur die Rechtsprüfung der von der Regierung getroffenen Entscheidung bei *Rege-*

255 RÅ 1994 ref. 96:II.
256 Siehe oben B) II) 4).
257 Prop. 1969:28, S. 190.
258 RÅ 1990 ref. 75.
259 RÅ 1997 ref. 38.
260 Siehe oben B) III) 1) b).
261 So auch Ebbesson JT 1999–2000, 3 (12).
262 Siehe oben B) IV) 1) c) (1).

ringsrätten. In seiner Entscheidung stellte das Gericht klar, dass eine Person, der das Klagerecht nach dem Umweltschutzgesetz zusteht, nicht automatisch auch klageberechtigt nach dem NRL sei: Zum einen seien die betroffenen Einzelinteressen bereits in die Abwägung, die die prüfende Behörde nach dem NRL vorzunehmen hatte, einzubeziehen, zum anderen könnten die Rechte des einzelnen bei der Folgeprüfung nach dem Naturschutzgesetz ausreichend beachtet werden.[263] Folge dieser Rechtsprechung war, dass das Institut der Rechtsprüfung zumindest in diesen Fällen ins Leere läuft.[264]

2) Möglichkeiten der Beteiligung von Umweltorganisationen in Verwaltungsverfahren und Verwaltungsgerichtsverfahren

a) Geschichtliche Entwicklung seit den 50er Jahren des vorigen Jahrhunderts

Die Frage, ob Umweltorganisationen besondere Klagerechte eingeräumt werden sollten, die nicht auf eine Verletzung eigener Rechte gründen, wird in Schweden zumindest seit den 50er Jahren des vorigen Jahrhunderts diskutiert. Im Mittelpunkt steht dabei die Frage, ob der Umwelt- und Naturschutz allein staatliche Aufgabe sein muss bzw. kann oder ob einzelne, ggf. zusammengeschlossen in Vereinigungen, gleichermaßen berechtigt sein sollen, diese Interessen ihrerseits wahrzunehmen, sei es, um das Verständnis und das Interesse für diese Schutzgüter zu wecken, sei es, um eine außerstaatliche Kontrolle auszuüben.[265] Im Vorgängergesetz zum Umweltpflegegesetz,[266] dem Naturschutzgesetz vom 21.11.1952, war in § 35 festgelegt, dass der König Organisationen, die die Interessen des Naturschutzes wahrnahmen, ein besonderes Klagerecht – wenn auch „nur“ gegen Beschlüsse der Provinzialregierungen – zusprechen konnte. Der König nutzte diese Ermächtigung in § 20 der Durchführungsverordnung zum Naturschutzgesetz[267] und erkannte dieses Recht drei Vereinigungen zu: der Wissenschaftsakademie *(„Vetenskapsakademien“)*, dem Schwedischen Naturschutzverein *(„Svenska naturskyddsförening“)* und dem Verein für Heimatpfle-

263 RÅ 1994 ref. 96:I.

264 Mit Ebbesson ist in Konsequenz dieser Rechtsprechung (wieder) ein Verstoß gegen Art. 6 EMRK zu sehen, da die Anwendung des RPL in diesen Fällen ausgeschlossen ist und Rechtschutz gegen solche Regierungsentscheidungen nicht möglich ist. Damit wird der status quo ante RPL wieder hergestellt, vgl. Ebbesson JT 1999–2000, 4 (12).

265 Ebbesson, Comparative Introduction, in: Ebbesson, Access to Justice in Environmental Matters in the EU, S. 3 f.

266 Siehe oben B) II) 3) b).

267 KK 30/1230/12 1952 (nr 821).

ge *(„Samfundet för hembygdsvård“)*.[268] Sie durften damit im Interesse des Naturschutzes behördliche Entscheidungen anfechten, die in Angelegenheiten des Naturschutzes ergangen waren. Der Geltendmachung der Verletzung eines eigenen Rechtes bedurfte es nicht.[269] Grund hierfür war die Erkenntnis, dass das schwedische Naturschutzrecht zu dieser Zeit nicht effektiv war und die Organisation des staatlichen Naturschutzes seine Aufgaben nicht zufriedenstellend erfüllen konnte. Man sah die Ursachen insbesondere in der technischen Entwicklung zu dieser Zeit, die neue Probleme für die Umwelt geschaffen hatte und deren Auswirkungen insgesamt noch nicht untersucht waren. Bemerkenswerterweise sah man deswegen nicht nur die Interessen des Naturschutzes gefährdet, sondern auch die Interessen wichtiger nationaler Industrien.[270] Die Straffung der Organisation des Naturschutzes sowie die Einbindung unabhängiger wissenschaftlicher und gesellschaftlicher Kräfte sollte der festgehaltenen Entwicklung auch nach Auffassung des zuständigen Ministers entgegenwirken.[271] Diese Vorschläge wurden vom König in den Gesetzesvorschlag übernommen.[272] Als Anfang der 60er Jahre des vorigen Jahrhunderts die Schaffung des Naturpflegegesetzes diskutiert wurde, kam auch die Frage auf, ob das Klagerecht für diese Vereinigungen noch beibehalten werden sollte. In dem Gutachten der Regierung zu dieser Frage hieß es, es bestünde „kein Anlass“ dafür, dass das neue Gesetz die Möglichkeit für den König beibehalte, geeignete Organisationen zu ermächtigen, Klagen im Interesse des Umweltschutzes zu führen.[273] Zur Begründung verwies die Regierung auf den Plan, ein zentrales Amt einzurichten, dessen Aufgabe es sei, die Interessen des Umweltschutzes wahrzunehmen. In diesem Amt sollten auch Vertreter von Wissenschaft und Vereinigungen repräsentiert sein, so dass auf diese Weise die betroffenen Vereinigungen weiterhin gegen Entscheidungen der Provinzialregierungen vorgehen konnten, wenn auch nur indirekt. Gegen diesen Vorschlag gab es Kritik, nicht von *„Svenska naturskyddsföreningen“* selbst, sondern auch von anderen Gremien.[274] Sie sahen in dieser bloß mittelbaren Rolle ihren Einfluss geschmälert. Gleichwohl wurde der Vorschlag Gesetz, und mit diesem Gesetz schuf man auch das Naturpflegeamt *(„Naturvårds-*

---

268 § 35 *Naturskyddslagen* (1952:688) i.V.m. § 20 *Tillämpningskungörelsen* (1952:821).

269 Ragnemalm FT 1971, 105 (110).

270 Hierauf hatte im Gesetzgebungsverfahren die Wissenschaftsakademie verwiesen, vgl. prop. 1952:188, S. 29.

271 Prop. 1952:188, S. 33.

272 Prop. 1952:188, S. 84.

273 SOU 1962:36, S. 352, 45 § 1 st. des Gesetzesvorschlags *(„lagförslaget“)*.

274 Mot. 1964 I: 835 und II: 1028.

verket“),[275] das staatlicherseits als Zentralamt die Belange des Naturschutzes wahrnehmen sollte. Den ehedem begünstigten Organisationen entzog man das eingeräumte Klagerecht wieder, da man der Ansicht war, dass es dieser Art der Interessenwahrnehmung nicht mehr bedurfte.[276] Das Klagerecht fand sich danach weder im neuen Naturpflegegesetz von 1964[277] noch im Naturschutzgesetz oder dem Wassergesetz wieder.[278] Die Auffassung, die Wahrnehmung der Naturschutzinteressen sei ausschließlich Aufgabe des Staates und der Kommunen,[279] war allerdings nicht neu. Denn bereits in den Vorarbeiten zum Naturschutzgesetz von 1952 war diese Frage diskutiert worden. Allerdings hatte das Ministerium die Zeit als noch nicht reif *(„mogen“)* angesehen, ein zentrales staatliches Amt mit den Aufgaben der Überwachung und der Leitung des Naturschutzes zu betrauen, so dass die überkommenen Strukturen, auch die Einbindung der wissenschaftlichen und privaten Institutionen beibehalten und ausgebaut werden sollten.[280] Es darf daher nicht übersehen werden, dass schon in den 1950er Jahren dasjenige diskutiert worden war, was später als „schwedisches Konsens-Model“ bekannt werden sollte, nämlich die Idee, staatliche Aufgaben in Kooperation mit betroffenen privaten Kräften in Beratungen innerhalb von Verwaltungseinheiten gleichsam zur Zufriedenheit aller wahrzunehmen und Probleme auf diese Weise zu lösen.[281] Mit der Schaffung des neuen Gesetzes und dem Aufbau des Naturpflegeamtes als eben jener zentralen Behörde, in der neben Vertretern des Staates und der Wirtschaft auch Vertreter von Verbänden tätig sein konnten, wurden diese Gedanken lediglich umgesetzt. Offensichtlich war die Zeit eine Dekade später nach Auffassung des zuständigen Ministers „reif“. Der Naturschutz war zu einer rein staatlichen Aufgabe geworden.[282] Er sollte es, wie der gesamte Umweltschutz, bis in die heutige Zeit bleiben und von behördlicher Aufsicht und Kontrolle geprägt sein.[283] In diesem Zusammenhang muss auf die Ausführungen zum Umweltschutzgesetz hingewiesen werden.[284] Mit dem Umweltschutzgesetz von 1969 richtete der Staat fast zeitgleich mit *„Naturvårdsverket“* ein weiteres zentrales Amt *(„Koncessionsnämnden“)* ein, das für die Er-

---

275 *Naturvårdsverket* wurde am 1.7.1967 durch Zusammenlegung mehrerer Behörden, die bis dahin Aufgaben des Naturschutzes und der Naturpflege wahrgenommen hatten, gebildet, vgl. die Homepage von *Naturvårdsverket:* www.naturvardsverket.se.

276 Ragnemalm FT 1971, 105 (110).

277 *Naturvårdslag*, SFS (1964:822).

278 Ebbesson JT 1999–2000, 4 (16).

279 SOU 1962:36, S. 352, § 45 Abs. 1 des Gesetzesvorschlags *(„lagförslaget“)*.

280 Prop. 1952:188, S. 31.

281 Gillberg, From Green Image to Green Practice, S. 33.

282 Ebbesson, in: Ebbesson, Access to Justice in Environmental Matters in the EU, S. 450.

283 Nordh, Talerätt i miljömål, S. 394 f.; Lindblom, Miljöprocess, Del I, S. 28.

284 Siehe oben B) II) 3) a) (2).

teilung der Genehmigungen zu stark umweltgefährdenden Tätigkeiten („A"-Liste) zuständig war.[285] Dessen Entscheidungen konnten ausschließlich von der Regierung überprüft werden. Das Verfahren zur Genehmigungserteilung unterlag keinen besonderen Regeln, die Entscheidungsträger waren von der Regierung aufgrund von Vorschlägen von *Naturvårdsverket* und der Industrie eingesetzt.[286] Vertreter von Umweltorganisationen waren dort nicht vorgesehen. Erst 1981 wurde überhaupt die Möglichkeit der Beteiligung einzelner in einem dem Entscheidungsverfahren vorgelagerten Beratungsverfahren eingeführt, wobei umstritten war, ob Umweltverbände hierzu zählten. Mit der Grundsatzentscheidung, zentrale Ämter mit den Aufgaben des Umweltschutzes und der Genehmigungserteilung zu betrauen, in denen der Staat gemeinsam mit den betroffenen Kreisen Lösungen herbeidiskutierte, wurden die Möglichkeiten des einzelnen und der Umweltverbände zur Betätigung insgesamt auf bloß mittelbare Beteiligung beschränkt[287] und im Hinblick auf die Regelungen des Naturschutzgesetzes von 1952 verschlechtert.

Beteiligungsmöglichkeiten im Rahmen der Entscheidungsfindung bei den Ämtern gab es für die Umweltorganisationen nicht nur nach dem Umweltschutzgesetz, sondern auch nach dem Wassergesetz und dem Naturpflegegesetz. Das Anfechtungsrecht war jedoch auf nach allgemeinen Grundsätzen klageberechtigte Personen und die besonders berechtigten Behörden begrenzt.[288] Allerdings setzte Anfang der 80er Jahre des vorigen Jahrhunderts eine Umkehrbewegung – nicht nur bei der Frage der Beteiligungsmöglichkeiten, sondern auch bei der Frage der Anfechtungsmöglichkeiten – ein. In deren Folge wurde auch wieder vereinzelt Organisationen ein Anfechtungsrecht zugesprochen und gesetzlich verankert. Allerdings handelte es sich bei den berechtigten Organisationen nicht um Umweltorganisationen, sondern um andere Gruppen, die im „Konsens-Modell" Schwedens eine wichtige Rolle spielten, wie etwa die Tarifparteien und ihre Gliederungen.[289]

---

285 Siehe oben B) II) 3) a) (2).

286 Gillberg, Claims for Damages as an Offensive Weapon in Envionmental Protection Activities, in: Juridica Lapponica 10, S. 171.

287 Gillberg spricht vom „Marginalisieren", in: Gillberg, From Green Image to Green Practice, S. 36.

288 Dazu im folgenden b).

289 Dazu im folgenden c).

b) Verletzung eigener Rechte der Umweltorganisationen

Nach den oben[290] genannten allgemeinen Grundsätzen über die Anfechtungsbefugnis musste eine Umweltorganisation die Verletzung eigener Rechte bzw. Interessen geltend machen bzw. machen können, um eine Verwaltungsentscheidung anfechten zu dürfen. Im wesentlichen blieb den Vereinigungen nur der Umweg über den Erwerb eines Sperrgrundstücks, um die Verletzung ihres Eigentums an dem Grundstück rügen zu können.[291] Möglich war es grundsätzlich auch, die Verletzung von Beteiligtenrechten zu rügen und über den Umweg der Verletzung dieser Verfahrensrechte eine gerichtliche Überprüfung der unter Verletzung dieser Verfahrensrechte getroffenen Verwaltungsentscheidung herbeizuführen.[292] Zu nennen wäre hier etwa das Recht zur Stellungnahme gemäß dem 5. Kapitel, § 20 oder dem 8. Kapitel, § 22 des Plan- und Baugesetzes.[293] Gleiches gilt in den Fällen, in denen aus dem Gesetz oder seiner Auslegung im konkreten Einzelfall hervorgeht, dass bereits in der Eingangsinstanz Rücksicht auf die Interessen einzelner, die zumindest bestimmbar sein müssen, Rücksicht genommen werden muss.[294]

c) Ausnahmen

Zu dem Grundsatz, dass bestimmte Organisationen nicht die Verletzung eigener Rechte geltend zu machen brauchten, sondern sich auf Umweltinteressen berufen durften, waren Ausnahmen geschaffen worden. Diese waren spezialgesetzlich geregelt und sollen nachfolgend vorgestellt werden.

(1) § 48 a Abs. 2 des Umweltschutzgesetzes

Gemäß § 48 a Abs. 2 ML hatten örtliche Arbeitnehmerorganisationen das Recht, Beschlüsse anzufechten, die auf die Genehmigung und auf Vorsichtsmaßnahmen für Tätigkeiten gerichtet waren, die den Bereich des Umweltschutzes betrafen, solange in dieser Arbeitnehmerorganisation Arbeitnehmer aus dem Betrieb organisiert waren, der Adressat der Verwaltungsentscheidung bzw. von dieser betroffen war. Der Hintergrund für die Zuerkennung eines solchen Klagerechts für Arbeitnehmerorganisationen war weniger umweltrechtlicher Natur gewesen, sondern vielmehr arbeitsrechtlicher bzw. gesellschaftspolitischer Natur: Den Ar-

290 Siehe oben B) IV) 1).
291 NJA II. 1998, S. 752.
292 Ebbesson, JT 1999–2000, 3 (4).
293 *Plan- och bygglagen*, SFS (1987:10).
294 Malmqvist/Riberdahl/Torngren, Allmän förvaltningsrätt, § 22, S. 80 f.

beitnehmern eines betroffenen Betriebs sollte ein Stück weit Kontrolle in einem Verfahren, das lediglich zwischen der Verwaltung und dem Arbeitgeber gelaufen war, gegeben werden.[295] Die Arbeitnehmer konnten so Entscheidungen angreifen, die sich unmittelbar auf die eigene Arbeitsumwelt und insbesondere auf die eigene Gesundheit auswirkten.[296] Umweltorganisationen fielen nicht hierunter.[297]

(2) § 34 Abs. 3 Satz 2 der Verordnung über chemische Produkte

Nach § 34 Abs. 3 Satz 2 der Verordnung über chemische Produkte *(„Förordning om kemiska produkter")*[298] durften Zusammenschlüsse von Verbrauchern gegen Entscheidungen einer Provinzialregierung oder einer Zentralbehörde klagen, wenn diese Entscheidung aufgrund des Gesetzes über chemische Produkte *(„Lag om kemiska produkter")*[299] oder der Verordnung über chemische Produkte ergangen war. Das gleiche Recht stand zentralen Arbeitgeber- und Arbeitnehmervereinigungen zu. Auch hier ergibt sich ein enger Bezug zwischen den Klageberechtigten und den Klagegegenständen. Umweltorganisationen gehörten nach dem Wortlaut der Verordnung auch hier nicht in den Kreis der Anfechtungsberechtigten.

d) Umweltschutzorganisationen als Vertreter („ombud")

Weil Umweltverbände abgesehen von einer zufälligen oder etwa durch Grundstückserwerb herbeigeführten Selbstbetroffenheit keinerlei Möglichkeit hatten, Verwaltungsentscheidungen anzufechten, traten sie als Vertreter *(„ombud")* von Betroffenen auf.[300] Als jemandes Vertreter vor Gericht aufzutreten bedeutet, die Rechte des Vertretenen in dessen Namen wahrzunehmen. Keinesfalls ist damit die Möglichkeit verbunden, fremde Rechte in eigenem Namen geltend zu machen. Ein solches Vorgehen würde zu einer Prozessstandschaft führen, die nach schwedischem Prozessrecht unzulässig ist.[301] (Prozess-) Vertreter *(„ombud")*

---

295 Karnov-Michanek, 1998–99, Band 2, S. 2239, Lag 1969:387, Rdn. 193.

296 Prop. 1980/81:90, S. 82.

297 Karnov-Michanek, 1998–99, Band 2, S. 2239, Lag 1969:387, Rdn. 196.

298 SFS 1985:835.

299 SFS 1985:426.

300 NJA II. 1998, S. 752.

301 Das Klagerecht *(„talerätt")* steht wie oben bereits erwähnt demjenigen zu, dem das Recht in der Sache zusteht. Die schwedische Rechtslehre spricht auch von Sachlegitimation *(„saklegitimation")*, vgl. Ekelöf, Rättegång, S. 49. Im Zivilprozess wird diese Legitimation anders begründet als im Verwaltungsrechtsstreit. Hier bestehen die Wirkungen eines Urteils zwischen den Parteien. Dritte sind grundsätzlich nicht von den Wirkungen des Urteils betroffen bzw.

etwa im Sinne des § 9 Abs. 1 FL oder im Sinne des § 34 Abs. 1 Satz 2 Nr. 2 FPL sind also nicht nur Advokaten und Juristen, sondern können auch Umweltvereinigungen sein. Allerdings benötigen Vereinigungen eine rechtsgeschäftliche Vollmacht vom Träger des betroffenen Rechts und müssen diese vor der Behörde und vor Gericht vorweisen. Letztlich müssen sie vom Rechteinhaber zur Führung des Rechtsstreits beauftragt sein.

e) Zwischenergebnis

Waren Umweltvereinigungen von einer Verwaltungsentscheidung nicht selbst betroffen, also in eigenen Rechten verletzt, konnten sie keine Klagen gegen Verwaltungsentscheidungen führen. Es bestand nur die Möglichkeit, als Prozessvertreter für einen Dritten, der durch eine Verwaltungsentscheidung in seinen Rechten verletzt worden war, dessen Rechte wahrzunehmen, wozu allerdings eine Beauftragung und der Nachweis der Vertretungsmacht bei der Behörde und bei Gericht erforderlich war. Lediglich nach arbeitsrechtlichen Spezialgesetzen war es Arbeitnehmer- und Arbeitgeberorganisationen sowie Verbrauchervereinigungen möglich, gegen Entscheidungen einer Behörde zu klagen, auch wenn keine Selbstbetroffenheit vorlag.

V) Die Wahrnehmung von Rechten durch einen Ombudsmann

Unter dem Begriff *„ombudsman"* versteht man im schwedischen öffentlichen Recht grundsätzlich ein Amt, das Klagen von Bürgern gegen Behörden und Beamte entgegennimmt und bearbeitet, oder das auf eigene Initiative gegen Behörden und Beamte vorgeht und das Recht hat, Untersuchungen einzuleiten oder Maßnahmen zu empfehlen sowie Berichte zu seiner Tätigkeit zu veröffentlichen.[302]

1) Historischer Hintergrund

Das erste Amt eines Ombudsmannes in Schweden war dasjenige des Reichstagsbevollmächtigten. Die Wurzeln dieses *„Justitieombudman" (JO)* reichen

---

brauchen dieses nicht gegen sich gelten zu lassen. Dementsprechend kann eine Partei nicht Rechte Dritter wahrnehmen, sondern diese Dritte müssen ihre Rechte selbst verfolgen, um ein Auseinanderfallen der materiellen Rechtslage und der formellen Rechtslage zu vermeiden; vgl. Ekelöf, Rättegång, S. 68 f.

302 Alexius-Borgström, SvJT 1999, 968 (969).

zurück bis ins 18. Jahrhundert.[303] In der sog. Freiheitszeit versuchte man in Schweden, die einst absolute Macht des Herrschers einzuschränken und den Ständen die Möglichkeit der Kontrolle bzw. Prüfung zu geben.[304] 1915 wurde das Amt eines Militärombudsmannes, also eines Wehrbeauftragten, eingerichtet, der Missstände im Militärwesen verfolgen sollte.[305] Das Amt wurde 1968 abgeschafft und auf das Amt des *Justitieombudsman* übertragen, dessen Besetzung auf drei Personen erhöht wurde.[306] Der *Justitieombudsman* besteht heute, dies ist in einem der Grundgesetze Schwedens, der Reichstagsordnung, verankert, aus vier Mitgliedern, dem *Chefjustitieombudsman* und drei *Justitieombudsmän.*[307] Deren Aufgaben und Befugnisse sind in einem eigenen Gesetz geregelt.[308] Gewählt werden die Mitglieder des *Justitieombudsman* vom Reichstag.[309]

2) Aufgaben und Befugnisse eines Ombudsmanns

Die Einrichtung des *Justitieombudsman* erfüllt zwei Funktionen. Zum einen dient sie der Verstärkung des Rechtsschutzes der Bürger vor Übergriffen der rechtsanwendenden Organe, zum anderen dient sie auch als Kontrollorgan des Parlaments gegenüber der Verwaltung und der Rechtspflege.[310] Um seine Verpflichtungen zu erfüllen, hat der Ombudsmann das Recht, Einsicht in die Verwaltung und ihre Akten zu nehmen. Dieses Recht ist nicht beschränkt.[311] Am Ende der Ermittlungen des Ombudsmannes stehen Stellungnahmen, die allerdings keine Rechtswirkungen entfalten, insbesondere keine weitere Behörde binden.[312] Diese Stellungnahmen des Ombudsmannes sind nicht anfechtbar. Der Ombudsmann ist daher eher als moralische Institution zu werten.[313]

---

303 Stjernquist, JöR 18 (1969), S. 276 f.

304 Alexius-Borgström, SvJT 1999, 968 (970).

305 Stjernquist, JöR 18 (1969), S. 277.

306 Ebenda.

307 8. Kapitel, § 10 RO und § 11 Abs. 2 der Bekanntmachung der Geschäftsordnung des Reichstags, vgl. *Kungörelse (1974:153) om beslutad ny riksdagsordning.*

308 *Lag (1986:765) med instruktion för Riksdagens ombudsmän.*

309 Gemäß dem 12. Kapitel, § 6 RF wählt der Reichstag die einzelnen *Ombudsmän.* Laut § 11 Abs. 3 Satz 1 der Geschäftsordnung des Reichstags *(vgl. Kungörelse (1974:153) om beslutad ny riksdagsordning)* wird jeder Ombudsman einzeln gewählt.

310 Phillips, ELNI 1993, 9; Haller, Der schwedische Justitieombudsman, S. 31.

311 Ebbesson, Access to Justice in Environmental Matters in the EU, S. 468.

312 Askelöf/Fernemann Heurgren, in: Winter, Öffentlichkeit und Umweltinformationen, S. 500.

313 Ebbesson, Access to Justice in Environmental Matters in the EU, S. 468.

3) Kein Umweltombudsmann

In der Zeit zwischen 1980 und 1990 wurden vor diesem Hintergrund Ombudsmann-Ämter eingerichtet, die insbesondere schwachen Gesellschaftsgruppen Gehör verschaffen sollten.[314] Die Einführung eines Umweltombudsmannes wurde ebenfalls diskutiert, zu einer Umsetzung der Vorschläge hierzu ist es indes nicht gekommen.[315]

314 1980 wurde der Gleichstellungbeauftragte eingerichtet, 1986 der Beauftragte gegen Diskriminierung und 1993 der Bevollmächtigte für Kinder und Jugendliche, vgl. Alexius-Borgström, SvJT 1999, 968 (971).

315 Siehe unten C) III) 1) a).

C) Die Rechtslage nach Inkrafttreten des Umweltgesetzbuches zum 1. Januar 1999

I) Das Zustandekommen des Umweltgesetzbuches – Überblick über die einzelnen Abschnitte des Gesetzgebungsverfahrens

Im Folgenden wird ein Überblick über die Entstehung des Umweltgesetzbuches und das Gesetzgebungsverfahren gegeben.

1) Erster Gesetzesvorschlag („Regierung Bildt")

Der erste Ansatz zu einer einheitlichen, möglichst umfassenden Umweltgesetzgebung ging Ende der 80er Jahre des vorigen Jahrhunderts von der damals amtieren bürgerlichen Regierung unter Staatsminister Carl Bildt aus. Am 11. Mai 1989 ermächtigte die Regierung den damaligen Umwelt- und Energieminister, eine Arbeitsgruppe *(„kommitté")*[316] mit maximal 13 Mitgliedern einzuberufen, die eine Überprüfung der schwedischen Umweltgesetzgebung vornehmen sollte.[317] Die Arbeitsgruppe hatte zur Aufgabe, die bestehende Umweltschutzgesetzgebung zu überarbeiten und die einzelnen Gesetze aufeinander abzustimmen.[318] Aufgrund der großen Anzahl einzelgesetzlicher Regelungen ergaben sich für den

---

316 Sog. *„kommittédirektiv"*. Gemäß dem 4. Kapitel, § 3 Abs. 1 RF ist die Regierung oder jedes Mitglied des Reichstags *(„Riksdagen")* berechtigt, Vorschläge zu Gesetzesvorhaben zu unterbreiten. Bevor die Ausschüsse eingeschaltet werden, soll die Materie vorbereitet werden, 4. Kapitel, § 3 Abs. 2 RF. Die Regierung setzt deshalb eine Kommission ein, die eine bestimmte Materie, die gesetzlich geregelt werden soll, bearbeitet. Eine Kommission muss aus mindestens einem und kann aus bis zu 40 Mitgliedern bestehen. Die Mitglieder einer Kommission, das sog. *„Kommitté"*, haben zur Aufgabe, einen Problemkreis zu untersuchen, über den die Regierung einen Gesetzesvorschlag abfassen möchte. Ein *„Kommitté"* besteht aus Politikern, Sachverständigen, Beamten und Vertretern verschiedener gesellschaftlicher Gruppen, die von dem Gesetzesvorhaben betroffen sein können. Die Zusammensetzung variiert entsprechend. Wenn ein *„Kommitté"* seine Untersuchung beendet hat, gibt es seinen Bericht *(„rapport")* mit Vorschlägen zum Inhalt des Gesetzentwurfes ab. Das Ministerium, in dessen Namen die Untersuchung durchgeführt worden ist, übermittelt den Bericht an die betroffenen Behörden, Ämter und Organisationen, damit diese Stellungnahmen zu dem Bericht abgeben können.

317 Dir. 1989:32.

318 Ebenda.

einzelnen, der eine Tätigkeit mit Einfluss auf die Umwelt ausüben wollte, wie auch für Behörden, die solche Tätigkeiten zu prüfen hatten, Schwierigkeiten bei der Rechtsanwendung. Die verschiedenen Gesetze stellten unterschiedliche Anforderungen auf, wann eine Tätigkeit genehmigungspflichtig war und welche Vorgaben bei der Durchführung einer genehmigten Tätigkeit zu beachten waren.[319] Darüber hinaus sollte eine Verschärfung der Gesetze erreicht werden mit dem Ziel, erhöhte Rücksichtnahme auf die Belange der Umwelt zu schaffen.[320] Die Arbeitsgruppe überreichte ihren Bericht unter dem Titel „Umweltgesetzgebung in der Zukunft"[321] dem zuständigen Minister. Aufgrund des Berichts verfasste die Regierung einen Gesetzesvorschlag.[322] In der ersten Lesung stellte sich das Parlament – mit seiner Regierungsmehrheit – grundsätzlich hinter den Gesetzesvorschlag.[323] Nach weiteren Arbeiten der Kommission wurde schließlich im Februar 1993 der erste Vorschlag zu einem „Umweltgesetzbuch" an die Regierung übermittelt.[324] Im Juni 1993 erfolgte dann der Vorschlag zu einem Einführungsgesetz zum Umweltgesetzbuch.[325] Nach der Auswertung beider Vorschläge wurde die Arbeitsgruppe um ein Mitglied erweitert, das sich ausschließlich mit der Veränderung der Organisationsstruktur der Verwaltung innerhalb des Umweltrechts beschäftigen sollte.[326] Die Arbeitsgruppe erhielt daraufhin den Namen „Arbeitsgruppe Umweltorganisation" *(„Miljöorganisationsutredningen")*.[327] Im Frühjahr 1994 wurde der Gesetzesvorschlag dem so genannten Gesetzesrat *(„Lagrådet")*[328] zur Stellungnahme übergeben.[329] Nach Abgabe seiner

---

319 Vgl. hierzu die oben genannten Beispiele zur Prüfung des Vorhabens der Brücke über den Öresund, B) IV) 1) c).

320 Dir. 1989:32.

321 *„Miljölagstiftningen i framtiden"*, SOU 1991:4.

322 Prop. 1990/91:90.

323 Bet. 1990/91:JoU30; rskr. 1990/91:338.

324 SOU 1993:27.

325 SOU 1993:66.

326 Dir. 1993:43.

327 M 1993:04.

328 *Lagrådet* ist ein Organ der schwedischen Gesetzgebung. Gemäß dem 8. Kapitel, § 18 RF ist bei bestimmten Gesetzesvorhaben *Lagrådet* zwingend anzuhören. *Lagrådet* besteht aus Richtern am Höchsten Gerichtshof *(„Högsta domstolen")* und dem Verwaltungsgerichtshof *(„Regeringsrätten")*, vgl. das 18 Kapitel, § 18 Abs. 1 Satz 1 RF. Die Aufgaben und die Zusammensetzung von *Lagrådet* ergeben sich aus dem Gesetz (1979:368) über *Lagårdet.* Die Stellungnahme von *Lagrådet* ist Teil des Gesetzesvorschlags.

329 Sog. *„lagrådsremiss":* Derjenige Entwurf eines Gesetzesvorschlags, der *Lagrådet* von der Regierung oder einem Ausschuss zur Stellungnahme übermittelt wird, vgl. zu den Begrifflichkeiten und dem Verfahren: Westerlund, MT 1996, 285 (286).

Stellungnahme am 30. September 1997 brachte die Regierung den Vorschlag ins Parlament ein.[330]

2) Zweiter Gesetzesvorschlag („Regierung Carlsson")

Zu einer offiziellen Lesung des Gesetzesvorschlags im Reichstag kam es jedoch nicht mehr. Nach der Parlamentswahl vom 18. September 1994, aus der eine sozialdemokratische Minderheitenregierung unter Ingvar Carlsson hervorging,[331] wurde der Gesetzesvorschlag von der neuen Regierung durch eine offizielle Mitteilung[332] an das Parlament unter dem 13. Oktober 1994 zurückgezogen. Die Gründe hierfür dürften eher politischer als inhaltlicher Natur gewesen sein,[333] denn das Gesetzesvorhaben wurde von der neuen Regierung fortgesetzt, jetzt allerdings unter der Ägide der Sozialdemokraten und der sie tolerierenden Grünen *(„Miljöpartiet")* sowie der Linkspartei *(„Vänsterpartiet")*.[334] Allerdings machten die weiteren Arbeiten auch deutlich, dass die neue Regierung ein weitergehenderes und umfassenderes Gesetzeswerk plante als ihre Vorgängerin. So wurde noch im November 1994 beschlossen, die „Arbeitsgruppe Umweltorganisation" zu beauftragen, einen neuen Gesetzesvorschlag zu einem Umweltgesetzbuch auszuarbeiten. Die Arbeitsgruppe benannte sich daraufhin in „Arbeitsgruppe Umweltgesetzbuch" *(„Miljöbalksutredning")* um.[335] In ihrer Regierungserklärung vom 7. Oktober 1994 bezeichnete die neue Regierung die Verwirklichung einer ökologisch verträglichen Industriegesellschaft als ihre

330 Prop. 1994/95:10.

331 Gewählt wird in Schweden am dritten Sonntag im September (vgl. das 1. Kapitel, § 3 des Wahlgesetzes *(Vallag)* von 1972 für die benannte Wahl und 1. Kapitel, § 10 des Wahlgesetzes *(Vallag)* von 1997 für die aktuelle Rechtslage) alle vier Jahre, vgl. 3. Kapitel, § 3 RF. Die Wahlen 1994 fanden also am 18. September 1994 statt. Die Sozialdemokraten erreichten landesweit 45,3 % (zum Vergleich: 1991 waren es 37,7 %, 1998 36,4 % und 2002 39,9 %), vgl. Sveriges officiella statistik, Statistiska meddelanden, ME 11 SM 0401, Riksdagsvalen 1973–2002, S. 7, auch abzurufen unter: www.scb.se/Statistik/ME/ME0104/2003M00/ME0104_2003M00_SM_ME11SM0401.pdf.

332 skr. 1994/95:30.

333 Bengtsson, Speciell Fastighetsrätt/Miljöbalken, S. 18 f.

334 Um das Gesetzesvorhaben umzusetzen, waren die Sozialdemokraten auf die Unterstützung der Linkspartei und der Grünen angewiesen; diese brachten ihre Vorstellungen entsprechend ein und konnten bestimmte Absprachen mit den Sozialdemokraten über die Umsetzung ihrer Ideen treffen, vgl. Bengtsson, Miljöbalkens återverkningar, S. 69, FN 102.

335 *Miljöbalksutredningen* legte drei Berichte über ihre Arbeit vor: SOU 1996:103, SOU 1996:147 und SOU 1997:32.

größte Aufgabe.[336] Schweden solle auf diesem Gebiet eine Vorreiterrolle einnehmen.[337] Die Arbeitsgruppe musste unter bemerkenswertem Zeitdruck arbeiten.[338] Ein neuer, ehrgeiziger[339] Vorschlag wurde bereits am 4. Juli 1996 unter dem Titel „Das Umweltgesetzbuch – Eine verschärfte und geordnete Umweltgesetzgebung für eine nachhaltige Entwicklung" *(„Miljöbalken – En skärpt och samordnat miljölagstiftning för en hållbar utväckling")* vorgelegt.[340] Am 17. Oktober 1996 folgte der Bericht der Arbeitsgruppe über die Übergangsbestimmungen des Umweltgesetzbuches.[341] Unter dem 3. April und 12. Juni 1997 entschied sich die Regierung, die beiden Entwürfe an *Lagrådet* zu dessen Stellungnahme zu übermitteln.[342] Die Entwürfe gab *Lagrådet* am 30. September 1997 mit seiner Stellungnahme zu einzelnen Vorschriften an die Regierung zurück, die die vorgeschlagenen Änderungen teilweise umsetzte und sodann in das Parlament einbrachte.[343] Nachdem der Vorschlag die Ausschüsse durchlaufen hatte, fertigte die Regierung am 11. Juni 1998 das Umweltgesetzbuch aus.[344]

3) Zwischenergebnis

Als Fazit bleibt festzuhalten, dass die Idee zur Schaffung einer einheitlichen und umfassenden Umweltgesetzgebung von einer bürgerlich-konservativen Regierung stammte. Das Gesetzesvorhaben wurde immerhin bis zur Untersuchung durch *Lagrådet* gebracht und erst nach den Reichstagswahlen 1998 von der neuen Regierungsmehrheit gestoppt. Die von den Grünen und anderen Linksparteien gestützte sozialdemokratische Minderheitenregierung versuchte nach der Übernahme der Regierungsgeschäfte, dem angefangenen Gesetzesvorhaben eine eigene Handschrift zu geben, ließ aber die Grundidee des Vorhabens unangetas-

---

336 Abzurufen unter: www.regeringen.se/content/1/c6/01/14/66/dcdb8ae.pdf. Siehe auch: SOU 1996:103, S. 173.

337 SOU 1996:103, S. 173.

338 Bengtsson, Miljöbalkens återverkningar, S. 40. Lindblom, Miljöprocess, Del I, S. 17; auch *Lagrådet* beklagte den Zeitdruck, unter dem das Gesetzesvorhaben von der Regierung betrieben wurde. Insbesondere im Hinblick auf den Regelungsgehalt und die gesetzestechnische Ausformung hätte *Lagrådet* sich mehr Zeit für seine Arbeit und die Arbeit der anderen Gesetzgebungsinstanzen gewünscht, vgl. Prop. 1997/98:45, Bilaga 5, S. 445 f.

339 Lindblom, Miljöprocess, Del I, S. 17.

340 SOU 1996:103.

341 SOU 1996:147.

342 NJA II. 1998, S. 555.

343 Prop. 1997/98:45.

344 *Miljöbalken*, SFS 1998:808.

tet, als erstes Land der Welt eine einheitliche, in einem Gesetzeswerk zusammengefasste Umweltgesetzgebung zu schaffen.

II) Regelungsinhalte des Umweltgesetzbuches

Das Umweltgesetzbuch ist wie folgt aufgebaut: Im ersten Abschnitt (1. bis 6. Kapitel) werden bestimmte „Übergreifende Bestimmungen“ normiert, die für das gesamte Umweltgesetzbuch und die Anwendung seiner Vorschriften gelten. Darüber hinaus sind diese Vorschriften auch bei Prüfungen nach anderen Gesetzen zu beachten.[345] Hierzu zählen die Vorschriften über die Ziele des Gesetzbuches, sein Anwendungsbereich und die allgemeinen Rücksichtnahmeregeln.[346] Der zweite Abschnitt (7. und 8. Kapitel) behandelt den Naturschutz und entspricht inhaltlich weitestgehend dem früheren Naturpflegegesetz.[347] Im dritten Abschnitt (9. bis 15. Kapitel) finden sich die Regelungen über umweltgefährdende Tätigkeiten und den Gesundheitsschutz (9. Kapitel). Hierbei handelt es sich um Vorschriften, die vor Inkrafttreten des Umweltgesetzbuches im Umweltschutzgesetz[348] und im Gesundheitsschutzgesetz[349] standen. Vorschriften über verunreinigte Gebiete finden sich im 10. Kapitel, Vorschriften über wasserbezogene Tätigkeiten, bestimmte andere Tätigkeiten auf Grundstücken, wie bspw. den Abbau von Bodenschätzen, und Landwirtschaft finden sich im 12. Kapitel. Im 13. Kapitel ist die Gentechnik geregelt, im 14. Kapitel der Umgang mit chemischen Produkten und biotechnischen Organismen. Vorschriften über Abfall- und Produzentenhaftung stehen im 15. Kapitel. Der 4. Abschnitt regelt Fragen des Verfahrens, sowohl der Verwaltung als auch der Umweltgerichte (16. bis 25. Kapitel). Der 5. Abschnitt beinhaltet die Vorschriften der behördlichen Aufsicht (26. bis 28. Kapitel). Im 6. Abschnitt finden sich schließlich Strafbestimmungen und Vorschriften über Umweltstrafabgaben, Entschädigungsfragen sowie Schadensersatz und die Umweltschadenversicherung (30. bis 33. Kapitel).

---

345 Bengtsson, Speciell fastighetsrätt/miljöbalken, S. 25.

346 Die Rücksichtnahmeregeln aus Kapitel 3 und 4 fanden sich vorher im Gesetz über die natürlichen Ressourcen (NRL), siehe oben B) II) 3) c) (2) (i). Vgl. hierzu auch Bengtsson, Speciell förvaltningsrätt/miljöbalken, S. 25 und S. 158.

347 Siehe zum Inhalt des Gesetzes oben B) II) 3) b).

348 Siehe zum Inhalt des Gesetzes oben B) II) 3) a).

349 *Hälsoskyddslagen*, SFS 1982:1080.

III) Einführung des Anfechtungsrechts für Umweltorganisationen – Die Frage des „Ob" der Einführung des Anfechtungsrechts für Umweltorganisationen

So, wie sich das Gesicht des Umweltgesetzbuches in den verschiedenen oben beschriebenen Stadien des Gesetzgebungsverfahrens änderte, bis es schließlich seine entgültige Fassung erhielt, änderten sich die Vorgaben für das Anfechtungsrecht der Umweltorganisationen. Dies gilt sowohl hinsichtlich seiner Einführung als auch hinsichtlich seiner Ausgestaltung.

1) Gesetzesvorschlag der Regierung Bildt

a) Einrichtung eines Umweltombudsmannes („Miljöombudsman") und eines besonderen Beratungsorgans („Ideella rådet") beim Umweltombudsmann

Im Gesetzesvorschlag der Regierung Bildt, den sie dem Parlament am 18. August 1994 vorlegte,[350] regte die Regierung an, das Amt eines Umweltombudsmannes *(„Miljöombudsman")* einzurichten, der die Allgemeinheit vertreten sollte, um die Interessen der Umwelt zu wahren.[351] Die Anweisung zur Einrichtung einer entsprechenden Arbeitsgruppe hatte die Regierung ein halbes Jahr vorher der Arbeitsgruppe *Miljöorganisationsutredningen*[352] erteilt.[353] Die Arbeitsgruppe hatte zum Auftrag darzustellen, wie die Arbeit eines Umweltombudsmannes organisiert werden konnte und Vorschläge darüber zu unterbreiten, wie dem Ombudsmann praktisch ein sog. „ideeller Rat" *(„Ideella rådet")* zur Seite gestellt werden konnte, der die Aufgabe zu übernehmen hatte, dem Ombudsmann zu helfen. Dieser Rat sollte nach den Vorstellungen der Regierung vor allem aus Mitgliedern von Umweltorganisationen bestehen.[354] Hintergrund war, die Vor- und Nachteile der Einrichtung eines solchen Amtes zu beleuchten.[355] Die Idee der Einrichtung eines weiteren Ombudsmannes steht in einer

350 Prop. 1994/95:10.

351 Prop. 1994/95:10, Bilaga 4, Abschnitt 16, S. 220 ff.

352 M 1993:4.

353 *Tilläggsdirektiv Inrättande av Miljöombudsman*, dir. 1994:48.

354 dir. 1994:48, S. 1, 2. Spiegelstrich.

355 Insbesondere ging es um die Aufgabenverteilung zwischen bestehenden Behörden und Ämtern im Bereich des Natur- und Umweltschutzes, z.B. *Naturvårdsverket*, und dem Amt des Umweltombudsmannes sowie um die Frage, welche Kompetenzen er im einzelnen haben sollte, darunter auch das Klagerecht gegen Behördenentscheidungen gemäß dem Umweltgesetzbuch (in der Fassung der bürgerlichen Regierung), vgl. dir. 1994:48, S. 3.

Reihe mit der Schaffung weiterer Ombudsmann-Ämter in den 80er und 90er Jahren des vorigen Jahrhunderts in Schweden.[356] Die Arbeitsgruppe erfüllte ihre Aufgaben auftragsgemäß, so dass der Gesetzesvorschlag dem Ombudsmann insbesondere zur Erfüllung seiner Aufgaben auch das Recht verlieh, Entscheidungen der Verwaltung, die aufgrund des Umweltgesetzbuches ergangen waren, anzufechten.[357] Weiter schlug die Arbeitsgruppe weisungsgemäß vor, dem Ombudsmann einen „Ideellen Rat" zur Seite zu stellen, der den Ombudsmann in Einzelfragen zu beraten hatte und der aus Mitgliedern von Umweltorganisationen bestehen sollte.[358] Damit hatte die Regierung Bildt die Frage nach einem originären Klagerecht der Umweltverbände umgangen, so dass man sich der Diskussion um Missbrauchsgefahren eines solchen Klagerechts nicht auszusetzen brauchte. Zudem konnte die Regierung noch mit einem traditionellen schwedischen Instrument aufwarten. Schließlich konnte man darauf verweisen, dass die Umwelt ein Allgemeingut sei und dass ein solches Allgemeingut am besten von der Allgemeinheit und nicht von einzelnen Privaten vertreten werden solle, so dass eine Behörde zur Wahrung dieses Guts einzurichten war.

b) Die Frage nach dem Anfechtungsrecht für Umweltorganisationen

Einen Vorschlag zum Klagerecht für ideelle Organisationen auf dem Gebiet des Umweltrechts gab es nicht. Zwar hatte man seitens der Regierung erkannt, dass sich auch auf internationaler Ebene viel verändert habe und dass beispielsweise gemäß Art. 10 der Rio-Deklaration[359] die Unterzeichnerstaaten verpflichtet waren, dem einzelnen Zugang zu gerichtlichen und administrativen Verfahren in Umweltangelegenheiten zu gewähren.[360] Die Regierung verkannte nach eigenen Worten auch nicht, dass Umweltorganisationen auf den Gebieten des Umweltschutzes und der Naturpflege eine bedeutsame Arbeit leisteten und oft über Mitglieder mit großer Sachkunde verfügten.[361] Dennoch mochte sie ein Anfech-

---

356 Siehe oben B) V) 1).

357 Prop. 1994/95:10, Bilaga 4, Abschnitt 16, S. 220.

358 Ebenda.

359 Die Erklärung von Rio zu Umwelt und Entwicklung wurde auf der Konferenz der Vereinten Nationen über Umwelt und Entwicklung (UNCED) vom 3. bis 14.06.1992 in Rio de Janeiro von den Teilnehmern (176 Staaten sowie Umweltverbände und mit Entwicklungspolitik befasste Organisationen) abgegeben, vgl. Sparwasser/Engel/Vosskuhle, Umweltrecht, § 1, Rdn. 66 f. Sie enthält eine Anschlusserklärung an die Abschlussdeklaration der ersten globalen Umweltkonferenz von Stockholm vom 5. bis 16.06.1972 und postuliert dort u.a. die Forderung an die Staaten, ihren Bürgern Informations- und Beteiligungsrechte im Umweltbereich zu gewähren, vgl. Kloepfer, Umweltrecht, § 9, Rdn. 94. Siehe auch unten D) I).

360 Prop. 1994/95:10, Bilaga 4, Abschnitt 16, S. 225.

361 Ebenda.

tungsrecht für solche Organisationen nicht vorschlagen, sondern die Vereinigungen sollten sich lediglich im „Ideellen Rat“ beim Umweltombudsmann betätigen können. Dies sei, so der Vorschlag, mit einer wesentlichen „stärkeren“ Stellung der Vereinigungen im Verglich zur damalig geltenden Rechtslage – wonach die Umweltvereinigungen keinerlei Möglichkeit hatten, selbst zu klagen, wenn sie nicht selbst als Vereinigung betroffen waren – verbunden.[362] Man war sich seitens der Regierung jedoch nicht sicher, ob die Beteiligung im „Ideellen Rat“ tatsächlich ausreichend sein würde. Anders ist jedenfalls nicht zu erklären, dass die Regierung ihr entwickeltes System („Umweltombudsmann/Ideeller Rat“) einer zweijährigen Probezeit unterstellen wollte.[363] Darüber hinaus hatte die Regierung bereits eine andere Kommission eingesetzt, die sich mit den Möglichkeiten einer Gruppenklage, also einer Klage einzelner für mehrere eigentlich Klageberechtigte, auseinanderzusetzen hatte *(„Utredning om grupptalan“)*.[364] Auf die Ergebnisse der Arbeit dieser Kommission plante die Regierung ebenfalls zu warten, bevor die Frage eines Anfechtungsrechts für Umweltorganisationen erneut angegangen werden sollte.[365]

(1) Vorschlag der Umweltschutzkommission

Die Umweltschutzkommission hatte ihrerseits vorgeschlagen, dass ein Anfechtungsrecht für ideelle Organisationen grundsätzlich eingeführt werden sollte und dass es der Regierung obliegen sollte zu bestimmen, welche Organisationen dieses Recht im einzelnen zuerkannt bekommen sollten.[366] Dieser Vorschlag wurde seinerzeit etwa von der Umweltrechtslehre mit Wohlwollen zur Kenntnis genommen. Man verband damit eine stärkere rechtliche Stellung der Umweltorganisationen.[367] Daneben sollte die Behörde eines Umweltombudsmannes innerhalb von *Naturvårdsverket*[368] eingerichtet werden, die die Klagen einzelner Bürger entgegennehmen und prüfen sollte.[369]

---

362 Ebenda.

363 Ebenda.

364 Dir. 1991:59. Die Kommission sollte insbesondere Fragen der Ausformung des Klagerechts und prozessuale Regeln bearbeiten.

365 Prop. 1994/95:10, Bilaga 4, Abschnitt 16, S. 225.

366 Die Organisationen, die sich auf das Anfechtungsrecht berufen wollten, mussten demnach nachhaltig organisiert und nicht bloß zufällig entstanden sein. Die Führung der Vereinigung sollte nach demokratischen Grundsätzen eingesetzt sein, und es musste erwartet werden können, dass die Vereinigung ihre Tätigkeit ernsthaft betreiben würde, vgl. SOU 1993:27, S. 618 ff.

367 Vgl. bspw. Michanek, Svensk Miljörätt, S. 255.

368 Das zentrale Umweltpflegeamt, siehe oben FN 275.

369 Prop. 1994/95:10, Bilaga 4, Abschnitt 16, S. 220.

(2) Weitere Meinungen zum Anfechtungsrecht für Umweltorganisationen im Rahmen des Gesetzgebungsverfahrens

Die zum Gesetzesentwurf angehörten Institutionen und Gruppen waren hinsichtlich der Einführung des Anfechtungsrechts für ideelle Organisationen geteilter Ansicht. Einige von ihnen äußerten Kritik und lehnten ein solches Anfechtungsrecht strikt ab. Andere waren dem Vorschlag der Einführung des Anfechtungsrechts gegenüber zwar positiv eingestellt, standen jedoch der Idee, dass es der Regierung obliegen sollte, die anfechtungsberechtigten Organisationen auszuwählen, ablehnend gegenüber.[370]

(i) Befürworter des Anfechtungsrechts

Der schwedische Naturschutzverein begrüßte die Einführung eines Klagerechts für Umweltorganisationen.[371] Gleiches galt für die Universitäten in Lund,[372] Uppsala[373] und Stockholm,[374] wobei insbesondere die Universität Lund Kritik an der Regelung übte, dass die Voraussetzungen, welche Organisationen im einzelnen anfechtungsberechtigt sein sollten, im Gesetz geregelt werden sollten, weil auf diese Weise „Ad-hoc-Vereinigungen" ausgeschlossen würden.[375]

(ii) Gegner des Anfechtungsrechts

Die Gegnerschaft eines Anfechtungsrechts für Umweltorganisationen fand sich vor allem im Lager der Industrie und der Primärproduktion. Der Reichsverband der Landwirte lehnte das Anfechtungsrecht für Umweltorganisationen ab, weil diese von einem negativen Ausgang eines Rechtsstreits nicht betroffen wären und auf diese Weise dem Missbrauch Vorschub geleistet würde. Außerdem seien die ökonomischen Konsequenzen solcher Klagen auf Seiten der Grundstückseigentümer nicht absehbar.[376] Die gleiche Ansicht vertrat der Reichsverband der Waldeigentümer,[377] der allerdings anregte, eine Pflicht der Behörden, Betroffenen und der Umweltorganisationen zur Beratung untereinander vorzuschreiben.

---

370 Eine Zusammenstellung der im Gesetzgebungsverfahren vorgebrachten Äußerungen der einzelnen Gruppen, Organisationen und Ämter etc. findet sich in prop. 1994/95:10, Bilaga 4, Abschnitt 16, S. 377 ff.

371 Prop. 1994/95:10, Bilaga 4, Abschnitt 16.1.42, S. 385.

372 Prop. 1994/95:10, Bilaga 4, Abschnitt 16.1.19, S. 382.

373 Prop. 1994/95:10, Bilaga 4, Abschnitt 16.1.18, S. 382.

374 Prop. 1994/95:10, Bilaga 4, Abschnitt 16.1.17, S. 381 f.

375 Prop. 1994/95:10, Bilaga 4, Abschnitt 16.1.18, S. 382.

376 Prop. 1994/95:10, Bilaga 4, Abschnitt 16.1.43, S. 386.

377 Prop. 1994/95:10, Bilaga 4, Abschnitt 16.1.49, S. 388.

(3) Anfechtungsrecht für Arbeitnehmer- und Arbeitgeberorganisationen in bereits bestehender Form sowie für Fischereiverbände und Verbraucherverbände

Die Regierung folgte der Kommission jedoch nur hinsichtlich der Organisationen, zu deren Gunsten bereits in einigen Einzelgesetzen, die sämtlich in das Umweltgesetzbuch integriert werden sollten, Anfechtungsrechte normiert waren.[378] Weiter schlug die Regierung vor, das Anfechtungsrecht der zentralen Arbeitnehmerorganisationen und der zentralen Arbeitgeberorganisationen direkt in den Gesetzestext aufzunehmen und folgte damit den entsprechenden Kommissionsvorschlägen. Dagegen sollte das Anfechtungsrecht nicht den örtlichen Arbeitnehmerorganisationen zukommen.[379] Gleichermaßen sollten Verbrauchervereinigungen und die Interessenverbände der Berufsfischer als Anfechtungsberechtigte benannt werden.[380]

(4) Inhaltliche Ausgestaltung des geplanten Anfechtungsrechts

In inhaltlicher Hinsicht sollte das Anfechtungsrecht der Zentralen Arbeitnehmer- und Arbeitgeberorganisationen in Übereinstimmung mit der Auffassung *Lagrådets* auf den Bereich der umweltgefährdenden Tätigkeiten und Chemikalien beschränkt werden bzw. bleiben. Das Anfechtungsrecht der Fischereiverbände sollte auf umweltgefährdende Tätigkeiten beschränkt sein, und Verbrauchervereinigungen sollten nur – gemäß der seinerzeit bestehenden Rechtslage – wegen Chemikalien, also ihrer Wirkweise und Gefährlichkeit, klagen dürfen, wobei diese Vereinigungen nur dann aktiv werden durften, wenn der Umweltombudsmann sein Anfechtungsrecht nicht in Anspruch genommen hatte. Das Recht der Verbrauchervereinigungen sollte also insoweit subsidiär ausgestaltet sein. Dies wäre einer Beschränkung des seinerzeit bestehenden Anfechtungsrechts für Verbrauchervereinigungen[381] gleichgekommen. Allerdings hatte der Umweltombudsmann nach Vorstellung der Regierung zur Aufgabe, Beschwerden einzelner entgegenzunehmen, diesen nachzugehen und den Aufsichtsbehörden vorzulegen bzw. vor einem zuständigen Gericht zu klagen, wenn im Rahmen der verwaltungsinternen Prüfung eine zufriedenstellende Lösung der aufgeworfenen Frage bzw. Beschwerde nicht zu erreichen war.[382] Insoweit be-

378 Nämlich im Umweltschutzgesetz, im Naturpflegegesetz und in der Verordnung über chemische Produkte, siehe oben B) IV) 2) b).

379 Prop. 1994/95:10, S. 224.

380 Prop. 1994/95:10, S. 224.

381 Siehe oben B) IV) 2) c) (2).

382 Prop. 1994/95:10, Abschnitt 4.16, S. 225.

durfte es des Anfechtungsrechts für Verbraucherorganisationen nicht mehr oder jedenfalls nur noch dort, wo der Ombudsmann selbst nicht tätig geworden war.

c) Zwischenergebnis

Als Zwischenergebnis ist festzuhalten, dass im Gesetzesvorschlag der Regierung Bildt ein Anfechtungsrecht für Umweltorganisationen im engeren Sinn nicht vorgesehen war. Vielmehr favorisierte man die Einrichtung des Amtes eines Umweltombudsmannes, der die Interessen der Umwelt und damit die Interessen der Allgemeinheit wahrnehmen sollte. Dennoch war die Frage nach einem Anfechtungsrecht für private Vereinigungen damit nicht endgültig vom Tisch, sondern sollte parallel in einer weiteren Kommission – über Gruppenklagen – untersucht werden.

2) Vorschlag der Regierung Carlsson

Anders als die Vorgängerregierung sah die Regierung Carlsson die Notwendigkeit der Einführung eines Anfechtungsrechts für Umweltorganisationen. Im Gesetzesvorschlag, der *Lagrådet* zur Stellungnahme übermittelt wurde, führte die neue Regierung sorgfältig aus, warum sie das Klagerecht für Organisationen in der vorgeschlagenen Fassung einführen wollte.[383] Insbesondere vertrat sie die Auffassung, dass ein solches Klagerecht die Rechtsstellung der Organisationen insgesamt verbessern würde und sich auf diese Weise indirekt das Engagement des einzelnen in Umweltangelegenheiten vergrößern würde.[384] Den ablehnend-kritischen Anmerkungen seitens der Industrie und der Land- und Forstwirtschaft trat sie entgegen. Darüber hinaus bezog sie auch die Ergebnisse der von der Vorgängerregierung eingesetzten Arbeitsgruppe zum Klagerecht für bestimmte Gruppen[385] ein, die die Empfehlung ausgesprochen hatte, bestimmten Zusammenschlüssen von Personen ein Anfechtungs- oder Klagerecht einzuräumen, wenn sie mindestens drei Jahre tätig waren und über wenigstens 1.000 Mitglieder verfügten.[386]

383 Prop. 1997/98:45, Abschnitt 4.27, S. 486 ff.

384 Prop. 1997/98:45, Abschnitt 4.27., S. 488.

385 *Betänkandet Gruppträttegång*, (SOU 1994:151).

386 Prop. 1997/98:45, Abschnitt 4.27., S. 488.

a) Beachtung internationaler Verpflichtungen Schwedens

Die neue Regierung griff insbesondere den Denkansatz ihrer Vorgängerin auf, wonach die (zukünftigen) internationalen Verpflichtungen Schwedens bei der Einführung und Ausgestaltung des Anfechtungsrechts für Umweltorganisationen zu beachten waren.[387] Wie oben[388] ausgeführt hatte die Vorgängerregierung diese Problematik unter ausdrücklicher Benennung der Rio-Deklaration in den Gesetzesmaterialien bereits erkannt, konnte sich jedoch nicht zu einer Umsetzung durchringen, sondern übergab diese Frage an eine weitere Arbeitsgruppe.

b) Vergleich mit den skandinavischen Nachbarn

Im Gesetzesvorschlag wurde auch auf die Erfahrungen der nordischen Nachbarn Dänemark und Norwegen mit den dort installierten Anfechtungsrechten der Umweltorganisationen verwiesen und darauf aufmerksam gemacht, dass in beiden Ländern keine nennenswerten Fälle von Missbrauch durch die berechtigten Organisationen bekannt seien.[389] Die rechtlichen Verhältnisse im Hinblick auf Klagerechte und insbesondere das Anfechtungsrecht von Umweltorganisationen sind wie folgt zu skizzieren:

(1) Dänemark

Grundsätzlich ist im dänischen Prozessrecht nur derjenige klageberechtigt, der die Verletzung eines eigenen Rechts geltend machen kann.[390] In Dänemark gab es jedoch seinerzeit während des Entstehens des schwedischen Umweltgesetzbuches bereits Anfechtungs- bzw. Klagerechte auch für Umweltorganisationen. Diese waren auf einzelne Gesetze mit Umweltbezug verteilt und folgten in ihrer Ausgestaltung keiner einheitlichen Linie.[391] Teilweise waren Organisationen nur dann klageberechtigt, wenn sie ausdrücklich im Gesetz benannt waren, wie beispielsweise in § 99 des Umweltschutzgesetzes (mbl.).[392] Solche Aufzählungen von klageberechtigten Organisationen fanden sich in vielen Umweltgesetzen und dürften als typisch für die dänische Gesetzgebungstechnik angesehen werden, in

387 Ebenda

388 Siehe oben C) III) 1) b).

389 Prop. 1997/98:45, Abschnitt 4.27., S. 488.

390 Epiney/Sollberger, Zugang zu Gerichten und gerichtliche Kontrolle im Umweltrecht, Dänemark, S. 226 f; Basse, Environmental Law in Denmark, S. 219.

391 Moe spricht von „chaotischen Regeln über das Klagerecht für Vereinigungen“ *(„kaotiske regler om foreningers klageret“)*, vgl. Moe, Miljøret, S. 274.

392 *Miljøbeskyttelseslov*, L. 358/1991, lbkg. 698/1998.

Spezialgesetzen jeweils gesondert auch formelle Regelungsinhalte zu behandeln.[393] Objektive Kriterien dafür, welche Organisationen dort aufgenommen wurden, fanden sich jedoch nicht, vielmehr waren oftmals allein politische Interessen ausschlaggebend.[394] Umgekehrt gab es auch Gesetze mit Umweltbezug, die auf eine Positivliste der klageberechtigten Organisationen verzichteten. Gemäß § 59 Abs. 1 des Plangesetzes (PL), dem Gesetz über die Bauleitplanung,[395] waren beispielsweise das Umweltministerium und im übrigen jeder, der ein rechtliches Interesse *(„retlig interesse")* in der Sache nachweisen konnte, klageberechtigt. Ein relevantes rechtliches Interesse hatte danach jeder, der ein so wesentliches Interesse an einer Entscheidung hatte *(„væsentlig interesse i afgørelsen")*, dass es als angemessen angesehen werden konnte, einen Rechtsstreit in Gang zu setzen.[396] Der Begriff des rechtlichen Interesses war im Hinblick auf den Zweck des Plangesetzes, eine möglichst große Öffentlichkeitsbeteiligung im Verfahren zu erreichen, nach allgemeiner Ansicht weit auszulegen,[397] so dass auch Organisationen, zumindest örtliche, im Bereich des aufzustellenden Plans tätige, davon umfasst waren.[398] Nach der Transformation der Aarhus-Konvention, dies sei an dieser Stelle vorweggenommen, hat sich das Bild jedoch geändert.[399] Dänemark hat die Technik der Auflistung einzelner Organisationen zugunsten von Generalklauseln, die auf ein rechtliches Interesse abstellen, abgeschafft.[400] Mittlerweile ist es landesweit tätigen Organisationen möglich, der Umweltverwaltung bekannt zu geben, über welche Arten von Entscheidungen im Umweltbereich sie unterrichtet werden wollen, § 76 mbl. Nach der erfolgten Unterrichtung kann die jeweilige Organisation dann entscheiden, ob sie gegen die bekannt gegebene Entscheidung vorgehen will. Gleiche Regelungen finden sich in § 86 des Naturschutzgesetzes (nbl.)[401] und in § 59 PL, wobei diese Vorschrift allerdings vorsieht, dass die Organisation auch die Wahrnehmung von Natur- und Umweltschutzinteressen zum Ziel haben muss und dass die klageberechtigte Organisation mindestens 100 Mitglieder repräsentieren muss. Lokale Organisationen sind ebenfalls klageberechtigt, vgl. §§ 100, 76 mbl. Gleiches ergab sich seinerzeit auch aus § 43 Abs. 1 nbl. Die Vorschrift stellte auf ein wesentliches Interesse ab, was lokalen Organisationen wie etwa den örtlichen Un-

393 Basse, Miljøretten, Bind I, S. I–469.
394 Moe, Miljøret, S. 275.
395 Lov om planlægning, lbkg. 518/2000.
396 Revsbech, Lærebog i miljøret, S, 108.
397 Revsbech, Lærebog i miljøret, S, 108.
398 Moe, Miljøret, S. 274; Revsbech, Lærebog i miljøret, S. 108.
399 Basse, Miljøretten, Bind I, S. I–469.
400 Ebenda.
401 *Naturbeskyttelseslov*, lbkg. 85/2002.

tergliederungen des Dänischen Naturschutzvereins *(„Dansk Naturfredningsforening“)* zugestanden wurde.[402]

(2) Norwegen

Gemäß § 28 Abs. 1, 1. Var. des Verwaltungsgesetzes (fvl.)[403] ist derjenige klage- bzw. anfechtungsberechtigt, der als Partei *(„part“)* angesehen werden kann. Partei ist, wer die Verletzung eines eigenen Rechts geltend machen kann, etwa ein betroffener Grundstückseigentümer.[404] Hierunter fallen naturgemäß alle Organisationen, die bspw. ein Sperrgrundstück erworben haben. Gemäß § 28 Abs. 1, 2. Var. fvl. steht ein Anfechtungsrecht darüber hinaus allen zu, die ein rechtliches Interesse geltend machen können. Wie dieses Tatbestandsmerkmal im Einzelnen auszulegen ist, ist umstritten, fest steht jedoch, dass der Anfechtende eine Anknüpfung an den Sachverhalt haben muss, über den entschieden worden ist.[405] Da eine Entscheidung der Verwaltung im Bereich des Umweltrechts immer eine Beeinträchtigung des Wirkungskreises der Umweltorganisationen mit sich führen kann und diese entsprechend in ihren satzungsmäßigen Rechten verletzt sein können, geht insbesondere die Rechtsprechung zugunsten von Organisationen, die die Wahrnehmung von Umwelt- oder Naturschutzinteressen zum Gegenstand haben, von einem solchen Interesse aus.[406] Dieses Interesse wird darüber hinaus auch ausländischen Organisationen eingeräumt, die vor norwegischen Gerichten klagen.[407]

---

402 Revsbech, Lærebog i miljøret, S, 319.

403 Lov 10. februari 1967 om behandlingsmåten i forvaltningssaker *(forvaltningsloven)*.

404 Backer, Innføring i naturressurs- og miljørett, S. 129.

405 Woxholth, Forvaltningsloven, § 28, Nr. 3) d), S. 265; Østberg, The Case(s) of Framtiden I våre Hender and Naturskyddsföreningen I Strömstad vs. Borregaard and Saugbrugsforeningen – Discharges from wood-processing Industry into the Glomma and Iddefjorden, in Juridica Lapponica 10, S. 217.

406 Høyesterett, Rt. 1980, 569 (578). Diese Entscheidung stützte sich jedoch auf § 54 des Zivilprozessgesetzes *(„tvistemålsoven“)*, der allerdings ebenfalls das Tatbestandsmerkmal *„rettslig interesse“* aufweist, das mit dem Tatbestandsmerkmal *„rettslig klageinteresse“* des § 28 Abs. 1 fvl. übereinstimmen soll, vgl., Woxholth, Forvaltningsloven, § 28, Nr. 3) b), S. 264.

407 Danach wurde der lokalen Abteilung der schwedischen Naturschutzvereinigung („Naturskyddsföreningen“) in Strömstad vom Høyesterett ein Klagerecht gegen Industriebetriebe, die *Iddefjorden* und den äußeren Oslofjord verunreinigten, zuerkannt, weil die Küstenlinie Strömstads an *Iddefjorden* grenzte und so eine entsprechende Betroffenheit des eigenen örtlichen Wirkbereichs dargelegt werden konnte. Allerdings bezog sich das Gericht ebenfalls auf die Nordische Umweltschutzkonvention. Schließlich bejahte das Gericht die weiteren Voraussetzungen wie Satzungszweck und Verankerung in der Gesellschaft, vgl. Høyesterett, Rt. 1992, 1618 (1628).

c) Stellungnahmen einzelner am Gesetzgebungsverfahren beteiligter Organe

(1) Stellungnahme von Lagrådet vom 30. September 1997

Die Stellungnahme von *Lagrådet* zur geplanten Einführung des Anfechtungsrechts für Umweltorganisationen fiel seiner Funktion im Gesetzgebungsverfahren angemessen knapp aus. Die Entscheidung, ein solches Klagerecht einzuführen und auszugestalten, ist eine politische und damit der Kontrolle *Lagrådets* entzogen. Seine Aufgabe war es lediglich, die Auswirkungen des geplanten Klagerechts für Umweltorganisationen in rechtlicher und gesetzestechnischer Hinsicht zu beleuchten. Hierzu machte er einige Anmerkungen, die jedoch an anderer Stelle bei der Darstellung der Entwicklung der Tatbestandsmerkmale der bestehenden Vorschrift über das Anfechtungsrecht für Umweltorganisationen beschrieben werden sollen.[408]

(2) Stellungnahme des Landwirtschaftsausschusses

Der Ausschuss teilte, in Übereinstimmung mit dem Justizausschuss,[409] die Ansicht der Regierung in ihrem Vorschlag, wonach lediglich ideellen Vereinigungen des Klagerecht zuerkannt werden sollte. Damit waren Zusammenschlüsse von Personen gemeint, in denen sich jedermann beteiligen kann, die demokratisch strukturiert sind und entsprechend ihren Platz in der schwedischen Gesellschaft haben.[410] Jedoch sollten nicht alle diese Vereinigungen das Klagerecht zuerkannt bekommen, sondern es sollte sowohl eine qualitative als auch eine quantitative Einschränkung vorgenommen werden. Zum einen sollte in Übereinstimmung mit dem Regierungsvorschlag eine verbindliche Mindestmitgliederzahl (2.000) festgelegt werden, zum anderen sollte eine Mindestbetätigungsdauer (drei Jahre) vorgegeben werden.[411]

Der Ausschuss stellte sich mit einigen kleineren Änderungen, die hauptsächlich gesetzestechnischen oder redaktionellen Charakters waren,[412] hinter den Vorschlag der Regierung. Entsprechend ließ der Ausschuss auch den Vorschlag zum Klagerecht für Umweltorganisationen mit seiner Mehrheit passieren. Allerdings gab es bei den Vertretern des bürgerlichen Lagers im Ausschuss abwei-

---

408 Siehe unten C) IV) 4).

409 Siehe unten C) III) 2) c) (3).

410 Betänkande 1997/98:JoU20, 16 kap. Tillstandsfrågor och talerätt, Utskottets överväganden, Talerätt 2. Abs.

411 Ebenda.

412 Bet. 1997/98:JoU20, S. 1.

chende Stimmen, die der Einführung des Klagerechts für Umweltorganisationen ablehnend gegenüberstanden.

Nach Auffassung einiger Abgeordneter der *„Moderata samlingspartiet"* aus dem bürgerlichen Lager war der Vorschlag der Regierung, den Umweltorganisationen das Klagerecht einzuräumen, eine Chimäre. Es reiche aus, diese Organisationen wie bisher als Vertreter einer Partei in einem Rechtsstreit auftreten zu lassen, ein Bedürfnis für ein solches Klagerecht bestehe daher nicht.[413] Gleichermaßen sei der Vorschlag von korporativistischen Zügen geprägt und daher aus Sicht des Umweltschutzes wertlos.[414] In diesem Stadium des Gesetzgebungsverfahrens war diese Auffassung die einzige, die sich gänzlich gegen die Einführung eines Klagerechts für Umweltorganisationen stellte. Sogar der ehemalige Koalitionspartner der bürgerlichen Regierung, die Zentrumspartei *(„Centerpartiet")*, die den ersten Entwurf der Regierung Carl Bildt mitgetragen hatte, mochte sich nicht mehr gegen die Einführung des Klagerechts für Umweltorganisationen stellen. Hier forderten einige Abgeordnete lediglich zusätzlich die Einrichtung des Umweltombudsmannes, um einzelne Kläger, aber auch Organisationen zur Stärkung der Umweltbelange zu unterstützen.[415]

(3) Stellungnahme des Justizausschusses

Hinsichtlich der von der Regierung in deren Vorschlag aufgeworfenen Frage, ob Umweltorganisationen überhaupt ein Klagerecht zuerkannt werden soll, teilte der Ausschuss die dort vertretene Auffassung, dass ein solches Klagerecht die Rechtsstellung der Organisationen insgesamt verbessern würde und sich auf diese Weise indirekt das Engagement des einzelnen in Umweltangelegenheiten vergrößern würde.[416] Nach Auffassung der Mehrheit des Ausschusses sei die Verwirklichung dieser Ziele sogar wünschenswert, so dass der Ausschuss grundsätzlich der Auffassung war, dass ein solches Klagerecht eingeführt werden sollte.[417]

Abweichende Meinungen gab es auch im Justizausschuss. Die Argumente, die gegen die Einführung des Klagerechts für Umweltorganisationen vorgetragen wurden, entsprachen denen im Landwirtschaftsausschuss geäußerten; sie wurden auch hier von Mitgliedern derselben Partei *(„Moderata samlingspartiet")* vorgebracht.[418]

413 Motion 1997/98:Jo 32.
414 Motion 1997/98:Jo 32.
415 Motion 1997/98:Jo 44.
416 Yttrande 1997/98:JuU4y.
417 Ebenda.
418 Ebenda.

3) Zwischenergebnis

Hinsichtlich des Anfechtungsrechts für Umweltorganisationen hatte der Regierungswechsel im September 1994 und damit einhergehend der Neubeginn des Gesetzgebungsprojektes „Umweltgesetzbuch" positive Effekte. So wurde die Frage nach dem Anfechtungsrecht wieder im Rahmen des Gesetzgebungsverfahrens diskutiert mit der klaren Regierungsvorgabe, dass ein solches Anfechtungsrecht eingeführt werden sollte. Die Vorgängerregierung hatte diese Frage von der Gesetzgebungsdebatte um das Umweltgesetzbuch abkoppeln und auf weitere Arbeitsgruppen verlagern wollen.

IV) Die inhaltliche Ausgestaltung des Anfechtungsrechts für Umweltorganisationen – Die Frage des „Wie" der Einführung des Anfechtungsrechts für Umweltorganisationen

Nachdem vorstehend die Diskussion im Gesetzgebungsverfahren dargestellt worden ist, ob überhaupt ein Anfechtungsrecht für Umweltorganisationen ins schwedischen Umweltrecht aufgenommen werden soll, wird in diesem Teil der inhaltlichen Ausgestaltung des Anfechtungsrechts für Umweltorganisationen und der Diskussion im Gesetzgebungsverfahren hierüber nachgegangen.

1) Vorschlag der Regierung Carlsson zum Anfechtungsrecht allgemein

Der Gesetzesvorschlag der Regierung Carlsson siedelte die Frage nach der Anfechtungsberechtigung dogmatisch beim Begriff des *„sakägare"* an. Der Begriff des *„sakägare"* bezeichnet im schwedischen Verwaltungsrecht sowie im Verwaltungsprozessrecht diejenige Person, die berechtigt ist, ein Recht geltend zu machen.[419] Wie der *„sakägare"* im einzelnen zu definieren ist, ist nicht abschließend geklärt.[420] Unstrittig[421] ist jedoch die Klage- oder Anfechtungsberechtigung ein Teil des Begriffs des *„sakägare"*, so dass über die oben[422] gegebene Definition des Klage- oder Anfechtungsberechtigten keine weiteren Erläuterun-

419 Bengtsson, Speciell fastighetsrätt/miljöbalken, S. 140; Warnling-Nerep spricht von der „richtigen Person, die ein Recht geltend machen darf", vgl. Warnling-Nerep, En introduktion till förvaltningsrätten, S. 43.

420 Prop. 97/98:45, Abschnitt 4.26, S. 483.

421 Ebbesson, JT 1999–2000, 3 (10).

422 Siehe oben B) IV) 1).

gen gegeben zu werden brauchen, um die Anknüpfung zu verstehen. Dass der Begriff des *„sakägare"* weiter ist als der Begriff des Klage- oder Anfechtungsberechtigten, ergibt sich daraus, dass unter bestimmten Umständen Behörden und Ämter als *„sakägare"* gelten. Dies muss aber entweder aus dem Gesetz oder aus den Vorarbeiten zu einem Gesetz hervorgehen.[423] In diesen Fällen können dann die benannten Behörden klagen, ohne in eigenen Rechten verletzt zu sein.

a) Das Problem einer einheitlicher Definition des Begriffs des Anfechtungsberechtigten

In ihrem Gesetzesvorschlag kam die Regierung Carlsson auf die bereits geschilderte Problematik[424] zurück, dass die einzelnen schwedischen Umweltgesetze keine eigenen Vorschriften zur Anfechtungsberechtigung hatten und so die Berechtigung je nach Gesetz unterschiedlichen Definitionen unterlag.[425] Bei der Schaffung eines einheitlichen Gesetzeswerkes mit dem Anspruch, die umweltrechtliche Materie, wenn auch nicht vollständig, so doch möglichst umfassend zu regeln, sollte auch eine einheitliche Formel zur Anfechtungsberechtigung in das Gesetz aufgenommen werden; es sollte keinen Unterschied mehr machen, ob der einzelne seinen Anspruch auf wasserrechtliche Vorschriften oder Vorschriften zur Umweltpflege oder zu umweltgefährdenden Tätigkeiten stützte.[426] Insbesondere wurde auf die unterschiedlichen Urteile von *Högsta domstolen* und *Regeringsrätten* zur Öresundbrücke[427] hinsichtlich der Anfechtungsberechtigung nach einzelnen Umweltgesetzen und die daraus resultierenden Widersprüche verwiesen.[428] Im Rahmen des MB war auch die Einführung einer eigenen Umweltgerichtsbarkeit vorgesehen. Ziel war es, möglichst sämtliche Fälle mit Umweltbezug (von einigen Ausnahmen abgesehen) vor den Umweltgerichten zu behandeln. Hätten die Umweltrichter für die einzelnen zu klärenden Teilfragen auf unterschiedliche Aspekte für die Anfechtungsberechtigung achten müssen, hätte dies nicht nur zu den von der Regierung befürchteten[429] Anwendungsproblemen geführt, sondern auch dazu, dass ein einheitlicher Rechtsfall mit unterschiedlichen Teilentscheidungen hätte zu Ende gehen können.

423 Prop. 97/98:45, Abschnitt 4.26, S. 483.
424 Siehe oben B) IV) 1) c).
425 Prop. 97/98:45, Abschnitt 4.26, S. 482 ff.
426 Prop. 97/98:45, Abschnitt 4.26, S. 483.
427 Siehe oben B) IV) 1) c) (1).
428 Prop. 97/98:45, Abschnitt 4.26, S. 484.
429 Prop. 97/98:45, Abschnitt 4.26, S. 485.

b) Selbstbetroffenheit des Anfechtenden

Der Bezug des einzelnen bloß auf allgemeine Interessen sollte grundsätzlich ausreichen, so dass daher nicht die Verletzung eines eigenen Rechts geltend gemacht zu werden brauchte. Allerdings musste eine Selbstbetroffenheit auf Seiten des Anfechtenden vorliegen, so dass das verletzte allgemeine Interesse zumindest auch ein konkretes Interesse des betroffenen Einzelnen sein musste.[430] Die Prüfung, ob eine Selbstbetroffenheit im Rahmen der Verletzung eines allgemeinen Interesses vorlag, hatte nach dem Willen der Regierung wohlwollend *(„generös")* zu erfolgen. Nur dort, wo ausschließlich ein allgemeines Interesse betroffen war, wie etwa beim Jedermannsrecht, sollte der einzelne keine Möglichkeit haben zu klagen.[431]

c) Kritik einzelner im Gesetzgebungsverfahren

Nennenswerte Kritik an dem Vorschlag hat es im Gesetzgebungsverfahren nicht gegeben. Lediglich gab man der Regierung auf anzugeben, welche Behörden und Ämter im einzelnen anfechtungsberechtigt sein sollten, wenn sie nicht selbst ohnehin als Partei betroffen waren.[432]

d) Wortlaut der endgültigen Gesetzesvorschrift

Als Grundnorm für das Anfechtungsrecht in Umweltangelegenheiten nach dem Umweltgesetzbuch dient die Vorschrift des 16. Kapitels, § 12 MB. Die Vorschrift gibt an, wer berechtigt ist, Verwaltungs- und Gerichtsentscheidungen mit Rechtsmitteln anzugreifen. Im 16. Kapitel, § 12 Abs. 1 Nr. 1 MB wird der allgemeine verwaltungsrechtliche Grundsatz wiederholt, dass eine Entscheidung von dem, den sie angeht, angefochten werden darf, wenn er von ihr betroffen ist.[433] In Nr. 2 werden die Anfechtungsrechte lokaler Arbeitnehmerorganisationen und in Nr. 3 die Anfechtungsrechte zentraler Arbeitnehmer- und Arbeitgeberorganisationen sowie Zusammenschlüsse von Verbrauchern in bestimmten Fällen normiert. Diese Vorschriften entsprechen den Vorschriften des § 48 a Abs. 2 ML[434] und des § 34 Abs. 3 Satz 2 der Verordnung über chemische Produkte.[435] Zusätzlich wird Behörden und kommunalen Ämtern ein Anfechtungs-

430 Prop. 97/98:45, Abschnitt 4.26, S. 486.
431 Prop. 97/98:45, Abschnitt 4.26, S. 485.
432 Prop. 97/98:45, Abschnitt 4.26, S. 482 f.
433 Siehe oben B) IV) 1) b).
434 Siehe oben B) IV) 2) c) (1).
435 Siehe oben B) IV) 2) c) (2).

recht gewährt, allerdings nur, wenn es eine besondere Ermächtigung im MB dafür gibt (Nr. 4). Klagerechte nach dem Prozessgesetzbuch (RB) werden nicht berührt, 16. Kapitel, § 12 Abs. 2 MB.

e) Eigene Stellungnahme

Die Entscheidung, mit der Gestaltung des MB und der damit verbundenen Einbeziehung aller relevanten Umwelteinzelgesetze in ein Regelwerk auch die Frage der Anfechtungsberechtigung zumindest soweit zu klären, dass die für das Gesetzbuch einheitlich bewertet werden kann, ist konsequent. Dies gilt insbesondere im Hinblick auf die Einführung der eigenständigen Umweltgerichtsbarkeit, die auf eine einheitliche Bestimmung des Kreises der Anfechtungsberechtigten angewiesen sind. Weitere inhaltliche Änderungen haben sich nicht ergeben.

2) Vorschlag der Regierung Carlsson zum Anfechtungsrecht für Umweltorganisationen im Besonderen

Die Überlegungen zur Schaffung einheitlicher Voraussetzungen für das Anfechtungsrecht im Allgemeinen waren eher theoretischer Natur. Wirkliche Neuerungen waren damit, wie gezeigt, nicht verbunden, sieht man einmal von der Vereinheitlichung der Bestimmung der Anfechtungsbefugnis des einzelnen ab. Anders verhielt es sich bei der Ausgestaltung des Anfechtungsrechts für Umweltverbände. Hier ging auch die Kritik der angehörten Institutionen, Lobbies und Verbände deutlich weiter.

a) Der Wortlaut der Vorschrift über das Anfechtungsrecht für Umweltorganisationen in seiner vorgeschlagenen Fassung

Die Regierung Carlsson stellte folgende Vorschrift über das Anfechtungsrecht für Umweltorganisationen in ihren Gesetzesvorschlag[436] ein:

Umweltorganisationen wird das Recht eingeräumt, Urteile und Beschlüsse über die Erteilung von Erlaubnissen, Genehmigungen oder Dispensen gemäß dem Umweltgesetzbuch anzufechten, soweit sie nicht die Landesverteidigung betreffen.

436 Dieser Wortlaut wurde später wörtlich im 16. Kapitel, § 13 MB eingeführt.

Um Urteile und Beschlüsse anfechten zu dürfen, soll die Organisation mindestens drei Jahre lang tätig gewesen sein und wenigstens 2.000 Mitglieder haben.

Der Vorschlag wich damit stark von demjenigen ab, den die Umweltschutzkommission seinerzeit 1993 in den Vorarbeiten unterbreitet hatte. Denn danach sollte eine Vorschrift eingeführt werden, die es der Regierung ermöglichte, einzelne Umweltorganisationen auszuwählen und ihnen ein Klagerecht zuzuerkennen.[437] Diese Regelungsbefugnis durch das höchste Organ der Exekutive entfiel jetzt. Die genaue Normierung des Tatbestandes führte dazu, dass es der Legislative vorbehalten blieb, den Kreis der Begünstigten zu bestimmen.

b) Die relevanten Tatbestandsmerkmale und ihre Bedeutung

Im Folgenden sollen die relevanten Tatbestandsmerkmale der vorgeschlagenen Norm vor dem Hintergrund schwedischer Rechtssystematik erläutert und ihre Diskussion im Gesetzgebungsverfahren dargestellt werden.

(1) Der Begriff der „Umweltorganisation"

Welche Vereinigungen mit dem Begriff der „Umweltorganisation" gemeint waren, ergibt sich aus dem Gesetzesvorschlag nicht. Der Begriff der „Organisation" ist dem schwedischen Gesellschaftsrecht nicht bekannt.

(i) Gesellschaftsrechtliche Grundlagen

Das schwedische Gesellschaftsrecht *(„associationsrätt")* unterscheidet zum einen zwischen privatrechtlichen Personenvereinigungen in geschlossener und offener Form, zum anderen zwischen Gesellschaften *(„bolag")* und Vereinigungen *(„föreningar")*. Der grundlegende Unterschied zwischen den letztgenannten Gesellschaften und Vereinigungen besteht darin, dass Gesellschaften mitgliederabhängig, Vereinigungen unabhängig von einzelnen Mitgliedern bestehen.[438] Der Ein- oder Austritt eines Mitgliedes in eine Gesellschaft bzw. aus einer Gesellschaft geht also immer einher mit einer Änderung des Gesellschaftsvertrages.[439]

437 Siehe oben C) III) 1) b).

438 Nial/Johansson, Svensk associationsrätt, S. 35

439 Johansson in: NJH, S. 341; Nial/Johansson, Svensk associationsrätt, S. 35.

(ii) Voraussetzungen für die Bildung und das Bestehen einer Vereinigung

Besondere gesetzliche Vorschriften über die Bildung und das Bestehen einer Vereinigung bestehen im schwedischen Privatrecht nicht.[440] Lediglich für Wirtschaftsvereinigungen findet sich ein Gesetz, das Rechte und Pflichten der Mitglieder, der satzungsmäßigen Organe, das Vereinsvermögen etc. regelt.[441] Für alle anderen ideellen Vereinigungen richten sich die Bildung, Durchführung und Beendigung der Vereinigung nach den allgemeinen Vorschriften des Vertragsrechts.[442] Regeln, wann eine ideelle Vereinigung Trägerin von Rechten und Pflichten wird und damit als juristische Person anzusehen ist, sind durch Rechtsprechung und Lehre herausgebildet worden.[443] Hiernach wird die ideelle Vereinigung eine juristische Person mit eigenen Rechten und Pflichten, sobald sie sich durch ihre Mitglieder eine Satzung gegeben hat und einen Vorstand gewählt hat.[444] Die Satzung darf Mängel aufweisen, sie dürfen aber nicht zu gravierend sein.[445] In der Satzung ist auch der Zweck der Vereinigung zu beschreiben.[446] Einer Eintragung in ein Register bedarf es nicht. Ein eigenes Register für Vereinigungen besteht in Schweden auch nicht. Lediglich für ideelle Vereinigungen, die ein Gewerbe betreiben, besteht die Pflicht zur Eintragung in ein Register, nämlich in das Handelsregister.[447] Die ideelle Vereinigung wird grundsätzlich von ihrem Vorstand vertreten, die Satzung kann aber von diesem Grundsatz abweichen, etwa zugunsten eines Vorstandsmitglieds oder einer bestimmten Anzahl Mitglieder.[448]

---

440 Hemström/Lagerstedt, Associationsrättslig rättspraxis, S. xiii, Nr. 5; Johansson in: NJH, S. 368

441 Lag (1987:667) om ekonomiska föreningar. Die Vorschriften dieses Gesetzes werden allerdings analog auf nichtwirtschaftliche Vereinigungen angewendet, soweit dies erforderlich und notwendig ist, vgl. Strömholm-Andersson, Svensk rätt, Associationsrätt, S. 294.

442 Strömholm-Hultmark-Ramberg, Svensk rätt, Allmän avtalsrätt, S. 157.

443 Nial/Johansson, Svensk associationsrätt, S. 36 und 68 ff.

444 NJA II. 1998, S. 750 f.; HD, NJA I 1973, S. 341 (342).

445 HD, NJA I. 1987, 394 (402 f.): Ideelle Vereinigungen sind solche, die religiöse, wissenschaftliche, politische, sportliche Zwecke verfolgen, auch wenn sie sich wirtschaftlich betätigen, um ihre Zwecke zu verfolgen. Weiter sind Vereinigungen auch dann ideell, wenn sie sich nicht wirtschaftlich betätigen, unabhängig davon, ob sie ideelle Zwecke verfolgen oder die wirtschaftlichen Interessen ihrer Mitglieder zu fördern bestimmt sind.

446 Hemström, Organisationernas rättsliga ställning, S. 44.

447 § 2 Abs. 1 Nr. 3 Handelsregisterlag (1974:157). Gemäß § 3 Abs. 2 sind ideelle Vereine, die ein Gewerbe betreiben, für diejenige Provinz zu registrieren, in der sie ihren Sitz haben. Der Inhalt der Eintragung ergibt sich aus § 4 Abs. 3 Handelsregisterlag.

448 Johansson in: NJH, S. 368.

(iii) Ergebnis

Ziel des Gesetzesvorschlages war es, Zusammenschlüssen von einzelnen ein Anfechtungsrecht einzuräumen. Die Gesellschaftsform spielte im Gesetzesvorschlag der Regierung keine Rolle. Im Gegenteil, dort wurde lediglich auf die Zwecke einer solchen Organisation abgestellt, nämlich Umweltinteressen wahrzunehmen.[449] Entsprechend verwendet die Begründung des Vorschlags auch die Begriffe „ideelle Organisation" und „Umweltorganisation" synonym. Da die ideelle Vereinigung der Grundtyp der mitgliederunabhängigen, auf einen bestimmten Zweck gerichteten Personenvereinigung ist, erfüllt jede dieser Vereinigungen die Voraussetzung, anfechtungsberechtigte Organisation zu sein, sobald sie sich eine Satzung gegeben hat und durch ein Leitungsorgan vertreten wird.

(iv) Die Bestimmung des Tatbestandsmerkmals „Organisation" im Gesetzgebungsverfahren

Zwar war der Begriff der Organisation entsprechend weit gefasst, jedoch war damit nicht jede Gesellschaftsform angesprochen. Stiftungen als gänzlich von Mitgliedern unabhängige und lediglich auf Kapital aufgebaute juristische Personen fielen nicht hierunter.

1. Die Einbeziehung von „Stiftelsen Miljöcentrum" in den Kreis der Anfechtungsberechtigten

Die Beschränkung auf ideelle Vereinigungen war im Gesetzgebungsverfahren umstritten. Parteiübergreifend wurde in den Ausschüssen darauf hingewiesen, dass Schwedens größte Umweltorganisation *„Stiftelsen Miljöcentrum"*, eine Stiftung schwedischen Rechts, auf diese Weise vom Klagerecht der Vereinigungen ausgenommen würde.[450] Eine Gruppe Abgeordneter der Moderaten Sammlungspartei (M) nannte den Gesetzesvorschlag in dieser Hinsicht ein Trugbild.[451]

a. Die Stiftung im schwedischen Gesellschaftsrecht

Im Hinblick auf den eigenen überholten Gesetzesvorschlag und die dortige restriktive Ausgestaltung des Klagerechts für Umweltorganisationen mag diese heftige Reaktion der M-Parlamentarier verständlich sein. In rechtlicher Hinsicht

---

449 Prop. 97/98:45, Abschnitt 4.27, S. 486 f.

450 Yttrande 1997/98:JuU4y; betänkande 1997/98:JoU20.

451 Yttrande 1997/98:JuU4y; motion 1997/98:Jo32.

ist der faktische Ausschluss von *„Stiftelsen miljöcentrum"* jedoch selbstverständlich und von der Regierung gewollt, denn das Klagerecht für Umweltorganisationen sollte nach ausdrücklichem Willen der Regierung in ihrem Gesetzesvorschlag gerade dazu dienen, die Beteiligung des einzelnen in solchen Organisationen zu fördern und somit die Beteiligung der Bürger bzw. deren Interesse in Umweltfragen insgesamt zu verbessern.[452] Eine Stiftung schwedischen Rechts kennt eine solche Beteiligung nicht, sondern die Stiftung dient der Verselbständigung und Verwaltung eines Vermögens, ohne dass sie Mitglieder hätte oder zu ihrem Bestehen auf Mitglieder angewiesen wäre.[453]

b. Gesellschaftlicher Hintergrund von „Stiftelsen miljöcentrum"

Daneben ist der Zweck der Stiftung zu beachten. *Stiftelsen miljöcentrum* hat laut seiner Satzung zwar Umweltinteressen wahrzunehmen.[454] Jedoch erfolgt die Tätigkeit, um finanzielle Interessen einzelner Betroffener wahrzunehmen: Ein Hauptteil der Tätigkeit der Stiftung besteht darin, Schadensersatzklagen für einzelne gegen Störer vor den ordentlichen Gerichten durchzufechten.[455] Gleiches gilt für die Vertretung von Berufsgeschädigten oder von Nachbarn von umweltschädlichen Industrien und Gewerben.[456] Schließlich erhält die Stiftung über diese Tätigkeit Bekanntheit und über die Bekanntheit Spendengelder und damit die Grundlage ihrer weiteren Aktivitäten. Zwar erhalten auch ideelle Organisationen Spenden und benötigen sie auch, allerdings nehmen sie dafür nicht die Interessen einzelner wahr, sondern handeln gemäß ihren Satzungen für die Umwelt i.w.S.

2. Zwischenergebnis

Klagen, wie sie *Stiftelsen miljöcentrum* führt, zählen nicht zu den Tätigkeitsfeldern derjenigen Vereinigungen, die vom Regierungsvorschlag profitieren sollten. Auch in verfahrensrechtlicher Hinsicht ergibt sich gerade bei den Schadensersatzklagen ein Unterschied. Denn diese wurden von der Stiftung als Vertreter

---

452 Prop. 1997/98:45, Abschnitt 4.27, S. 488.

453 Strömholm-Andersson, Svensk rätt, Associationsrätt, S. 295; Johansson in: NJH, S. 369; Isoz, Stiftelselagen, SL 1:2, S. 32.

454 Vgl. die Hompage von *Stiftelsen miljöcentrum:* http://www.miljocentrum.se.

455 Darauf stellen einige christdemokratische Abgeordnete im Landwirtschaftsausschuss in ihrem Vorschlag zum Regierungsvorschlag zum Umweltgesetzbuch (prop. 1997/98:45) – motion 1997/98:Jo33 – ab, allerdings plädieren sie dabei für ein Klagerechts zugunsten von *Stiftelsen miljöcentrum.*

456 Gillberg, Claims for Damages as an offensive Weapon in Environmental Protection Acitivities, in Juridica Lapponica 10, S. 170.

(„ombud")[457] für den einzelnen erhoben, d.h., die Stiftung macht als Vertreter fremde Rechte in fremdem Namen geltend. Das „Recht", als Vertreter aufzutreten und die Schadensersatzinteressen Dritter zu vertreten, wird mit Einführung des Klagerechts für Umweltorganisationen nicht beschnitten, so dass von einem Ausschluss der Stiftung nicht gesprochen werden kann. Zwar rühmt sich die Stiftung auch der Durchführung großer Umweltprozesse, jedoch können solche Prozesse immer nur im Rahmen geltenden Rechts geführt worden sein. D.h., die Stiftung muss entweder selbst betroffen gewesen sein,[458] oder sie hat eben als Vertreter *(„ombud")* die Rechte anderer wahrgenommen.

(v) Parteifähigkeit einer Umweltorganisation

Gemäß dem 11. Kapitel, § 2 Abs. 1 des Prozessgesetzbuches *(„rättegångsbalk")* können Gesellschaften, Vereinigungen oder andere Zusammenschlüsse, Stiftungen oder andere ähnliche Einrichtungen, die Rechte erwerben oder Verpflichtungen eingehen können, Partei in einem Rechtsstreit sein. Diese Vorschrift gilt auch für den Verwaltungsprozess.[459] Für die Parteifähigkeit wird im schwedischen Prozessrecht nach der benannten Vorschrift also nur gefordert, dass die Vereinigung eine juristische Person[460] mit eigenen Rechten und Pflichten ist. Mit ihrem Entstehen ist die Vereinigung folglich auch berechtigt, Partei in einem Rechtstreit zu sein.

(vi) Prozessfähigkeit einer Umweltorganisation

Der Begriff der Prozessfähigkeit ist von dem Begriff der Parteifähigkeit zu trennen.[461] Prozessfähig ist im schwedischen Prozessrecht, wer selbst oder durch einen Vertreter in einem Rechtsstreit Rechtshandlungen vornehmen kann.[462] Juris-

---

457 Siehe oben B) IV) 2) d).

458 Wobei es ihr aufgrund ihrer Rechtsnatur und ihrer Bekanntheit sowie der Spendenfreudigkeit der Schweden, auf die auf der Homepage „http://www.miljocentrum.se" hingewiesen wird, um einiges leichter fallen dürfe, Sperrgrundstücke zu erwerben als einer kleinen oder mittleren Umweltorganisation, so dass die Stiftung dann die Verletzung eigener Rechte geltend machen könnte.

459 NJA II. 1998, S. 750.

460 Siehe oben C) IV) 2) b) (1). Eine „juristische Person" – egal ob Gesellschaft, Vereinigung oder Stiftung – im schwedischen Privatrecht zeichnet sich ganz allgemein dadurch aus, dass bestimmtes Vermögen bzw. Eigentum einer besonderen Verwaltung unterstellt wird und besondere Regelungen über die Verantwortlichkeit hinsichtlich dieses Vermögens bzw. Eigentums gegenüber Dritten gelten, vgl. Ekelöf, Rättegång, 2. Band, S. 43.

461 Lindell, Civilprocessen, S. 202.

462 Ekelöf, Rättegång, 2. Band, S. 44.

tische Personen handeln grundsätzlich durch ihre Vertretungsorgane. Gemäß dem 11. Kapitel, § 2 Abs. 2 des Prozessgesetzbuches werden juristische Personen von ihren „Stellvertretern“ vor Gericht vertreten. „Stellvertreter“ im Sinne dieser Vorschrift ist grundsätzlich das satzungsmäßige Vertretungsorgan der juristischen Person.[463] Da es für ideelle Vereinigungen kein Register gibt, in dem der Vorstand bzw. seine Mitglieder namentlich aufgeführt sind und der Rechtsakt ihrer Bestellung angegeben ist,[464] dürfte es kaum möglich sein, etwa in einem laufenden Rechtsstreit die Kompetenz des erschienenen Vertreters genau zu überprüfen.

(2) Satzungsmäßiger Zweck

Der Vereinigungszweck muss auf die Wahrnehmung von Naturschutz- und Umweltschutzinteressen lauten.[465] Hiermit ist nicht gemeint, dass die Vereinigung ausschließlich solche Interessen verfolgen muss, allerdings ist es ihr verwehrt, sich auf das Verbandsklagerecht zu berufen, wenn sie solche Ziele gar nicht oder nicht ernstlich verfolgt oder sie lediglich in der Satzung benannt sind, ohne dass die Vereinigung tatsächlich entsprechend tätig geworden ist.[466] Kritik war dieses Tatbestandsmerkmal im Gesetzgebungsverfahren nicht ausgesetzt.

(3) Mitgliederkriterium: Mindestens 2.000 Mitglieder

Laut Gesetzgebungsvorschlag sollte die Organisation über mindestens 2.000 Mitglieder verfügen, wenn sie anfechtungsberechtigt sein wollte. Das Mitgliederkriterium war im Gesetzgebungsverfahren umstritten. Die Festlegung einer Grenze von 2.000 Mitgliedern bedeutete de facto, dass lediglich die größte schwedische Umweltvereinigung, *Naturskyddsföreningen*, das Vereinigungsklagerecht wahrnehmen konnte. Entsprechend äußerten sich eine große Anzahl Reichstagsmitglieder durch die Parteien hinweg ablehnend gegen diese Art von Beschränkung.[467]

(i) Regierungsvorschlag

Nach Auffassung der Regierung sollte gerade über das Mitgliederkriterium eine Auswahl der klageberechtigten Organisationen erfolgen. Hintergrund war, dass

463 Ebenda.

464 Siehe oben C) IV) 2) b) (1) (i).

465 Prop. 97/98:45, Abschnitt 4.27, S. 486 f.

466 Prop. 1997/98, Teil 2, S. 213.

467 Betänkande1997/98:JoU20, yrkande 35, 36 und 37.

die Regierung wie auch zuvor die Arbeitsgruppe Umweltschutz[468] in der Mitgliederzahl einer Organisation Hinweise auf ihre Verankerung in der Gesellschaft sah.[469]

(ii) Kritik einzelner Abgeordneter

In ihren Anträgen äußerten sich die Abgeordneten skeptisch über den Sinn eines Verbandsklagerechts, das auf diese Weise ausgehöhlt werde. Nach Auffassung zweier Abgeordneter der Zentrumspartei sollte der Regierungsvorschlag so umgearbeitet werden, dass es auf das Mitgliederkriterium nicht mehr ankommen sollte.[470] Auch Mitglieder der Freiheitspartei bezweifelten, dass das Kriterium der Mitgliedsstärke das Klagerecht steuern sollte und verlangten, eine Definition zu finden, die es gestattete, dass sowohl mehr ideelle Vereinigungen als auch andere juristische Personen das Klagerecht zugesprochen bekämen.[471]

(iii) Stellungnahme

Die Voraussetzung der Mitgliederstärke erscheint gerade in der gewählten Höhe als rein willkürlich und lässt vermuten, dass die Regierung – möglicherweise aus Angst vor der eigenen Courage – wieder einen Schritt zurücktun wollte, um das Neuland des Klagerechts für Umweltorganisationen nicht zu ungestüm zu betreten. In den Gesetzesmaterialien findet sich kein einziges Argument zu der gewählten Höhe der Mitgliederzahl. Im Bericht der Arbeitsgruppe *„grupprättegång"* waren noch 1.000 Mitglieder vorgeschlagen.[472] Für die Verdoppelung der Zahl findet sich in den Gesetzgebungsmaterialien ebenfalls keine Begründung.[473] Gerade dieses Schweigen und der Verweis auf die Verankerung in der Gesellschaft lassen vermuten, dass man das Klagerecht für Organisationen langsam einführen wollte und sehen wollte, wie es sich entwickelt. Möglicherweise sollten dadurch diejenigen Kritiker und Lobbyisten beruhigt werden, die schon während der Tätigkeit der Arbeitsgruppe „Umweltgesetzbuch" nicht müde wurden, darauf hinzuweisen, dass die berechtigten Umweltorganisationen durch übermäßigen Gebrauch des Klagerechts die Anzahl der Verfahren und damit die Belastung der Gerichte steigern und schließlich die Verfahrensdauern verlängert

468 *Miljöskyddskommitén*, SOU 1993:27, S. 618 ff.
469 Prop. 1997/98:45, Abschnitt 4.27, S. 488.
470 Betänkande 1997/98:JoU20, yrkande 36.
471 Betänkande 1997/98:JoU20, yrkande 37.
472 SOU 1994:151.
473 So auch Ebbesson, JT 1999–2000, 4 (19).

würden.[474] Allerdings dürfte diese Restriktion auch mit den allgemeinen Voraussetzungen des schwedischen Gesellschaftsrechts zusammenhängen. Wie oben gezeigt, kann eine ideelle Vereinigung ohne weitere formelle Voraussetzung wie die Eintragung in ein Register gegründet und tätig werden.[475] Somit bestünde die Gefahr, dass sich unkontrolliert, vielleicht nur zu Anfechtungszwecken, Vereinigungen bilden und tatsächlich Entscheidungen verzögern. Die diffusen Ängste der Gegner des Anfechtungsrechts für Umweltorganisationen, die nicht nur in Schweden diskutiert wurden,[476] haben sich letztlich nicht bewahrheitet. Es erscheint auch abwegig, dass einzelne das Instrument des Verbandsklagerechts für einfache, egoistische Ziele ausnutzen können, bloß um Vorhaben zu verhindern. Der Einsatz an Zeit und Geld ist dafür zu groß.

Weiter wird es durch das Mitgliederkriterium kleineren, lokalen Gruppen, die sich möglicherweise nur mit einem Projekt beschäftigen, unmöglich gemacht, Gerichte anzurufen. Der Ansatz, solche Vereinigungen und die Bereitschaft der Bürger, sich dort zu engagieren, durch Einführung eines Anfechtungsrechts zu fördern, läuft damit ins Leere. Niemand wird sich in solchen „Ad hoc"-Vereinigungen zusammenfinden, wenn von vornherein klar ist, dass man die Rechte der Umwelt nicht gerichtlich durchsetzen kann. In dieser Hinsicht kann das Bild der Chimäre[477], aufgegriffen werden. Daneben dürfte das Mitgliederkriterium auch zu einer Zweiklassengesellschaft der Umweltorganisationen in Schweden führen. Diejenigen, die die 2.000-Mitglieder-Grenze überschritten haben, dürften bei den Bürgern in höherer Gunst stehen als die kleinen. Dies dürfte sich auf die Spendenbereitschaft auswirken, so dass letztlich von dieser Regelung nur die großen Organisationen, möglicherweise ausschließlich *Naturskyddsföreningen*, profitieren.

(4) Tätigkeitskriterium: Mindestens drei Jahre tätig

Auch über das Kriterium der Dauer der Tätigkeit war beabsichtigt, die Zahl der potentiell klageberechtigten Organisationen faktisch einzudämmen. Nach Ansicht der Regierung war über dieses Kriterium ebenfalls zu erreichen, dass nur solche Organisationen in den Genuss des Klagerechts kommen würden, die über einen entsprechenden gesellschaftlichen Rückhalt verfügten.[478] Umgekehrt würden durch einen solche Voraussetzung all jene Organisationen ausgeschlossen,

474 Prop. 1994/95:10, Bilaga 4, Abschnitt 16.1.49, S. 388. Einer Sammlung der Argumente findet sich bei Bizer/Ormond/Riedel, Die Verbandsklage im Naturschutzrecht, S. 55 ff.

475 Siehe oben C) IV) 2) b) (1) (i).

476 Vgl. die Zusammenstellung bei Koch, NVwZ 2007, 369 (371) m.w.N.

477 Siehe oben C) IV) 2) b) (3) (ii).

478 Prop. 1997/98:45, Abschnitt 4.27, S. 488.

die sich mehr oder weniger spontan gebildet hätten und sich ebenso schnell wieder auflösten wie sie sich gebildet hätten.[479] Dem ist insoweit zuzustimmen, als, wie oben gezeigt,[480] besondere Formvoraussetzungen wie Anmeldung und Eintragung zu einem Register bzw. in ein Register in Schweden nicht nötig sind, um eine potentiell klageberechtigte Vereinigung zu gründen. Auf diese Weise mag – theoretisch – die Gefahr bestehen, dass Gruppen tatsächlich lediglich gebildet würden, um einzelne Vorhaben zu verzögern. Allerdings hat die Regierung im Gesetzesvorschlag selbst darauf hingewiesen, dass bestehende Klagerechte für Umweltorganisationen in anderen Ländern nicht dazu geführt haben, dass Verwaltungsentscheidungen absichtlich verzögert würden, nur um des Verzögerns willen. Andererseits wird durch das Zeitkriterium all jenen Vereinigungen das Klagerecht im Vorwege entzogen, die sich spontan zur Verhinderung eines konkreten Projekts bilden. Beabsichtigt bspw. ein Flughafen den Bau einer weiteren Startbahn und ist dieses Projekt in weniger als drei Jahren durchführbar, wird sich eine Vereinigung zum Schutz eines Umweltgutes, das konkret durch den Bau nachteilig betroffen würde, gar nicht erst zu gründen brauchen. Das Zeitargument schließt eine Beteiligung im Rahmen eines gerichtlichen Verfahrens aus. Bemerkenswert ist, dass in der Schlussphase der Gesetzgebung, also ab Vorlage des Regierungsvorschlags an *Lagrådet*, diese Voraussetzung weder von den Ausschüssen noch von einzelnen Reichstagsmitgliedern gesondert angegangen worden ist.

(5) Gegenstände des Anfechtungsrechts – Entscheidungen über Genehmigungen, Erlaubnisse oder Ausnahmen

Nach dem geplanten Wortlaut der Vorschrift darf eine Umweltorganisation Urteile und Beschlüsse anfechten, soweit diese Genehmigungen, Erlaubnisse und Ausnahmen betreffen.

Bereits dem Wortlaut der Vorschrift ist zu entnehmen, dass es den berechtigten Organisationen möglich sein sollte, erlassene Entscheidungen anzufechten. Bei der Anfechtung getroffener behördlicher Entscheidungen handelt es sich um das Kernstück der neuen Regelung zugunsten der Umweltorganisationen.

Umgekehrt war nicht beabsichtigt, Organisationen das Recht einzuräumen, eine Behörde verpflichten zu lassen, eine Entscheidung zu treffen. Dies ergibt sich bereits wörtlich aus dem im Gesetzestext und im Gesetzgebungsverfahren

479 Die Arbeitsgruppe „*Grupprättegång*“ (SOU 1994:151) hatte für die Fälle des Nichterreichens des Mitglieder- oder Zeitkriteriums noch vorgeschlagen, als Ausnahmetatbestand dem jeweiligen Gericht die Möglichkeit im Einzelfall zu geben, eine solche Vereinigung als anfechtungsberechtigt zuzulassen, vgl. Prop. 1997/98:45, Abschnitt 4.27, S. 488.

480 Siehe oben C) IV) 2) b) (1) (i).

verwendeten Begriff „anfechten" *(„överklaga").* Eine solche Möglichkeit zur Verpflichtung entspräche auch nicht dem Grundgedanken der einzuführenden Regelung, nämlich für die Umwelt nachteilige Entscheidungen anzugehen. Abgesehen davon wäre es einem Verwaltungsgericht nach den eingangs[481] dargestellten Grundsätzen der Trennung zwischen Verwaltung und Verwaltungsgerichtsbarkeit nicht gestattet, einer Behörde gegenüber eine Entscheidung anzuordnen.[482]

Gleichwohl kann ein dringendes Interesse bestehen, eine Behörde zum Handeln zu zwingen, notfalls auch gerichtlich. Dies ist etwa dann der Fall, wenn eine Behörde einen rechtswidrigen Zustand nicht abstellt, obschon sie ihn erkannt hat. Die Untätigkeit kann faktisch zu einer Genehmigungswirkung führen, etwa in Fällen, in denen eine umweltgefährdende Tätigkeit betrieben wird, die zuständige Behörde jedoch nicht einschreitet. Ob den Umweltorganisationen das Recht zum „Anfechten" solchen Nichtstuns im Sinne einer Untätigkeitsklage *(schwedisch.: „passivitetstalan")* gegeben werden sollte, war umstritten.

Das schwedische Recht bietet dem einzelnen grundsätzlich keine Möglichkeit, wegen Untätigkeit oder Passivität einer Behörde ein Verwaltungsgericht anzurufen.[483] Lediglich im Bereich des Wirtschaftsverwaltungsrechts ist eine Untätigkeitsklage möglich. Hier sieht das Gesetz über Wertpapierfonds[484] in seinem § 45 ausdrücklich eine solche Möglichkeit vor, wenn das Aufsichtsamt in einem Genehmigungsverfahren nicht innerhalb einer Frist von sechs Monaten einen Beschluss gefasst und den Antragsteller beschieden hat. In diesen Fällen ist der Antragsteller berechtigt, bei einem Kammergericht *(„kammarrätt")* die Erklärung zu erwirken, dass die Angelegenheit unnötig verzögert wird. Hat die Behörde nicht innerhalb von sechs Monaten nach einer solchen gerichtlichen Erklärung entschieden, wird das Verhalten per gesetzlicher Fiktion als Ablehnung der Genehmigung gewertet, und dem Antragsteller ist der Gang zu den

---

481 Siehe oben B) I).

482 Vgl. ergänzend NJA II. 1998, S. 755 m.w.N.

483 Leffler, FT 1999, 130 (130); Strömberg, Allmän förvaltningsrätt, S. 169.

484 *Lag (1992:1320) om värdepappersfonder.* Das Gesetz geht auf die Richtlinie 85/611/EWG des Rates vom 20.12.1985 zur Koordinierung der Rechts- und Verwaltungsvorschriften betreffend bestimmte Organismen für gemeinsame Anlagen in Wertpapieren (OGAW) – ABl. Nr. L 375 vom 31.12.1985, S. 3 – zurück. Dort ist in Art. 51 Abs. 2, 2. Halbs. festgelegt, dass die Mitgliedstaaten sicherzustellen haben, dass gegen Entscheidungen der Aufsichtsbehörden Rechtsmittel eingelegt werden können und dass dies auch gilt, wenn die Aufsichtsbehörden über einen Antrag nicht binnen sechs Monaten nach seinem Eingang bei der Behörde entscheiden. Die Einführung dieses besonderen Rechtsbehelfs ist also auf keine besonderen Entwicklungen im schwedischen Verwaltungsrecht und entsprechender Diskussion in Politik und Rechtslehre zurückzuführen, sondern lediglich auf den Beitritt Schwedens zur Europäischen Gemeinschaft bzw. dessen Vorbereitung.

Gerichten eröffnet, um diese (fingiert abschlägige) Entscheidung des Aufsichtsamtes anzufechten. Auf diese Weise erhält der Antragsteller in jedem Fall die Möglichkeit, seine Angelegenheit gerichtlich übergeprüft zu bekommen.[485] Entsprechend wird dieser Rechtsbehelf auch Verzögerungsklage *(„dröjsmålstalan“)* genannt, wobei die Verzögerungswirkung auf der Untätigkeit der Behörde beruht. Aufgrund dieser spezialgesetzlichen Regelung wurden verschiedene Vorschläge zur Einführung allgemeiner Bestimmungen über die Unterlassungsklage gemacht; eine Umsetzung dieser Vorschläge ist jedoch nicht erfolgt.[486]

Miljöbalksutredningen schlug im Rahmen ihrer Tätigkeit die Einführung einer Untätigkeitsklage vor.[487] Nach Ansicht der Arbeitsgruppe sollte den Umweltverbänden das Recht eingeräumt werden, Entscheidungen von Behörden anzugreifen, die darauf abzielten, nicht gegen einen nach Ansicht eines Verbandes rechtswidrigen Zustand einzuschreiten (also Entscheidungen im Sinne eines „Nichtstuns“).[488] Dieser Vorschlag wurde jedoch im weiteren Gesetzgebungsverfahren verworfen, nachdem er von mehreren Seiten angegriffen worden war. Bemerkenswerterweise lehnte auch der größte schwedische Umweltverband *Naturskyddsföreningen* ein solches Klagerecht ab und begründete diese Ablehnung mit dem formaljuristischen Argument, dass in diesen Fällen die Verwaltung noch gar keine Entscheidung getroffen habe, die gerichtlich überprüfbar sei.[489]

Die Einführung einer Untätigkeitsklage ins Umweltgesetzbuch ist an den konzeptionellen Besonderheiten des schwedischen Verwaltungsrechts bzw. des Verwaltungsprozessrechts gescheitert. Die Begründung, bei einer Untätigkeit liege eine gerichtlich überprüfbare Entscheidung noch nicht vor, ist vor dem Hintergrund zu sehen, dass schwedische Verwaltungsgerichte nicht unmittelbar in Verwaltungshandeln eingreifen dürfen. Bescheidungsurteile sind niemals möglich, sondern ein Gericht kann nur aussprechen, dass eine Behörde eine Prüfung nicht oder nicht unter Zugrundelegung aller zur Verfügung stehenden Informationen vorgenommen hat und diese rechtswidrig ist, mit der Folge, dass die betreffende Verwaltungsentscheidung kassiert wird und keinerlei Rechtswirkungen mehr entfaltet. Entsprechend kann ein Gericht auch nicht einer Behörde auferlegen, überhaupt zu entscheiden. Möglicher Ausweg ist allerdings der im Falle des Gesetzes über Wertpapierfonds eingeschlagene Weg, eine gerichtliche Erklärung über die Verzögerung zu erhalten und nach Ablauf einer Frist eine fingierte Behördenentscheidung anzugehen. Allerdings müssten die Fristen kürzer

485 Warnling-Nerep, En introduktion till förvaltningsrätten, S. 85.

486 Strömberg, Allmän förvaltningsrätt, S. 169; Warnling-Nerep, En introduktion till förvaltningsrätten, S. 85 m.w.N.

487 NJA II. 1998, S. 755.

488 Ebenda.

489 Ebenda.

gefasst werden als die im Gesetz über Wertpapierfonds geregelten zwei Mal sechs Monate, anderenfalls eine solche Untätigkeitsklage im Falle gravierender Umweltgefährdung ein stumpfes Schwert wäre.

(6) Strafverfahren

Ausgenommen vom Verbandsklagerecht waren strafrechtliche Entscheidungen. Man sah keinen Grund, Umweltverbänden die Möglichkeit zu geben, im Rahmen des Umweltstrafrechts aufzutreten und Entscheidungen eines Strafgerichts anzufechten. Diese Entscheidung verwundert nicht, denn die Interessen der Allgemeinheit werden im Strafprozess von der Staatsanwaltschaft *(„åklagarmyndighet“)* wahrgenommen, so dass es einer Mitwirkung von Umweltorganisationen nicht bedarf.

3) Neufassung des Vorschlags nach Kritik einzelner am Gesetzgebungsverfahren Beteiligter

Nach Behandlung des Gesetzesvorschlags durch *Lagrådet* wurde die vorgeschlagene Vorschrift des 16. Kapitels, § 13 MB geändert. Weitestgehend handelte es sich um rechtstechnische Ergänzungen. An der oben geschilderten Grundsatzentscheidung für die materiellen Voraussetzungen des Anfechtungsrechts für Umweltorganisationen, insbesondere den subjektiven, änderte sich nichts Wesentliches. Dies ist vor dem Hintergrund zu sehen, dass *Lagrådet* wie oben dargestellt keinerlei politischer Einfluss zusteht, sondern lediglich die Prüfung von Auswirkungen eines Gesetzes auf das bestehende Recht durchzuführen hat und Widersprüche oder Kollisionen aufzuzeigen hat.[490] Insbesondere blieb es bei den Einschränkungen zur Mitgliederzahl und der Tätigkeitsdauer.

4) Änderung und Ergänzung der prozessualen Voraussetzungen des Anfechtungsrechts für Umweltorganisationen nach Empfehlung von *Lagrådet*

a) Prozessuales

Lagrådet wies darauf hin, dass die Einführung des Verbandsklagerechts auch Auswirkungen auf das bestehende Verwaltungsverfahrens- und Prozessrecht ha-

490 Siehe oben FN 328.

ben werde und dass der Gesetzesvorschlag der Regierung insbesondere in verfahrensrechtlicher Hinsicht zu ergänzen sei.

(1) Anfechtungsfrist

Im schwedischen Verwaltungsrecht ist die Möglichkeit der Anfechtung einer Entscheidung der Verwaltung an eine Frist gebunden, die mit Kenntnisnahme des Anfechtenden von der Entscheidung beginnt.[491] Mit der Einführung des Verbandsklagerechts stellte sich die Frage, ob auch den Umweltverbänden Entscheidungen bekannt gegeben werden mussten, um den Lauf der Anfechtungsfrist ihnen gegenüber in Gang zu setzen.[492]

(i) Beginn der Anfechtungsfrist

Nach der Grundregel des § 23 Abs. 2 Satz 2 FL beginnt die Anfechtungsfrist mit Bekanntgabe der Entscheidung gegenüber dem Anfechtenden zu laufen und beträgt drei Wochen vom Tage der Bekanntgabe an berechnet. In einigen anderen Verwaltungsgesetzen finden sich hiervon abweichende Regelungen, vgl. etwa das 19. Kapitel, § 3 des Wahlgesetzes (ValL[493]) oder das 20. Kapitel, § 13 des Gesetzes über die öffentliche Versicherung (AFL[494]).

Das Gesetz bestimmt grundsätzlich keine Anforderungen an die Form der Bekanntgabe der Entscheidung. Es ist der Behörde überlassen, die Bekanntgabe mündlich, durch einfachen Brief, durch förmliche Zustellung oder auf andere Weise durchzuführen, § 21 Abs. 3 FL. Obwohl es keinen gesetzlichen Zwang hierzu gibt, erfolgt die Zustellung grundsätzlich in schriftlicher Form an alle Verfahrensbeteiligten, auch an die Behörde, die den Inhalt der Entscheidung gegebenenfalls zu vollstrecken hat.[495] Die schriftliche Bekanntgabe erfolgt insbesondere aus Gründen des Beweises, aber auch, um in der Akte einen Nachweis für das Behördenhandeln zu haben und eine eventuelle Anfechtungsfrist berechnen zu können.[496] Eine Behörde kann auch die Bekanntgabe durch förmliche Zustellung wählen. Die förmliche Zustellung ist immer dann geboten, wenn die

491 § 23 Abs. 2 Satz 2 FL.

492 NJA II. 1998, S. 751.

493 *Vallag (1997:157, omtryck 1994:515).*

494 *Lag (1962:381, omtryck 1981:1323) om allmäna försäkring.*

495 Strömberg, Allmän förvaltningsrätt, S. 122 f. Gemäß der Verordnung über die behördliche Servicepflicht *(förordning (1980:900) om statliga myndigheters serviceskyldighet)* soll eine Verwaltungsentscheidung zugänglich gehalten (§ 8) und per einfacher Post übersendet werden (§ 12 Abs. 1 Satz 1). Hieraus ergibt sich dem Grunde nach der Zwang zum schriftlichen Absetzen behördlicher Entscheidungen.

496 Hellners/Malmquist, Förvaltningslagen, § 21, S. 243.

Behörde den Nachweis benötigt, dass der Empfänger die Entscheidung erhalten hat und wann er sie erhalten hat. Die Zustellung *(„delgivning")* erfolgt gemäß den Vorschriften des Zustellungsgesetzes[497] und der Zustellungsverordnung.[498]

Wenn ein Beteiligter oder ein Dritter auf andere Weise von der Verwaltungsentscheidung Kenntnis erlangt hat, ist die Anfechtungsfrist von dem Zeitpunkt an zu berechnen, an dem er tatsächlich Kenntnis von der Entscheidung erlangt hat.[499] Wann solche tatsächliche Kenntnis anzunehmen ist, ist im Einzelfall zu entscheiden. Die Rechtsprechung hat hinsichtlich Dritter, die am vorangegangenen Verwaltungsverfahren nicht beteiligt gewesen sind, keine einheitlichen Kriterien für die faktische Kenntnisnahme herausgebildet. Einerseits soll die Anfechtungsfrist für einen Nachbarn zu laufen beginnen, wenn dieser auszugsweise Zugang zu einer von der Genehmigungsbehörde erteilten Baugenehmigung erhalten hat,[500] andererseits soll die schriftliche Mitteilung des Amtsleiters eines Bauamtes darüber, dass eine Baugenehmigung erteilt worden ist, nicht beinhalten, dass der Nachbar Kenntnis von dieser Baugenehmigung erhalten hat.[501]

Als Zwischenergebnis kann festgehalten werden, dass die Anfechtungsfrist jedenfalls grundsätzlich unabhängig von der Wahl der Art der Bekanntgabe mit Kenntnisnahme des Empfängers vom Inhalt der Entscheidung zu laufen beginnt, gleichermaßen entfaltet die Verwaltungsentscheidung in diesem Moment ihre Wirksamkeit und wird für den Empfänger rechtlich bindend.[502]

Bei der Erörterung der Einführung des Verbandsklagerechts stellte sich aus den oben genannten Gründen die Frage, ob eine Behörde ihre Entscheidung auch einem Umweltverband bekannt geben muss und ob diesem gegenüber die Anfechtungsfrist des § 23 FL läuft. *Lagrådet* empfahl, eine Regelung über die Bekanntgabe einzuführen, um Unklarheiten hinsichtlich der Rechtskraft einer behördlichen Entscheidung zu vermeiden.[503] Diese Bedenken wurden im Gesetz-

---

497 Delgivningslag (1970:428). Nach § 3 Abs. 1 Satz 1 dieses Gesetzes ist das Schriftstück durch die Post, einen Boten oder auf andere Weise dem Empfänger zu übermitteln, wobei dieser zum Beweis, dass die Zustellung erfolgt ist, eine Zustellungsquittung oder eine Empfangsbestätigung zu unterschreiben hat *(„ordinär delgivning")*. Gemäß § 3 Abs. 1 Satz 2 i.V.m. § 3 a des Zustellungsgesetzes kann *„ordinär delgivning"* auch vereinfacht geschehen *(„förenklad delgivning")*. Bei dieser Zustellungsart wird das zuzustellende Schriftstück per einfacher Post an den Empfänger übermittelt, wenn die Adresse des Empfängers der Behörde bekannt ist (§ 3 a Abs. 1) und dem Empfänger zuvor Mitteilung über die vereinfachte Zustellung gemacht worden ist (§ 3 a Abs. 2).

498 Delgivningsförordningen (1979:101).

499 Strömberg, Allmän förvaltningsrätt, S. 199.

500 RÅ 1966:4.

501 RÅ 1968:3.

502 Strömberg, Allmän förvaltningsrätt, S. 123.

503 Prop. 1997/98:45, bilaga 1, S. 490.

gebungsverfahren sowohl vom Justizausschuss[504] als auch vom Landwirtschaftsausschuss[505] geteilt. *Lagrådet* bezog sich bei seiner Empfehlung unmittelbar auf die Begründung des Gesetzesvorschlags der Regierung, wonach das Recht der Verbände, bestimmte Entscheidungen anfechten zu dürfen, unabhängig davon bestehen sollte, ob ein im vorangegangenen Verwaltungsverfahren Beteiligter die Angelegenheit selbst weitergeführt hatte.[506] Besteht ein nicht abgeleitetes, originäres Anfechtungsrecht für Umweltorganisationen, müssen auch dessen formelle Voraussetzungen zweifelsfrei geklärt sein. Da nach dem Willen der Regierung umgekehrt nach Rechtskraft der Entscheidung zwischen den im Ausgangsverfahren Beteiligten diese auch gegenüber Dritten, insbesondere gegenüber den Umweltorganisationen, rechtskräftig sein sollte,[507] hielt es *Lagrådet* zur Erreichung des gewünschten Zwecks für geboten, eine entsprechende gesetzliche Bestimmung über den Beginn und den Lauf der Anfechtungsfrist einzuführen[508]. *Lagrådet* empfahl der Regierung daher, eine entsprechende Bestimmung ins Umweltgesetzbuch aufzunehmen, um Unklarheiten über die gewünschte Rechtswirkung der Verwaltungsentscheidungen gegenüber den Umweltverbänden zu beseitigen.[509] Die Regierung folgte dem Vorschlag und fügte die von *Lagrådet* vorgeschlagene Formulierung der Vorschrift des 16. Kapitels, § 13 als dritten Absatz an.[510]

Nach Ansicht des Justizausschusses war die Fassung der Vorschrift nicht ganz geglückt.[511] Da die vorgeschlagene Vorschrift bestimmte, dass das Rechtsmittel eines Verbandes nicht zulässig sei, wenn die Anfechtungsfrist für die im Ausgangsverfahren Beteiligten abgelaufen sei, sei es nach Ansicht des Justizausschusses möglich, den Inhalt der vorgeschlagenen Vorschrift so zu verstehen, dass ein Verband nur dann Rechtsmittel gegen eine Verwaltungsentscheidung einlegen dürfe, wenn einer der Beteiligten die Entscheidung seinerseits angefochten habe.[512] Möglicherweise sei die Norm auch so zu verstehen, dass ein Verband eine Entscheidung nicht innerhalb der Anfechtungsfrist, die für die Beteiligten gilt, anzufechten brauche, sondern dass die Möglichkeit zur Anfechtung

504 1997/98:JuU4y.

505 1997/98:JoU20, S. 375 f.

506 Prop. 1997/98:45, Abschnitt 4.26, S. 482.

507 NJA II. 1998, S. 751.

508 Prop. 1997/98:45, bilaga 1, S. 491.

509 Der Wortlaut des dritten Absatzes war: „Eine Anfechtung gemäß Absatz 1 wird nicht überprüft, wenn das Urteil oder der Beschluss gegen diejenigen, die Parteien oder sonst als Verfahrensbeteiligte klage- oder antragsberechtigt gewesen sind, rechtskräftig geworden ist.", vgl. prop. 1997/98:45, bilaga 1, S. 491.

510 Prop. 1997/98:45, bilaga 1, S. 491.

511 1997/98:JuU4y.

512 Ebenda.

weiter eröffnet sei, auch wenn die Entscheidung nur deshalb nicht rechtskräftig geworden sei, weil sie von einem Beteiligten angefochten worden sei.[513] Es ging also um die Frage des Umgangs mit Anschlussrechtsmitteln. Der Justizausschuss schlug daher seinerseits einen geänderten Wortlaut vor; diese Fassung ist schließlich im 16. Kapitel, § 13 Abs. 3 MB gesetzlich gefasst worden.[514]

(ii) Dauer der Anfechtungsfrist

Die Anfechtungsfrist beträgt nach den allgemeinen Vorschriften drei Wochen nach Bekanntgabe der Entscheidung beim Anfechtungsberechtigten, vgl. § 23 FL und § 6 a FPL.

(iii) Ende der Anfechtungsfrist

Die Anfechtungsfrist endet wie eben dargestellt nach Ablauf der Dreiwochenfrist ab Bekanntgabe beim Adressaten. Damit ist jedoch nichts über deren Ende in bezug auf andere von der Entscheidung Betroffene ausgesagt. Wenn mehrere Beteiligte in ein Verfahren involviert gewesen sind und ein Beteiligter von der Entscheidung der Verwaltung später Kenntnis erhält, stellt sich die Frage, wann das Anfechtungsrecht einer Umweltorganisation erlischt, mit erster erfolgter Bekanntgabe oder mit letzterfolgter Bekanntgabe. Legt man den Wortlaut der Vorschrift nach Änderung durch *Lagrådet* und den Justizausschuss zugrunde, reicht es einer Umweltorganisation, sich auf die zuletzt erfolgte Bekanntgabe zu berufen, es sei denn, die Umweltorganisation hat zuvor Kenntnis von der Entscheidung erlangt, was allerdings von der betreffenden Behörde in einem Rechtsstreit sicher nachgewiesen werden müsste.

(2) Befassung in der Unterinstanz

Ein weiteres im Gesetzgebungsverfahren diskutiertes Problem war, ob der Anfechtungsberechtigte bereits in der Unterinstanz am Verfahren beteiligt gewesen sein musste.[515] Schwedens größter Umweltverband, *Naturskyddsföreningen*, lehnte eine solche Einschränkung, wie auch *Koncessionsnämden*, ab.[516] Der

513 Ebenda.

514 Absatz 3 lautet: „Eine Umweltorganisation, die ein Urteil oder einen Beschluss gemäß Absatz 1 anfechten möchte, soll dies tun, bevor die Anfechtungsfrist für diejenigen abgelaufen ist, die Partei gewesen sind oder sonst als Beteiligte das Klagerecht in dem Rechtsstreit oder der Angelegenheit gehabt haben.“

515 NJA II. 1998, S. 755.

516 Ebenda.

dogmatische Ansatzpunkt für die Ablehnung ist offensichtlich: Wenn es einem Bürger möglich ist, die Entscheidung eines bereits abgeschlossenes Verwaltungsverfahrens, in dem er nicht beteiligt gewesen ist, im Wege etwa einer Nachbarklage anzufechten, sollte dieses Recht auch den Verbänden gegeben werden.[517]

(3) Exkurs: Wirksamkeit einer Entscheidung/Vollstreckbarkeit

Eine gesetzliche Regelung über die Wirksamkeit und Vollsteckbarkeit gibt es im schwedischen Verwaltungsrecht nicht.[518] Klarheit besteht nur bei nicht anfechtbaren Beschlüssen; diese werden unmittelbar mit Bekanntgabe an den Empfänger rechtskräftig und sind somit sofort nach ihrer Bekanntgabe auch vollziehbar.[519] Ob anfechtbare Entscheidungen sofort nach Bekanntgabe rechtskräftig und vollziehbar werden, ist strittig.[520]

Einen generellen Suspensiveffekt hat die Anfechtung einer Verwaltungsentscheidung nicht. Ausdrückliche Bestimmungen, dass eine Verwaltungsentscheidung solange keine Rechtswirkungen entfaltet, wie sie nicht rechtskräftig geworden ist, sind selten. Dies soll nach einer Ansicht darauf schließen lassen, dass eine solche Regelung selbstverständlich sei und dass damit eine gesetzliche Normierung überflüssig sei.[521] Gegen einen solchen grundsätzlichen Suspensiveffekt spricht jedoch die Vorschrift des § 29 FL, wonach die zur Überprüfung der angefochtenen Entscheidung berufene Behörde bis auf weiteres ausdrücklich die Nichtvollziehung der Entscheidung anordnen darf *(sog. „inhibition“)*.[522] Eine diesen Grundsatz wiederholende Vorschrift findet sich auch in § 28 FPL: Danach darf ein Verwaltungsgericht anordnen, dass eine angefochtene Verwal-

---

517 Möglicherweise war diese Diskussion durch die neue Rechtslage in Dänemark beeinflusst, die eine Registrierung von Organisationen vorsah und Behörden verpflichtete, den registrierten Verbänden Mitteilung über getroffene Entscheidungen zu machen, zur Rechtslage in Dänemark siehe oben C) III) 2) b) (1).

518 Warnling-Nerep, En introduktion till förvaltningsrätten, S. 56.

519 Strömberg, Allmän förvaltningsrätt, S. 127.

520 Warnling-Nerep, En introduktion till förvaltningsrätten, S. 56.

521 Strömberg, Allmän förvaltningsrätt, S. 127. Darüber hinaus enthalten solche Bestimmungen meist Regelungen, die eine unmittelbare Vollziehung einer noch nicht rechtskräftigen Entscheidung ermöglichen wie bspw. im 8. Kapitel, § 7 Abs. 1 des Ausländergesetzes *(„utlänningslag“)*. Andere Gesetze geben der Verwaltung die Möglichkeit, eine Entscheidung für sofort vollziehbar zu erklären, ohne dass eine Klage hiergegen aufschiebende Wirkung hätte, wie z.B. § 40 Abs. 3 des Gesetzes mit besonderen Bestimmungen über die Kindspflege *(„Lag (1990:52) med särskilda bestämmelser om vård av unga“)*. Beide Beispiele als gesondert geregelte Ausnahmen zeigen, dass in der Regel zur Vollziehung einer Entscheidung deren Rechtskraft erforderlich ist.

522 So auch: Westerlund in: Hallo, Access to Environmental Information in Europe, S. 302.

tungsentscheidung bis auf weiteres nicht wirksam sein soll, wenn diese Entscheidung sonst sofort vollstreckbar wäre.

Aus Gründen der Rechtssicherheit dürfte jedoch Rechtskraft als Voraussetzung für die Vollziehung einer Entscheidung zu fordern sein. Man mag an Ausnahmen denken, etwa Fälle, in denen eine Entscheidung ihrer Natur nach unmittelbar vollzogen werden muss oder wenn ein wichtiges Allgemeininteresse eine umgehende Vollziehung verlangt, etwa bei einem Verstoß gegen die öffentliche Sicherheit und Ordnung.[523] Unabhängig davon muss eine Behörde andererseits auf die Interessen des Adressaten gebührend Rücksicht nehmen; es ist zu darauf abzustellen, inwieweit die Verwaltungsentscheidung in die Rechte des Adressaten eingreift und ob eine sofortige Vollziehung der Entscheidung irreparable Schäden mit sich bringt, die auch in einem Anfechtungsverfahren nicht mehr rückgängig gemacht werden können und es damit überflüssig würde.[524] Gleichermaßen ist nach der Rechtsprechung auf den wahrscheinlichen Ausgang eines Anfechtungsverfahrens abzustellen: Ist es wahrscheinlich, dass die angefochtene Verwaltungsentscheidung nicht bestehen bleibt, kann die Entscheidung nicht sofort vollzogen werden.[525]

Die Vollziehung einer Entscheidung erfolgt üblicherweise nicht durch einen eigenen, selbständigen Beschluss der Behörde. Mitunter werden in der Ausgangsentscheidung Ausführungen zur Vollziehung der Entscheidung gemacht, etwa, wie vorstehend ausgeführt, zur Anordnung der sofortigen Vollziehung oder umgekehrt über die Aufschiebung der sofortigen Vollziehung. Einige Gesetze sehen solche eigenständigen Beschlüsse im Bereich der Vollziehung jedoch vor.[526] Weiter werden Vollziehungsbeschlüsse immer dann gefasst, wenn entscheidende Behörde und vollziehende Behörde auseinanderfallen. Muss beispielsweise die Gerichtsvollzugsbehörde *(„Kronofogdemyndigheten")* ein Zwangsgeld für eine andere Behörde einreiben, beschließt diese zunächst über die Zulässigkeit der Amtshilfe zugunsten der sie ersuchenden Behörde.[527]

523 Strömberg, Allmän förvaltningsrätt, S. 128.

524 Warnling-Nerep, En introduktion till förvaltningsrätten, S.56.

525 In dem Rechtsfall RÅ 1981 2:33, S. 353 hatte *Regeringsrätten* über die Nachbaranfechtung einer Baugenehmigung und die Ausnahme vom sog. „Verbot der Grenzbebauung" *(„tätbebyggelseförbud")* zugunsten eines Bauunternehmens zu entscheiden. Das Gericht verweigerte die Inhibition, da es nach seiner Auffassung überwiegend wahrscheinlich war, dass die Baugenehmigung samt Ausnahme in der Hauptsache bestehen bleiben würde.

526 Im Gesetz mit besonderen Bestimmungen über die Kindspflege (vgl. Fn. 500) gibt es eine solche Zweiteilung: Wenn das Verwaltungsgericht *(„länsrätt")* über die Anordnung der Pflegschaft nach diesem Gesetz beschlossen hat (§ 2 Abs. 1), entscheidet das Sozialamt *(„socialnämnd")* gemäß § 11 darüber, wie die Pflegschaft des Kindes im einzelnen durchzuführen ist und wo sich das Kind während der Dauer der Pflegschaft aufzuhalten hat.

527 Strömberg, Allmän förvaltningsrätt, S. 130.

(4) Ort der Tätigkeit

Im Rahmen der Bearbeitung des Gesetzesvorschlages durch *Lagrådet* wurde im 16. Kapitel, § 13 Abs. 1 hinter die Worte „drei Jahre lang" die Worte „in Schweden" eingefügt. Damit ist klargestellt, dass die Umweltorganisation, die das Anfechtungsrecht für sich beanspruchen möchte, auf jeden Fall ihre Aktivitäten in Schweden ausgeübt haben muss. Tätigkeiten im Ausland sind damit nicht anrechenbar. Daraus ergibt sich, dass im Ausland tätige Organisationen, auch wenn sie dort drei Jahre tätig waren, nicht klageberechtigt sein können. Anderes ergibt sich nur für Organisationen aus den Unterzeichnerstaaten der Nordischen Umweltschutzkonvention; diese können sich auf ihre Tätigkeit in den jeweiligen Heimatstaaten beziehen.[528] Wer genau Urheber dieser Änderung war, ist nicht ermittelbar.[529] Im Ergebnis bedeutet diese Ergänzung jedoch eine weitere stille Aushöhlung des Verbandsklagerechts. Es dürfte auf der Hand liegen, dass auf diese Weise versucht wurde, den Kreis der Berechtigten weiter einzuschränken und dass so den Ängsten vor Missbrauch des Anfechtungsrechts entgegengetreten werden konnte.

b) Zwischenergebnis

Als Zwischenergebnis kann festgehalten werden, dass die Änderungswünsche von *Lagrådet* sämtlich von der Regierung umgesetzt wurden und in die schließlich Gesetz gewordene Formulierung der Vorschrift des 16. Kapitels, § 13 MB – auch unter Berücksichtigung der Empfehlung des Justizausschusses über die Behandlung von Anschlussrechtsmitteln – aufgenommen wurden.

V) Die Einbettung des Anfechtungsrechts für Umweltorganisationen in den Instanzenzug der Umweltverwaltung und Umweltgerichtsbarkeit

Im 16. bis 25. Kapitel des Umweltgesetzbuches sind eigene Verfahrensregeln für die Angelegenheiten des Umweltrechts niedergelegt. Das 16. Kapitel behandelt allgemeine Regeln über die Prüfung von umweltrechtlichen Angelegenheiten. Das 17. Kapitel behandelt die Fälle, in denen die Regierung erste Prüfungsin-

---

528 *Nordiska miljöskyddskonventionen* vom 19.2.1974 zwischen Dänemark, Finnland, Norwegen und Schweden, transformiert durch das Gesetz (1974:268), abzurufen unter: www.norden.org/www/avtal/miljo/sk/konvention-sv.asp.

529 Ebbesson, JT 1999–2000, 4 (20).

stanz ist, das 18. Kapitel solche, in denen die Regierung in zweiter Instanz entscheidet. Die Vorschriften des 19. Kapitels regeln das Verfahren der Verwaltungsbehörden und Kommunen. Das 20. Kapitel enthält Bestimmungen über die Errichtung und die Zusammensetzung der Umweltgerichte. In den Folgekapiteln werden die Vorschriften über das Verfahren an den einzelnen Gerichten (21. Kapitel: Verfahren an den Umweltgerichten, 22. Kapitel: Verfahren an den Umweltgerichten in Antragsverfahren/objektiven Verfahren und 23. Kapitel: Verfahren am Umweltobergericht und *Högsta domstolen)* beschrieben. Das 24. Kapitel enthält die rechtlichen Wirkungen der Entscheidungen nach dem Umweltgesetzbuch, das 25. Kapitel enthält Regelungen zu den Verfahrenskosten.

1) Einführung eines eigenen Umweltverfahrens- und Umweltprozessrechts im Umweltgesetzbuch

Im ersten Vorschlag zu einem einheitlichen Umweltgesetzbuch der bürgerlichen Regierung vom 18. August 1994 fanden sich weder zum Verfahren der Verwaltung oder der Gerichte noch zum Instanzenzug eigene Vorschläge. Als einzige verfahrensrechtliche Neuerungen waren dort die Einführung des Umweltombudsmannes[530] und die Übernahme der bereits bekannten Organisationsklagerechte aus einigen Einzelgesetzen[531] geplant.[532] Nach Ansicht der Regierung Carlsson sollte das Gesetzbuch nicht nur das materielle Umweltrecht vereinheitlichen und zusammenfassen, sondern es sollte darüber hinaus auch eigene Regelungen über das Verfahren der Umweltverwaltung und der Überprüfung der Verwaltung durch besondere Gerichte beinhalten.[533] Nach Ansicht der Regierung war aufgrund der unübersichtlichen Gesetzeslage betreffend die Prüfung von Umweltangelegenheiten sowohl die Zuständigkeit der einzelnen Behörden als auch die Zuständigkeit der jeweiligen Gerichte ausdrücklich im Gesetzbuch zu regeln. Insoweit wurde der Arbeitsgruppe Umweltgesetzbuch ein Zusatzauftrag erteilt, einen Vorschlag zur Änderung der Organisationsstruktur des Umweltverwaltungsrechts zu ändern. In ihrem an *Lagrådet* remittierten Vorschlag benannte die Regierung im wesentlichen drei Argumente, die für die Einführung eines eigenen Prüfungssystems im Rahmen des Umweltgesetzbuches sprachen. Zum einen wurde an die Vorgaben der Europäischen Menschenrechtskonvention

530 Prop. 1994/95:10, Abschnitt 4.16, S. 220.
531 Prop. 1994/95:10, Abschnitt 4.17, S. 226.
532 Siehe oben C) III) 1) b) (3).
533 Prop. 1997/98:45, Abschnitt 4.16, S. 422 ff.

erinnert. Weiter sollte die Anwendung des Instituts der Rechtsprüfung begrenzt und drittens die Regierung als oberste Prüfungsinstanz entlastet werden.[534] Hinzu kamen Überlegungen hinsichtlich der Rechtssicherheit der Verfahren und der Schaffung einer einfachen Zuständigkeitsordnung, was beides natürlich auch die Effektivität und die Kosten der Verfahren betraf.[535] Die Regierung schlug die Errichtung regionaler Umweltgerichte *(„miljödomstolar")* und eines Umweltobergerichts *(„Miljööverdomstol")* als zweite Tatsacheninstanz vor. Rechtsprüfungsinstanz sollte der Höchste Gerichtshof *(„Högsta domstolen")* sein. Im Gegenzug war geplant, *Koncessionsnämnden* und die Wassergerichte abzuschaffen.[536]

2) Der Aufbau der Umweltgerichtsbarkeit

Wie von der Regierung vorgeschlagen, stellt sich der Umweltgerichtsaufbau heute wie folgt dar:

a) Spruchkörper

Besondere Spruchkörper sind die Umweltgerichte, das Umweltobergericht und der Oberste Gerichtshof. Die Umweltgerichte *(„miljödomstolar")* sind funktional an die Amtsgerichte *(„tingsrätter")* angeschlossen, wobei nicht allen Amtsgerichten ein Umweltgericht zugeordnet ist, sondern nur denjenigen, die die Regierung per Verordnung bestimmt hat.[537] Von der Verordnungsermächtigung hat sie Gebrauch gemacht und die *tingsrätter* in Stockholm, Växjö, Vänersborg, Östersund und Umeå in § 1 der Verordnung über die örtliche Zuständigkeit der Umweltgerichte[538] bestimmt. Zur tatsächlichen und rechtlichen Überprüfung der Entscheidungen der regionalen Umweltgerichte ist ein Umweltobergericht *(„Miljööverdomstolen")* bei Svea Hofgericht *(„Svea hovrätt")*,[539] einem der Berufungsgerichte der ordentlichen Gerichtsbarkeit,[540] eingerichtet worden, das allen Umweltgerichten nachgeschaltet ist. Als Revisionsinstanz fungiert das

534 Die Arbeitsgruppe benannte neun Einzelaspekte, vgl. Prop. 1997/98:45, S. 452.

535 Prop. 1997/98:45, S. 452 f.

536 Prop. 1997/98:45, S. 452.

537 20. Kapitel, § 1 Abs. 1 MB.

538 *Förordning (1998:1323) om miljödomstolarnas domkretsar.*

539 20. Kapitel, § 1 Abs. 2 MB.

540 2. Kapitel des Gesetzbuchs (1942:740) über Gerichtsverfahren *(„Rättegångsbalken"). Svea hovrätt* war seinerzeit jedoch auch das Berufungsgericht in Angelegenheiten nach dem Wassergesetz, s.o. B) III) 1) f), so dass die Regierung die Berufung dieses Gerichts als Umweltobergericht als selbstverständlich ansah, Prop. 1997/98:45, S. 456.

höchste Gericht der ordentlichen Gerichtsbarkeit, der Oberste Gerichtshof *(„Högsta domstolen“).*[541]

b) Zusammensetzung

Die Umweltgerichte sind mit einem Vorsitzenden, der erfahrener Amtsrichter sein muss, einem sog. „Umweltrat“ *(„miljöråd“)* und zwei Sachverständigen besetzt.[542] Der Umweltrat muss über eine technische oder naturwissenschaftliche Ausbildung und über Erfahrung in Umweltfragen verfügen, einer beiden Sachverständigen muss über Erfahrung in Angelegenheiten verfügen, die in den Tätigkeitsbreich von *Naturvårdsverket* fallen, der zweite Sachverständige muss über Erfahrung entweder im kommunalen oder im industriellen Bereich verfügen und wird vom Vorsitzenden im Einzelfall bestimmt.[543] Die Besetzung des Umweltobergerichts variiert. Es müssen mindestens vier und höchstens fünf Mitglieder im Spruchkörper sein, drei davon Berufsrichter, die anderen Umwelträte.[544] Sofern über die Zulassung zur Berufung entschieden wird, reichen drei Berufsrichter, einer kann durch einen Umweltrat ersetzt werden.[545] Für die Zusammensetzung der Richter in *Högsta domstolen* bleibt es bei den Regelungen des RB.[546]

c) Prüfungsumfang

Die Umweltgerichte prüfen in erster Instanz u.a. Anträge auf Erteilung von Genehmigungen für umweltgefährdende Tätigkeiten, wasserbezogenen Tätigkeiten und Wasseranlagen sowie Entschädigungsfragen, Klagen über Verbote oder Einschränkung von Tätigkeiten, die nicht von einer Genehmigung gedeckt sind und die Verteilung der solidarischen Verantwortlichkeit nach Kapitel 10 MB bezüglich verunreinigter Gebiete.[547] Als zweite oder dritte Instanz, je nachdem, ob eine Kommune oder die Provinzialregierung als ersten Instanz entschieden hat, prüft das Umweltgericht Anfechtungen der Entscheidungen einer Provinzialregierung oder einer zentralen Behörde.[548] Das Umweltobergericht überprüft die Entscheidungen der Umweltgerichte in rechtlicher wie in tatsächlicher Hinsicht.

541 20. Kapitel, § 1 Abs. 3 MB.
542 20. Kapitel, § 4 Abs. 1 MB.
543 20. Kapitel, § 4 Abs. 2 MB.
544 20. Kapitel, § 11 Abs. 2 MB.
545 20. Kapitel, § 11 Abs. 3 MB.
546 SFS (1942:740).
547 20. Kapitel, § 2 Abs. 1 MB.
548 20. Kapitel, § 2 Abs. 2 MB.

Bei der Anfechtung eines Urteils oder einer Entscheidung (im Sinne eines Verwaltungsakts) des Umweltgerichts zum Umweltobergericht gilt, dass das Umweltobergericht zunächst die Zulassung des Rechtsmittels prüft, wenn die Sache bei einer Behörde begonnen hat und das Umweltobergericht in diesem Instanzenzug die letzte Instanz ist.[549]

Strafverfahren wegen Verstößen gegen Strafbestimmungen im Umweltgesetzbuch sind nicht der besonderen Umweltgerichtsbarkeit zugeordnet, sondern vor den allgemeinen Strafgerichten nach den Vorschriften des RB über den Strafprozess zu verhandeln.[550]

An der Zuständigkeit der Regierung für die Prüfung von Großanlagen[551] sollte sich im Wesentlichen nichts ändern. Gleiches gilt für deren gerichtliche Überprüfung.

d) Prüfungsordnung/Verfahrensrecht

Welche Verfahrensvorschriften die Gerichte anzuwenden haben, richtet sich nach der jeweiligen Tätigkeit. Grundsätzlich[552] gelten für alle Umweltgerichte, das Umweltobergericht und *Högsta domstolen* die Regelungen aus RB über Zivilstreitigkeiten.[553] Für Angelegenheiten, die zu den Umweltgerichten oder zum Umweltobergericht angefochten worden sind, gelten grundsätzlich die Vorschriften des Verwaltungsprozessgesetzes (FPL).[554] Wenn eine Umweltorganisation aufgrund des 16. Kapitels, § 13 MB klagt, ist die Vorschrift des § 7 a FPL nicht anwendbar, welche besagt, dass die Behörde, die in der Sache zuerst entschieden hat, die Gegenpartei *(„motpart“)* im Rechtsstreit ist. In Bußgeldange-

549 23. Kapitel, § 1 Abs. 2 MB.

550 Sog. *„Regler om brottmål“*. Diese sind auf das Prozessgesetzbuch *(„Rättegångsbalk“)* verteilt: Allgemeine Vorschriften über den Strafprozess finden sich im 19. bis 31. Kapitel sowie im 32. bis 34. Kapitel und im 35. bis 41. Kapitel (Beweismittel), die auch für Zivilverfahren gelten. Im 45. bis 48. Kapitel finden sich die Vorschriften für das Verfahren vor dem erstinstanzlichen Gericht, im 49. bis 50. Kapitel Vorschriften über das Verfahren in Berufungsangelegenheiten sowie im 54. bis 57. Kapitel die Vorschriften für das Verfahren vor dem Obersten Gerichtshof.

551 Siehe oben B) III) 1) a).

552 20. Kapitel, § 3 Abs. 1 MB.

553 Sog. *„Regler om tvistemål“*. Diese sind auf das Prozessgesetzbuch *(„Rättegångsbalk“)* verteilt: Allgemeine Vorschriften über den Zivilrechtsstreit finden sich im 10. bis 18. Kapitel sowie im 32. bis 34. Kapitel und im 35. bis 41. Kapitel (Beweismittel), die auch für Strafverfahren gelten. Im 42. bis 44. Kapitel finden sich die Vorschriften für das Verfahren vor dem erstinstanzlichen Gericht, im 49. bis 50. Kapitel Vorschriften über das in Berufungsangelegenheiten sowie im 54. bis 57. Kapitel die Vorschriften für das Verfahren vor dem Obersten Gerichtshof.

554 20. Kapitel, § 3 Abs. 3 MB.

legenheiten gelten die Vorschriften des RB für Strafverfahren, allerdings nur die Regelungen für Anklagen wegen Straftaten, für die schwerere Strafen als Geldstrafe nicht vorgeschrieben sind.[555]

3) Stellungnahme von *Lagrådet* im Gesetzgebungsverfahren

Der von der Regierung vorgeschlagene Verwaltungs- und Gerichtsaufbau wie auch die vorgeschlagenen anwendbaren Verfahrensregeln wurden von *Lagrådet* in mehrfacher Hinsicht kritisiert.[556] Zum einen bemängelte er, dass das vorgeschlagene System dazu führe, dass die Gerichte originäre Prüfungsaufgaben der Verwaltung in den erstinstanzlichen Genehmigungsverfahren zu übernehmen hätten, was zu Unübersichtlichkeit führe und einem modernen Regelwerk mit so weitreichenden Zügen nicht gerecht werde.[557] Zum anderen wandte sich *Lagrådet* dagegen, dass unterschiedliche Verfahrensrechte anzuwenden sein sollten, je nachdem, ob das Umweltgericht als Eingangs- oder Anfechtungsinstanz zuständig sein sollte.[558] Darüber hinaus bemängelte *Lagrådet*, das geplante Rechtsmittelverbot gegen bestimmte Entscheidungen des Umweltobergerichts führe dazu, dass in diesen Fällen eine Rechtsprüfung durch ein Gericht, das ausschließlich die Anwendung und Auslegung von Recht prüft, nicht stattfindet, obwohl die Prüfungsgegenstände, nämlich die Genehmigungen von umweltgefährdenden Tätigkeiten, von keiner geringen Bedeutung seien.[559] Weiter wies *Lagrådet* darauf hin, dass auch die allgemeinen Verwaltungsgerichte in ihren Verfahren immer wieder Vorschriften des Umweltrechts anzuwenden hätten und dass die Abspaltung der Umweltgerichtsbarkeit aus der allgemeinen Verwal-

---

555 20. Kapitel, § 3 Abs. 2 MB.

556 *Lagrådet* spricht wörtlich von grundlegenden Bedenken in vielerlei Hinsicht: *(„principiella betänkligheter i flera hänseenden")*, vgl. Prop. 1997/98:45, bilaga 5, 16 kap., Allmänna synpunkter.

557 *Lagrådet* vermutete, dass die Regierung ohne weitere Prüfung in ihrem Vorschlag auf die Vorschriften des Wasserrechts zurückgegriffen hatte. In diesem Rechtsgebiet war bei Einführung des Wassergesetzes *(„Vattenlag")* die Frage diskutiert worden, ob Genehmigungsfragen erstinstanzlich von der Verwaltung geprüft und entschieden werden sollten. Der Vorschlag wurde jedoch zugunsten der Gerichtsalternative verworfen, da man einen Gleichlauf der Zuständigkeiten hinsichtlich der Genehmigungsprüfung und etwaiger Entschädigungsfragen – die von den Gerichten zu entscheiden waren – beibehalten wollte, vgl. Prop. 1997/98:45, bilaga 5, 16 kap., Allmänna synpunkter.

558 Prop. 1997/98:45, bilaga 5, 16 kap., Allmänna synpunkter.

559 Ebenda.

tungsgerichtsbarkeit zu unterschiedlichen oder sogar zu gegenläufigen Ergebnissen und Entscheidungen führen könne.[560]

Auch die personelle Zusammensetzung der Umweltgerichte mit Juristen, Naturwissenschaftler und anderen Sachverständigen hielt der Prüfung durch *Lagrådet* nicht stand. Nach seiner Auffassung gab es für eine solche Zusammensetzung – in speziellen Gerichten – keine Veranlassung, weil in den bisherigen Gerichtsverfahren mit Umweltbezug, die durch die allgemeinen Verwaltungsgerichte geführt worden waren, die urteilenden Richter in Zweifelsfragen immer auf außergerichtliche Sachverständige – über den von Amts wegen einzuholenden Sachverständigenbeweis[561] – zurückgreifen konnten.

4) Stellungnahme des Justizausschusses im Gesetzgebungsverfahren

In seiner Stellungnahme[562] zum Regierungsvorschlag nebst Anmerkungen von *Lagrådet* vom 30. September 1997[563] wies der Justizausschuss darauf hin, dass zukünftig unterschiedliche Gerichte für die Behandlung von Umweltangelegenheiten zuständig seien, nämlich die Umweltgerichte für die Verfahren und Angelegenheiten nach dem Umweltgesetzbuch und die allgemeinen Verwaltungsgerichte für die Verfahren etwa nach dem Baugesetz[564], die ebenfalls eine Prüfung nach dem Umweltgesetzbuch mit sich führten. Gleichermaßen bliebe die Überprüfung von Regierungsentscheidungen nach dem Gesetz über die Rechtsprüfung bestimmter Verwaltungsentscheidungen[565] hinsichtlich ihrer Rechtmäßigkeit beim Verwaltungsgerichthof und damit bei der allgemeinen Verwaltungsgerichtsbarkeit. Weiter wies der Justizausschuss darauf hin, dass die geplante Regelung, wonach Entscheidungen des Umweltobergerichts in Streitigkeiten, die ihren Ausgang bei einer Verwaltungsbehörde gehabt haben, nicht anfechtbar sein sollten, Rechtsunsicherheit mit sich brächte, da in diesen Angelegenheiten eine Revision und damit Rechtsfortbildung nicht stattfände. Schließlich teilte der Justizausschuss die Kritik *Lagrådets*, dass die Vielzahl der anzuwendenden Verfahrensvorschriften die Umweltgerichte vor Probleme stellen könnte.

560 Ebenda.
561 Der Sachverständigenbeweis wird gemäß § 24 FPL erhoben. Gemäß § 24 Abs. 2 FPL gelten die Vorschriften des 40. Kapitels, §§ 2–7 und 12 RB für die Beweiserhebung entsprechend.
562 Yttrande 1997/98 JuU4y.
563 Prop. 1997/98:45.
564 Plan- och byglagen (1987:10).
565 Lag (1988:205) om rättsprövning av vissa förvaltningsbeslut.

Gleichwohl stellte sich der Justizausschuss hinter den Regierungsvorschlag und wies darauf hin, dass es von großem Vorteil sei, die Spezialmaterie „Umweltrecht“ eigens hierfür gebildeten Gerichten mit entsprechend ausgebildeten Richtern und Beisitzern zu übertragen. Außerdem werde mit der geplanten Umweltgerichtsorganisation der zersplitterte Prüfungsaufbau in den einzelnen Umweltverfahren beseitigt. Weiter wurde angeführt, dass die Rechtsanwendung im Umweltbereich vereinheitlicht werde und somit größere Rechtssicherheit entstehe. Außerdem hätten die Umweltgerichte die Möglichkeit, sich in ihrem Spezialgebiet fachlich weiterzuentwickeln und somit zu einem Garanten für ein hochqualifiziertes Umweltgerichtssystem zu werden, was entsprechendes Vertrauen bei den Bürgern schaffe. Dass das Umweltobergericht in bestimmten Angelegenheiten Schlussinstanz ist, sei nach Ansicht des Justizausschusses ebenfalls kein Makel, denn auch in diesen Verfahren ständen dem Bürger drei Instanzen zur Verfügung.[566] Im übrigen sei darauf hinzuweisen, dass die Regierung die Anwendung des Umweltgesetzbuches genau beobachten werde und mit Gesetzesvorschlägen einschreiten werde, wenn sich Probleme herausstellten; das Umweltgesetzbuch sei eben nur ein „erster Schritt innerhalb einer umfassenden Reformarbeit auf dem Gebiet des Umweltrechts“.

5) Eigene Stellungnahme

Unter Beachtung der überkommenen Rechtsgrundsätze des schwedischen Verwaltungsrechts und damit des schwedischen Verwaltungsprozessrechts bzw. dem Instanzenzug in beiden Bereichen dürfte die Schaffung der Umweltgerichtsbarkeit mit einem nachvollziehbaren Rechtszug und nachvollziehbaren Verfahrensregeln sicherlich ein Gewinn für die Rechtssicherheit sein. Dem Rechtssuchenden wird ein nachvollziehbares Prüfungssystem vermittelt, dazu werden Gerichte geschaffen, die sich ausschließlich mit der Materie „Umweltrecht“ befassen, so dass hierdurch ein hohes Maß an Vertrauen in die Rechtsprechung dieser Gerichte geschaffen werden kann. Gleichwohl erscheint der eingeschlagene Weg als falsch und hinsichtlich der damit beabsichtigten Ziele kontraproduktiv. Stattdessen hätte der schwedische Gesetzgeber die Chance nutzen sollen und mit der einheitlichen materiellen Umweltgesetzgebung das System der allgemeinen Verwaltungsgerichte ausbauen, straffen und verbessern sol-

566 Nämlich die lokale oder untere Verwaltungsbehörde, das Umweltgericht und abschließend das Umweltobergericht, s.o. C) V) 2) c).

len.[567] Mit der Verabschiedung des einheitlichen Umweltgesetzbuches hätten die allgemeinen Verfahrensregeln des Verwaltungsgesetzes, insbesondere aber des Verwaltungsprozessgesetzes geändert, ergänzt und angeglichen werden können. Damit wäre man dem oft propagierten Ziel, die einzelnen Gerichtszweige zu vereinheitlichen und Sondergerichtsbarkeiten abzuschaffen, näher gekommen.[568]

Auch die Besetzung der einzelnen Abteilungen oder Kammern der Umweltgerichte bzw. des Umweltobergerichts ist keine zwingend positive Ausgestaltung. Seitens der Regierung wurde angeführt, dass Umweltgerichte mit ihrer besonderen Besetzung eingeführt werden sollen, um die Qualität der Entscheidungen zu sichern bzw. zu verbessern.[569] Diese Zielsetzung ist keinesfalls in Frage zu stellen, jedoch ist der eingeschlagene Lösungsweg umständlich und stellt daneben die Kompetenz der allgemeinen Veraltungsgerichte in Frage. Die Verfahrensgesetze, etwa *„rättegångsbalken"* und *„förvaltningsprocesslagen"*, kennen den Sachverständigen als Beweismittel. In den Angelegenheiten, die vor den allgemeinen Verwaltungsgerichten verhandelt werden, etwa nach dem Plan- und Baugesetz, muss ein Verwaltungsrichter in Teilfragen, die besondere Sachkunde erfordern, gemäß den Vorgaben des für ihn geltenden Verfahrensrechts das Gutachten eines Sachverständigen einholen, um eine relevante Teilfrage zu klären und schließlich zu seinem Urteil in der Sache zu gelangen. Eine Änderung dieses Prinzips ist weder diskutiert worden noch beabsichtigt, so dass nicht ersichtlich ist, warum man beim Umweltgesetzbuch den umgekehrten Weg eingeschlagen hat. Die größere Sachkunde des Gerichts mag auf den ersten Blick zwar ein Argument sein, ob diese Sachkunde bei der Vielzahl von Fällen mit Umweltbezug und der großen Anzahl von zu klärenden Teilfragen und Spezialgebieten tatsächlich erreicht wird, erscheint zumindest fraglich. Dennoch teilt man einem Umweltrichter in dessen Kammer Sachverständige bzw. Sachkundige als vollwertige stimmberechtigte Kammermitglieder zu und läuft Gefahr, damit die Funktion eines jeden Gerichts in Frage zu stellen. Denn die sachkundigen Mitglieder einer Kammer können jedenfalls bei einem unsicheren Berufsrichter mit juristischer Ausbildung ihre Meinung in Sachfragen durchsetzen und so letztlich diesen Berufsrichter in eine bestimmte Richtung lenken und damit das Urteil nachhaltig beeinflussen. Letztlich sprechen dann Mitglieder des Gerichts ein Urteil, ohne hierzu ausgebildet zu sein.

Darüber hinaus wird mit der Besetzung der Umweltgerichte faktisch die Trennung der Gewalten aufgehoben oder zumindest verwässert. Denn die beisitzen-

567 Ein Vorschlag, der im Gesetzgebungsverfahren geäußert wurde, Prop. 1997/ 98:45, S. 451 „Kammarrätten i Stockholm och Länsrätten i Stockholms län".

568 So auch *Lagrådet*, vgl. Prop. 1997/98:45, bilaga 1, Allmänna synpunkter.

569 Prop. 1997/98:45, S. 458.

den Sachkundigen sind alle ehemalige Mitglieder der Verwaltung und dort als Fachkräfte in bestimmten Bereichen weisungsgebunden tätig gewesen. Es erscheint fraglich, ob diese Personen sich immer auf ihre neugewonnene Unabhängigkeit besinnen, oder ob nicht alte Loyalität deren Handeln – und Richten! – bestimmt.

Auch wegen der verschiedenen Verfahrensordnungen, die die Gerichte anwenden müssen, dürfte es in der Praxis Probleme geben. Es ist nicht einsichtig, warum ein Gericht mal nach dem Verfahrensrecht des Umweltgesetzbuches und subsidiär einer Zivilprozessordnung entscheiden soll, in anderen Fällen aber das Verwaltungsprozessgesetz Anwendung findet oder sogar, wenn das Gericht gleichsam als Genehmigungsbehörde in erster Instanz tätig wird, nach dem Verwaltungsgesetz. Zwar ist es richtig, dass die Umweltgerichte die unterschiedlichen Aufgaben wahrnehmen, denen die benannten Verfahrensregeln zugeordnet sind. Jedoch sollte man einen Spruchkörper, der geschaffen wurde, um mit einer sehr speziellen vielschichtigen Materie umzugehen, nicht mit der Beachtung unterschiedlicher Verfahrensrechte belasten. Entscheidungen dieser Gerichte müssen auch formell Bestand haben.

Neben der bereits oben angesprochenen Verwässerung der Trennung der vollziehenden und der rechtsprechenden Gewalt wegen der Besetzung der Gerichte mit Mitarbeitern der Verwaltung ist auch zu kritisieren, dass Gerichte als Prüfungsbehörden vorgesehen sind und damit originäre Aufgaben der vollziehenden Gewalt wahrnehmen sollen. Warum die Prüfungsaufgaben durch Organe der Judikative wahrgenommen werden sollen, ist im Gesetzgebungsverfahren nicht erläutert worden. Ein zwingender Grund dürfe hierfür auch nicht ersichtlich sein. Letztlich entscheiden damit über Genehmigungsfragen diejenigen Beamten, die zuvor bei den einzelnen Behörden gearbeitet haben, nur dass sie diese Tätigkeit im Gewande eines Gerichtes erfüllen.

Zwar mag dies alles in der öffentlichrechtlichen Tradition Schwedens liegen, jedoch hat man in den 1970er und 1980er Jahren versucht, das Verwaltungsrecht und die Verwaltungsgerichtsbarkeit so zu vereinheitlichen, dass die Gerichte nur Aufgaben der Rechtsprechung wahrnehmen und Entscheidungen der Verwaltung überprüfen sollten. Damit hatte man versucht, den rein verwaltungsinternen Prüfungsaufbau zu verlassen und die Entscheidungen der Verwaltung auf ihre Rechtmäßigkeit hin von unabhängigen und von der Verwaltung getrennten Gerichten zu überprüfen. Schließlich sollte damit mehr Rechtssicherheit und Vertrauen der Bürger in den Staat erreicht werden. Es ist nicht einsichtig, warum diese Reformen nicht weiterbetrieben werden, sondern man sich an überkommenen Gesetzen, namentlich dem Wassergesetz, orientiert und Gerichte einrichtet, die letztlich, so wie die Wassergerichte auch,[570] eigentlich Teil der Verwaltung sind bzw. in ihr aufgehen. Um den besonderen Anforderungen der Materie „Umweltrecht" zu entsprechen, wäre eine bessere materiellrechtliche Ausbildung der Verwaltungsrichter und ein auf diese Weise gefördertes umweltrechtliches Problembewusstsein ausreichend und wirkungsvoll gewesen.

VI) Verfahrenskosten/Kostenrisiko der Umweltorganisationen

Gemäß dem 25. Kapitel, § 2 Abs. 1 Satz 3 i.V.m. Satz 1 MB ist eine Umweltorganisation nicht berechtigt, ihre außergerichtlichen Kosten erstattet zu bekommen, die sie in einem Antragsverfahren über wasserbezogene Tätigkeiten und in den Antragsverfahren gemäß dem 21. Kapitel, § 1 MB gehabt hat. Gleiches gilt für Verfahren über die Bildung von Zusammenschlüssen für Bodenentwässerung, Bewässerung oder Wasserregulierung, 25. Kapitel, § 2 Abs. 1 Satz 2 MB. Umgekehrt ist eine Umweltorganisation auch nicht verpflichtet, Kosten für die Rechtsverfolgung zu übernehmen, 25. Kapitel, § 2 Abs. 1 Satz 3 MB.

VII) Erfahrungen mit dem Anfechtungsrecht für Umweltorganisationen nach dessen Einführung

Die vielseitige Begrenzung im Tatbestand führt dazu, dass nur wenige Umweltorganisationen in Schweden sich auf das eingeführte Verbandsklagerecht berufen.[571] Neben *Naturskyddsföreningen* kann noch Schwedens Ornithologische Vereinigung *(„Sveriges ornitologiska förening")* zu den begünstigten Organisationen gezählt werden.[572] In denjenigen Fällen, in denen eine Vereinigung eine Landesorganisation unterhält, die ihrerseits das Mitgliederkriterium erfüllt und in regionale Untergliederungen unterteilt ist, die jeweils das Mitgliederkriterium nicht erfüllen, besteht auch für die einzelnen regionalen Untergliederungen das Klagerecht aus dem 16. Kapitel, § 13 MB, wie das Umweltobergericht jüngst entschied.[573] In diesem Rechtsfall hatten die Untergliederungen der Ornithologischen Vereinigung u.a. aus Göteborg, Bohuslän und Västergötland ein Urteil des Umweltgerichts betreffend die Vertiefung der Fahrrinne im Göteborger Hafen zum Umweltobergericht angefochten. Das Gericht akzeptierte die Anfechtung

570 NJA II. 1998, S. 768.
571 Ebbesson, JT 1999–2000, 3 (18 ff.).
572 Michanek/Zetterberg, Den svenska miljörätten, S. 352.
573 Miljööverdomstolen beslut i protokoll 2003–06–02 i mål M 6782–1.

dieser personenmäßig relativ kleinen lokalen Untergliederungen mit der Begründung, es gehe davon aus, dass das Verfahren letztlich von *Svenska ornitologiska föreningen*, also dem Landesverband, geführt würde. Diese Fiktion führt zu einer tatsächlichen quantitativen Ausweitung des Anfechtungsrechts. Denn es ist fraglich, ob der Dachverband einer Umweltorganisation jedes Mal selbst solche Klagen mit besonderem geografischen Bezug führen würde. Die betroffenen regionalen und lokalen Untergliederungen werden hier offensiver vorgehen und gerade Verstöße „vor der eigenen Haustür" schneller angehen. Anderenfalls hätte jede Untergliederung im Einzelfall verbandsintern vorgehen und sein Klagebegehren bis in die Verbandsspitze (des Landesverbandes) erklären und rechtfertigen müssen, was sicher mit Reibungsverlusten einher gegangen wäre.

Statistische Erhebungen über das Ausnutzen des Verbandsklagerechts aus dem 16. Kapitel, § 13 MB fehlen bislang. Eine Nachfrage beim Statistischen Landesamt bestätigte, dass solche Erhebungen bislang nicht angestellt worden sind. Es muss daher auf weitere Einzelfälle verwiesen werden, etwa auf ein älteres Urteil des Umweltobergerichts, das sich ebenfalls mit der Klageberechtigung einer lokalen Untergliederung – von *Naturskyddsföreningen* – auseinandersetzte.[574]

574 Miljööverdomstolen beslut i mål M 2676–00.

D) Auswirkungen internationaler und supranationaler Verpflichtungen Schwedens auf das schwedische Verbandsklagerecht

I) Aarhus-Konvention

1) Entstehung der Aarhus-Konvention

a) Erste globale Umweltkonferenz in Stockholm 1972

Vom 5. bis 16. Juni 1972 fand in Stockholm die erste Umweltkonferenz der Vereinten Nationen globalen Zuschnitts statt.[575] An ihr nahmen 114 Staaten und eine große Anzahl von Nichtregierungsorganisationen als Beobachter teil.[576] Die Konferenz sollte nach den Vorstellungen der UN ein Forum dafür bieten, Umweltschutzprobleme in ihrer Gesamtheit zu behandeln und Möglichkeiten für eine koordinierte wirksame Bewältigung der ökologischen Probleme zu diskutieren, die seinerzeit erkennbar waren und deren Lösung durch einzelne Programme der UN nicht hatte erreicht werden können.[577] Am Ende der Konferenz standen zwar keine verbindlichen Ergebnisse.[578] Allerdings wurde die Konferenz mit einer inhaltlich weitreichenden Schlusserklärung (sog. „Stockholmer Deklaration“) abgeschlossen, in der neben einem klar formulierten Prinzipienkatalog[579] sowie einer Resolution über institutionelle und finanzielle Abmachungen auch ein aus 109 Empfehlungen bestehender Aktionsplan enthalten war, wie unter anderem auch die Forderung nach dem Zugang der Öffentlichkeit zu Informationen über die Umwelt.[580]

---

575 United Nations Conference on Human Environment (UNCHE). Grundlage für die Einberufung der Konferenz war die Resolution 2398 (XXIII) der UN-Generalversammlung vom 3.12.1968, vgl. Sands, Principles of International Environmental Law, S. 36; Scheyli, Archiv des Völkerrechts, Heft 2/2000, S. 217 (222).

576 Nicht zu den Teilnehmerstaaten gehörten seinerzeit die Länder des Ostblocks, vgl. Beyerlin, Umweltvölkerrecht, S. 10, Rdn. 18 und FN 32.

577 Beyerlin, Umweltvölkerrecht, S. 10, Rdn. 17.

578 Sands, Principles of International Environmental Law, S. 36

579 Text abgedruckt in: ILM 11 (1972), 1416.

580 v. Danwitz, NVwZ 2004, 272 (273).

b) Die Konferenz von Rio de Janeiro 1992

Zum 20. Jahrestag der Stockholm-Deklaration wollte die UNO eine weitere umfassende Umweltkonferenz stattfinden lassen.[581] Den Beschluss zur Einberufung dieser Konferenz hatte die UN-Generalversammlung in ihrer Resolution 44/228 vom 22. Dezember 1989 gefasst.[582] Ziel der Konferenz war es, Strategien und Maßnahmen auszuarbeiten, um eine nachhaltige Entwicklung zu fördern[583] und einen Ausgleich zwischen den wirtschaftlichen Interessen, insbesondere der Staaten der Dritten und Vierten Welt, und dem Umweltschutz herzustellen.[584] Die Konferenz von Rio fand vom 3. bis 14. Juni 1992 in Rio de Janeiro statt; an ihr nahmen mehr als 30.000 Teilnehmer aus 176 Staaten, darunter 103 Staats- und Regierungschefs sowie eine große Anzahl von Vertretern von Nichtregierungsorganisationen, teil.[585] Diese Konferenz endete ebenfalls mit einer Reihe – rechtlich nicht verbindlicher – Erklärungen, darunter die „Rio-Deklaration"[586], die sich wie die Stockholmer Vorgängerin mit einem Katalog von Empfehlungen („Prinzipien") an die Teilnehmerstaaten wandte.[587] Gemäß Prinzip 10 der Rio-Deklaration soll die nationale Öffentlichkeit der Teilnehmerstaaten in Umweltfragen beteiligt werden.[588] Dieses Prinzip basiert auf der Erkenntnis, dass Umweltfragen am besten unter Beteiligung aller betroffenen Bürger auf der jeweiligen Ebene behandelt werden.

c) Europäische Entwicklungen bis Aarhus 1998

Am 25. Oktober 1995 fand in Sofia die von der UN/ECE veranstaltete 3. Paneuropäische Ministerkonferenz unter der Überschrift „Umwelt für Europa" statt. Ging es bei den Konferenzen in Stockholm und Rio de Janeiro noch um das globale Interesse am Umweltschutz im weitesten Sinne, sollte in Sofia eine auf Europa begrenzte Diskussion stattfinden. Auf dieser Konferenz wurde durch die Umweltminister der Teilnehmerstaaten ein Rahmenpapier über den Zugang zu Informationen über die Umwelt und die Öffentlichkeitsbeteiligung an Ent-

---

581 Bartholomäi, Sustainable Development und Völkerrecht: Nachhaltige Entwicklung und integrative Gerechtigkeit in der Staatenpraxis, S. 64.

582 Beyerlin, Umweltvölkerrecht, S. 15, Rdn. 29.

583 Sands, Principles of International Environmental Law, S. 52; Bartholomäi, Sustainable Development, S. 64; Ebbesson, MT 1996, 143 (145).

584 Epiney/Scheyli, Strukturprinzipien des Umweltvölkerrechts, S. 28; Sands, Principles of International Environmental Law, S. 54.

585 Bartholomäi, Sustainable Development, S. 65; Beyerlin, Umweltvölkerrecht, S. 15, Rdn. 29.

586 Text abgedruckt in: ILM 31 (1992), 874.

587 Beyerlin, Umweltvölkerrecht, S. 19, Rdn. 39.

588 ILM 31 (1992), 874 (878).

scheidungsverfahren im Umweltbereich verabschiedet.[589] Dieses Papier stand als Ergebnis am Ende einer Reihe von Verhandlungen zwischen den Staaten untereinander, aber auch zwischen den Staaten und Nichtregierungsorganisationen sowie der Generaldirektion „Umwelt" der Europäischen Kommission und des Regional Environmental Centre (REC)[590] in Budapest.[591] In ihm wurde der Gedanke der Beteiligung der Bürger und seine Informationsmöglichkeiten weitergeführt.[592] Ab 1996 wurde im Anschluss an das Rahmenpapier auf zehn Sitzungen ebenfalls unter Einschluss von Nichtregierungsorganisationen[593] der Text einer Konvention ausgehandelt bzw. ausgearbeitet, der 1998, also nur zwei Jahre später, zur Unterzeichnung vorlag.[594] Die Unterzeichnung der Konvention mit dem Namen „Übereinkommen über den Zugang zu Informationen, die Öffentlichkeitsbeteiligung an Entscheidungsverfahren und den Zugang zu Gerichten in Umweltangelegenheiten" fand schließlich am 25. Juni 1998 im dänischen Aarhus statt.[595] Gemäß ihrem Art. 20 Abs. 1 trat die Konvention am 90. Tage nach der Hinterlegung der sechzehnten Ratifikations-, Annahme-, Genehmigungs-

---

589 Ministerial Conference „Environment for Europe": Guidelines on the Access to Environmental Information and Public Participation in Environmental Decision-Making, vgl. Burhenne/Robinson, International Protection of the Environment: Conservation in Sustainable Development, Dokument Nr. 25–10–95/1; Zschiesche, ZUR 2001, 177 (177).

590 Vgl. die Homepage: www.rec.org.

591 Zschiesche, ZUR 2001, 177 (177).

592 Jeder, Entwicklungen im Umweltrecht vor dem Hintergrund der Åarhus-Konvention, S. 147.

593 Die Beteiligung von Nichtregierungsorganisationen an Vertragsverhandlungen ist für die Akzeptanz dieser Organisationen nicht nur bei den Bevölkerungen, sondern auch bei den sie repräsentierenden Regierungen ein wichtiger Schritt. Gleichwohl muss berücksichtigt werden, dass ihre Zulassung zu den Verhandlungen lediglich ein freundlicher Akt der Teilnehmer war, denn solche Verbände haben keinen völkerrechtsunmittelbaren Status, also nicht einmal eine abgeleitete partielle Völkerrechtssubjektivität, die es ihnen ermöglichte, eine Teilnahme zu verlangen, vgl. hierzu Dahm/Delbrück/Wolfrum, Völkerrecht, S. 237. Der Grundsatz des „contributing without negotiating" ist erstmals auf der Rio-Konfernez praktiziert worden, vgl. Bombay, EELR 2001, 228 (228). Allerdings ist die Beteiligung bei den Verhandlungen – wie die Beteiligung in Entscheidungsfindungsprozessen (Verwaltungsverfahren) auf nationaler Ebene – von der Möglichkeit der Durchsetzung von (verletzten) Rechten vor nationalen oder internationalen Gerichten zu unterscheiden. Zur Rolle von Nichtregierungsorganisationen bei der Durchsetzung von Rechten bezüglich der Transformation zwischenstaatlicher Vereinbarungen, etwa der Aarhus-Konvention, vgl. Beyerlin, The Role of NGOs in International Environmental Litigation, ZaöRV (2001) 61/2–3, S. 376.

594 Ein kurzer Überblick hinsichtlich der einzelnen Schritte der Verhandlungen und Entwicklungen seit der Konferenz von Sofia wird gegeben bei Wates, ELNI 97, 29 (29).

595 An diesem Tage unterzeichneten 35 ECE-Mitgliedstaaten und die Europäische Gemeinschaft, vgl. Scheyli, Archiv des Völkerrechts, Heft 2/2000, S. 217 (221).

oder Beitrittsurkunde in Kraft.[596] Schweden hat die Aarhus-Konvention sofort im Juni 1998 unterzeichnet; eine Ratifizierung der Konvention durch Schweden ist sieben Jahre später erfolgt.[597] Man hat dort zunächst auf die Vorschläge der Gemeinschaft zur Umsetzung der Konvention gewartet, um danach sowohl die Transformation der Vorgaben der Konvention als auch die Umsetzung der hierauf ergangenen gemeinschaftlichen Regelungen parallel vorzunehmen.[598] In zwei Teilbereichen ist die Gemeinschaft bereits tätig geworden, nämlich bei der Umsetzung des 1. und des 2. Pfeilers der Aarhus-Konvention.[599] Hierneben war die Gemeinschaft in eigener Sache tätig und erließ die Verordnung 1367/2006, die die Umsetzung des Aarhus-Übereinkommens für die Europäischen Institutionen und Gremien betrifft.[600] Darüber hinaus wird zur Zeit ein Vorschlag der Kommission für eine Richtlinie des Europäischen Parlaments und des Rates über den Zugang zu Gerichten in Umweltangelegenheiten[601] diskutiert, der den 3. Pfeiler der Aarhus-Konvention in das Gemeinschaftsrecht überführen soll. Das Europäische Parlament hat hierzu bereits eine Stellungnahme abgegeben.[602] In Schweden lag seit dem 20. Januar 2005 ein Gesetzesvorschlag vor, der sich mit der Umsetzung der Vorgaben der Aarhus-Konvention und den auf ihrer Grundlage geschaffenen Richtlinien 2003/4/EG und 2003/35/EG beschäftigte.[603] Aufgrund dieses Vorschlags traten am 15. Mai 2004 verschiedene Gesetze in Kraft, mit

596 Eine aktuelle Liste derjenigen Staaten, die die Konvention ratifiziert haben, findet sich unter: www.unece.org/env/pp/ctreaty.htm.

597 Weitere aktuelle Entwicklungen können auf der Homepage von *Naturvårdsverket* verfolgt werden: www.natur-vardsverket.se/dokument/lagar/konvent/miljoinfo/infodok/aarhus.htm.

598 Ein Gesetzesvorschlag, der sich mit den Auswirkungen sowohl der Konvention als auch mit den hierauf gestützten gemeinschaftsrechtlichen Regelungen beschäftigt, liegt seit dem 20.1.2005 vor, vgl. prop. 2004/05:65.

599 Siehe dazu im Folgenden unten D) II) und D) III) sowie Richtlinie 2003/4/EG des Europäischen Parlaments und des Rates vom 28.1.2003 über den Zugang der Öffentlichkeit zu Umweltinformationen und zur Aufhebung der Richtlinie 90/313/EWG des Rates, ABl. L 41 vom 14.2.2003, S. 26 sowie Richtlinie 2003/35/EG des Europäischen Parlaments und des Rates vom 26.5.2003 über die Beteiligung der Öffentlichkeit bei der Ausarbeitung bestimmter umweltbezogener Pläne und Programme und zur Änderung der Richtlinien 85/337/EWG und 96/61/EG des Rates in Bezug auf die Öffentlichkeit und den Zugang zu Gerichten, ABl. L 156 vom 25.6.2003, S. 17.

600 Verordnung (EG) Nr. 1367/2006 des Europäischen Parlaments und des Rates vom 6. September 2006 über die Anwendung der Bestimmungen des Århus-Übereinkommens über den Zugang zu Informationen, die Öffentlichkeitsbeteiligung an Entscheidungsverfahren und den Zugang zu Gerichten in Umweltangelegenheiten auf Organe und Einrichtungen der europäischen Gemeinschaft, ABl. L 264/13.

601 KOM(2003) 624 endg. Siehe auch unten D) IV).

602 Sitzungsprotokoll vom 31.03.2004, P5_TA–PROV(2004)0239.

603 Prop. 2004/05:65.

denen Schweden die Anpassung seines Rechts an die inter- und supranationalen Vorgaben zu erreichen suchte. Bevor jedoch auf die Auswirkungen des supranationalen Rechts eingegangen wird, sind zunächst nur die Auswirkungen der Konvention selbst auf das im Umweltgesetzbuch eingeführte Klagerecht für Umweltorganisationen auf das nationale schwedische Recht zu untersuchen.

2) Inhalt und Aufbau der Aarhus-Konvention

Die Aarhus-Konvention verlangt von den Unterzeichnerstaaten eine verstärkte Beteiligung ihrer Bürger bei der Durchsetzung des Umweltrechts, um Verwaltungshandeln in diesem Bereich transparenter zu gestalten und Vollzugsdefizite abzubauen.[604] Ziel ist die Einbeziehung der Zivilgesellschaften der Unterzeichnerstaaten in das Verwaltungshandeln und die Verwirklichung der Belange des Umweltschutzes, um die Demokratie, insbesondere in den Ländern des ehemaligen Ostblocks,[605] zu fördern.[606] Die Konvention vermittelt hierzu vor allem das einklagbare Recht auf Umweltinformation und Teilhabe der Bürger und Umweltorganisationen der Vertragsstaaten an Verwaltungsprozessen. Die Gewährung dieses Rechts ist nicht nur als Mittel des Umweltschutzes oder der Bürgerbeteiligung zu sehen, sondern auch als wichtiges Element der Angleichung der Rechtssysteme Europas zu verstehen.[607]

Die Aarhus-Konvention umfasst 22 Artikel und 2 Anhänge.[608] Den eigentlichen Vorschriften sind eine Reihe von Erwägungsgründen, Erkenntnisse und Verpflichtungen vorangestellt, die den Geist des Entstehungsprozesses des Übereinkommens widerspiegeln (sollen).[609] Gleichermaßen werden die einzelnen Konferenzen und Abkommen in den relevanten Bereichen aufgelistet, auf denen die Aarhus-Konvention aufbaut bzw. auf die sie sich bezieht. Die ersten drei Artikel beinhalten allgemeine Vorschriften. In ihnen wird etwa das Ziel der Konvention bezeichnet, und es werden die in der Konvention gebrauchten relevanten Begriffe legaldefiniert. Diesen allgemeinen Vorschriften schließt sich der Kernbereich der Konvention an. In ihm werden inhaltlich erstmals völkerrechtlich internationale Mindeststandards bezüglich des Zugangs zu Informationen (Art. 4), der Öffentlichkeitsbeteiligung in Entscheidungsverfahren (Art. 6) und des Zugangs zu Gerichten (Art. 9) im Bereich des allgemeinen Umweltrechts

604 v. Danwitz, NVwZ 2004, 272 (272).
605 Zschiesche, ZUR 2001, 177 (177).
606 Macrory/Turner, CMLR 2002, 489 (507); Beckmann, NuR 2003, 715 (722).
607 Zschiesche, ZUR 2001, 177 (177).
608 Eine kurze Inhaltsübersicht findet sich bspw. bei Koester, Juristen Nr. 3 – 1999, 87 (88).
609 Zschiesche, ZUR 2001, 177 (178).

festgelegt.[610] Art. 5 bestimmt ergänzend zum Umweltinformationsrecht aus Art. 4 die Verpflichtung der Vertragsstaaten zur Erhebung und Verbreitung umweltbezogener Informationen für staatliche Stellen. Art. 7 enthält Regelungen zur Öffentlichkeitsbeteiligung bei umweltbezogenen Plänen, Programmen und Politiken. In Art. 8 wird die Pflicht zur Beteiligung der Öffentlichkeit während des Verfahrens zur Schaffung verwaltungsrechtlicher Vorschriften bestimmt. Die Vorschriften der Artt. 10 bis 22 behandeln allgemeine Regelungen zum Modus der Folgetreffen, über Stimmrechtsfragen oder das Verfahren zur Änderung des Konventionstextes.

a) Zugang zu Umweltinformationen (der 1. Pfeiler der Aarhus-Konvention)

Einer der Kerninhalte der Aarhus-Konvention ist die Frage nach der Teilhabe der Allgemeinheit an Informationen über die Umwelt sowie die Durchsetzbarkeit des Rechts auf Information in Umweltbelangen durch den einzelnen und durch nichtstaatliche Zusammenschlüsse einzelner in Umweltverbänden etc.[611] Im Folgenden wird der Inhalt des Anspruchs dargestellt und die Vereinbarkeit nationaler schwedischer Regelungen diskutiert.

(1) Anspruchsinhalt („Informationen über die Umwelt“)

(i) Die Regelung der Aarhus-Konvention

Der Inhalt des Umweltinformationsanspruchs ergibt sich aus der Definition der „Umweltinformationen“ in Art. 2 Nr. 3 der Aarhus-Konvention. Danach sind sämtliche Informationen über die Umwelt in schriftlicher, visueller, akustischer, elektronischer oder sonstiger materieller Form über

a) den Zustand von Umweltbestandteilen wie Luft und Atmosphäre, Wasser, Boden, Landschaft und natürliche Lebensräume, die Artenvielfalt und ihre Bestandteile, einschließlich genetisch veränderter Organismen, sowie die Wechselwirkungen zwischen diesen Bestandteilen;
b) Faktoren wie Stoffe, Energie, Lärm und Strahlung sowie Tätigkeiten oder Maßnahmen, einschließlich Verwaltungsmaßnahmen, Umweltvereinbarungen, Politiken, Gesetze, Pläne und Programme, die sich auf die unter Buchstabe a) genannten Umweltbestandteile auswirken oder wahrscheinlich auswirken, sowie Kosten-Nutzen-Analysen und sonstige wirtschaftliche Analy-

610 Seelig/Gündling, NVwZ 2002, 1033 (1039).
611 Scheyli, Archiv des Völkerrechts, Heft 2/2000, S. 217 (227 f.).

sen und Annahmen, die bei umweltbezogenen Entscheidungsverfahren verwandt werden;

c) den Zustand der menschlichen Gesundheit und Sicherheit, Bedingungen für menschliches Leben sowie Kulturstätten und Bauwerke in dem Maße, in dem sie vom Zustand der Umweltbestandteile oder – auf dem Weg über diese Bestandteile – von den unter Buchstabe b) genannten Faktoren, Tätigkeiten oder Maßnahmen betroffen sind oder betroffen sein können.

(ii) Regelungen des nationalen schwedischen Rechts

Vorschriften über den Zugang zu staatlichen Informationen finden sich in Schweden in der Druckfreiheitsverordnung (TF)[612] von 1949.[613] Die TF zählt zu den vier sogenannten „Grundgesetzen" *(„grundlagar"[614])* Schwedens und steht damit in der Normhierarchie über den einfachen Gesetzen.[615] Sie regelt insbesondere die Meinungsfreiheit, also das Recht jedes schwedischen Mitbürgers, in gedruckten Schriften seine Gedanken und Ansichten zu äußern.[616] Im 2. Kapitel der TF ist darüber hinaus das Recht auf Zugang zu behördlichen Informationen verankert. Im 2. Kapitel, § 1 TF ist normiert, dass zur Förderung des freien Meinungsaustauschs und einer allseitigen Aufklärung jeder schwedische Mitbürger befugt ist, öffentliche Akten einzusehen. Das Einsichtsrecht ist also mit dem Recht auf freie Meinungsäußerung verknüpft.[617] Denn wer seine Meinung kundtun will, muss sich informieren können bzw. nur, wer informiert ist, kann sich eine Meinung bilden.

---

612 *Tryckerifrihetsförordning*, SFS (1949:105).

613 Bereits 1766 gab es einen königlichen Erlass über den freien Zugang schwedischer Bürger zu öffentlichen Dokumenten und Akten. Nach einer Phase der Restauration zwischen 1772 und 1809, in der das Akteneinsichtsrecht wieder aufgehoben worden war, wurde das Recht auf Akteneinsicht zum Grundrecht erklärt. Das entsprechende sog. „Grundgesetz" *(„grundlag")* trat schließlich 1812 in Kraft und wurde später durch die TF von 1949 abgelöst, vgl. Westerlund in: Hallo, Access to Environmental Information in Europe, S. 301.

614 In Schweden gibt es vier dieser „Grundgesetze" *(„grundlagar")*, die eigentliche Verfassung *(„regeringsformen")*, SFS (1974:152), das Thronfolgegesetz *(„successionsordningen")*, SFS (1810:0926), die Druckfreiheitsverordnung *(„tryckerifrihetsförordning")*, SFS (1949:105) und seit 1992 das Grundgesetz (1991:1469) über die freie Meinungsäußerung *(„yttrandefrihetsgrundlag")*, vgl. Stjernquist, JöR 18 (1969), S. 288. Grundgesetze werden im Gegensatz zu einfachen Gesetzen vom Reichstag durch zwei gleichlautende Entscheidungen verabschiedet, wobei zwischen den Entscheidungen eine Reichstagswahl stattgefunden haben muss, 8. Kapitel, § 15 RF.

615 Strömholm, Rätt, rättskällor och rättstillämpning, S. 215.

616 Strömholm-Jermsten, Svensk rätt, Konstitutionell rätt, S. 28.

617 Strömberg, Handlingsoffentlighet och sekretess, S. 8; Bohlin, Offentlighetsprincipen, S. 19.

Gemäß dem 2. Kapitel, § 3 TF versteht man unter einer Akte jede Zusammenstellung in Schrift oder Bild sowie anderen Aufnahmen, die gelesen, abgehört oder auf andere Weise nur mit technischen Hilfsmitteln wahrgenommen werden können. Eine Akte ist „öffentlich" *(„offentlig handling")*, wenn sie bei einer Behörde aufbewahrt und entweder ihr offiziell zugegangen oder von ihr angelegt worden ist, 2. Kapitel, § 3 Abs. 1 Satz 2 TF. Eine öffentliche Akte ist dann frei zugänglich, wenn sie „allgemein" ist *(„allmän handling")*. Dies ist der Fall, wenn sie ein gewisses Entstehungsstadium durchschritten hat[618] und dabei nicht wegen Geheimhaltungspflichten der Öffentlichkeit entzogen ist.[619] Wie die Akte verwahrt wird, ist gleichgültig: Eine technische Aufnahme wird von einer Behörde verwahrt, wenn sie für die Behörde mit technischen Hilfsmitteln zugänglich ist, die die Behörde selbst für die Übertragung verwendet, so dass die Aufzeichnung gelesen, abgehört oder auf andere Weise wahrgenommen werden kann, 2. Kapitel, § 3 Abs. 2 Satz 1 TF. Karten, Fotografien und andere Bilder sind wie auch EDV-Dateien, Filme, Tonbänder und andere elektronische oder mechanische Aufzeichnungen Akten im Sinne dieser Vorschrift.[620] Eine sachliche Beschränkung gibt es nicht. Der Inhalt der begehrten Auskunft ist nicht ausschlaggebend, insbesondere ist er nicht auf Umweltbelange begrenzt.[621]

(iii) Stellungnahme

Die Aarhus-Konvention beschränkt den Informationsanspruch sachlich auf Informationen über die Umwelt. Eine solche sachliche Beschränkung ist dem Informationsrecht aus der TF fremd. Der Informationsanspruch in Schweden ist daher nach der derzeitigen Rechtslage inhaltlich umfassender als in der Aarhus-Konvention vorgegeben. Anpassungsbedarf besteht demnach nicht.[622]

(2) Anspruchsberechtigter

(i) Regelungsinhalt der Aarhus-Konvention

Anspruchsberechtigt ist nach der Vorschrift des Art. 4 Abs. 1 der Aarhus-Konvention jede Person, die die Verletzung ihres Informationsrechts behauptet. Ein besonderes Interesse braucht hierfür nicht nachgewiesen zu werden, vgl.

618 Bohlin, Offentlighetsprincipen, S. 35.

619 Axberger in: NJH, S. 1019.

620 Askelöf/Fernemann-Heurgren, in: Winter, Öffentlichkeit und Umweltinformationen, S. 482.

621 Westerlund in: Hallo, Access to Environmental Information in Europe, S. 302.

622 So auch: Westerlund in: Hallo, Access to Environmental Information in Europe, S. 302.

Art. 4 Abs. 1 lit. a) der Aarhus-Konvention. Der Zugang zu Umweltinformationen ist insoweit also voraussetzungslos.[623]

(ii) Regelungen des nationalen schwedischen Rechts

Das Recht auf Information bzw. Akteneinsicht ist gemäß dem 2. Kapitel, § 1 TF *„varje svensk medborgare"*, also jeder schwedische Bürger. Der Bürgerbegriff ist weit auszulegen. Hierunter fallen grundsätzlich auch juristische Personen des Privatrechts,[624] mithin auch Umweltorganisationen.[625] Darüber hinaus wird das Zugangsrecht zu öffentlichen Informationen von Gesetzes wegen anonym gewährt. D.h., der Antragsteller bzw. Informationssuchende braucht sich nicht auszuweisen oder sich sonst wie zu erkennen zu geben. Gemäß dem 2. Kapitel, § 14 Abs. 2 TF darf die ersuchte Behörde nicht verlangen, dass derjenige, der eine öffentliche Akte einsehen will, seinen Namen angibt oder sich ausweist. Da juristische Personen durch ihre Organe, letztlich durch natürliche Personen, handeln, würde man seitens der Behörden ohnehin nicht feststellen können, ob der Auskunftssuchende für sich selbst oder einen Dritten erscheint. Das Informationsrecht steht auch Ausländern zu. Diese sind vor der Druckfreiheitsverordnung den schwedischen Mitbürgern gleichgestellt, 14. Kapitel, § 5 Abs. 2 TF. Allerdings besteht die Möglichkeit, in der Verordnung selbst oder durch einfaches Gesetz andere Regelungen zu schaffen. Hierzu hat der schwedische Gesetzgeber bislang noch keine Vorschriften erlassen.[626]

(iii) Stellungnahme

Der Kreis der Anspruchsberechtigten deckt sich demnach mit den Vorgaben der Aarhus-Konvention. Hinsichtlich natürlicher Personen bestehen überhaupt keine Bedenken. Gleiches gilt für juristische Personen bzw. Personenvereinigungen, denn diese handeln durch ihre Vertreter bzw. generell durch natürliche Personen, die ihrerseits das Einsichtsrecht ausüben können und dürfen. Da eine ersuchte Behörde grundsätzlich kein Recht hat, die Identität des Auskunftssuchenden zu erfragen, kann sie auch nicht zwischen dem einzelnen umweltinteressierten Bürger und dem Vertreter einer Umweltorganisation unterscheiden. Diese Voraussetzungen gelten für schwedische Staatsbürger wie auch für Ausländer, vgl. das 14. Kapitel, § 5 Abs. 2 TF. Die Möglichkeit, in der Verordnung selbst oder

---

623 Epiney, ZUR 2003, 176 (178).

624 Westerlund in: Hallo, Access to Environmental Information in Europe, S. 305 und S. 302; Strömberg, Handlingsoffentlighet och sekretess, S. 9.

625 Ebbesson, JT 1999–2000, 3 (834 f.).

626 Askelöf/Fernemann Heurgren, in: Winter, Öffentlichkeit und Umweltinformationen, S. 481.

durch einfaches Gesetz andere Regelungen zu schaffen, ist nach meiner Auffassung unschädlich, solange sie nicht angewandt wird. Sie sollte aber zur Klarstellung aus der Druckfreiheitsverordnung – jedenfalls bezüglich der Staatsangehörigen der Mitgliedstaaten der Europäischen Gemeinschaft – gestrichen werden.

Der Grund bzw. der Zweck des Einsichtsbegehrens braucht nicht angegeben zu werden. Das schwedische Akteneinsichtsrecht ist in dieser Hinsicht voraussetzungslos.[627] Damit sind die Vorgaben des Art. 4 Abs. 1 lit. a) der Aarhus-Konvention erfüllt.

(3) Anspruchsverpflichteter („Behörde")

(i) Regelungsinhalt der Aarhus-Konvention

Anspruchsverpflichtet ist eine Behörde. Die Legaldefinition hierzu findet sich in Art. 2 Satz 1 Nr. 2 lit. a) bis d) der Aarhus-Konvention. Danach ist Behörde jede Stelle öffentlicher Verwaltung auf nationaler, regionaler und anderer Ebene (lit. a)), aber auch jede natürliche oder juristische Person, die aufgrund des Rechts eines Vertragsstaats Aufgaben der öffentlichen Verwaltung wahrnimmt (lit. b)) und sonstige natürliche oder juristische Personen, die unter Kontrolle einer in lit. a) oder lit. b) genannten Stelle oder Person stehen und im Zusammenhang mit der Umwelt öffentliche Zuständigkeiten haben, öffentliche Aufgaben wahrnehmen oder öffentliche Dienstleistungen erbringen (lit. c)). Eine Beschränkung auf Behörden, die lediglich Aufgaben im Bereich der Umweltpflege wahrnehmen, kennt die Aarhus-Konvention, anders als bspw. die Umweltinformationsrichtlinie 90/313/EG, nicht. Der Behördenbegriff der Aarhus-Konvention erstreckt sich außerdem auch auf privatrechtlich organisierte Rechtssubjekte, an denen die öffentliche Hand mehrheitlich beteiligt ist und die Verwaltungsaufgaben erfüllt, sowie Beliehene, die Aufgaben der Verwaltung wahrnehmen.[628] Mit der Gleichstellung aus lit. b) und lit. c) erreicht die Aarhus-Konvention demnach, dass Privatisierung nicht zur Ausnahme der gegründeten oder beliehenen Privaten aus dem Schutzbereich der Konvention führt.[629] Schließlich zählen hierzu die Einrichtungen aller in Art. 17 der Aarhus-Konvention näher bestimmten Organisationen der regionalen Wirtschaftsintegration, die Parteien der Konvention sind (lit. d)). Nicht hierzu zählen gemäß Art. 2 Satz 2 der Aarhus-Konvention Gremien oder Einrichtungen, die in gerichtlicher oder gesetzgebender Eigenschaft handeln.

627 Strömberg, Handlingsoffentlighet och sekretess, S. 8.

628 Nowak, DVBl. 2004, 272 (274).

629 Lee, EU Environmental Law, S. 154.

(ii) Der nationale schwedische Behördenbegriff

Das nationale schwedische Recht verwendet den Begriff der „Behörde“ *(„myndighet“)* in verschiedenen Gesetzen mit verschiedenem Inhalt. Das 1. Kapitel, § 8 RF unterscheidet zwischen Gerichten, die die Aufgaben der Judikative übernehmen, und den Verwaltungsbehörden, die exekutive Aufgaben wahrnehmen. Als Verwaltungsbehörden werden die Organe bezeichnet, die als selbständige Einheiten auf zentraler, regionaler oder kommunaler Ebene in der staatlichen Verwaltungsorganisation tätig sind; nicht hierzu zählen beschlussfassende Organe wie die Provinzial- oder Kommunalvertretungen.[630] Die Druckfreiheitsverordnung verwendet grundsätzlich denselben Behördenbegriff wie die Verfassung.[631] Allerdings werden der Reichstag und beschlussfassende Kommunalparlamente gemäß dem 2. Kapitel, § 5 TF den anderen passivlegitimierten Stellen gleichgestellt, soweit es um das Prinzip der Öffentlichkeit in der schwedischen Verwaltung geht. Der einzelne hat daher auch das Recht, Akten einzusehen, die bei diesen Legislativorganen verwahrt sind.

Das Prinzip der Öffentlichkeit der Verwaltung wird in Schweden grundsätzlich nicht auf privatrechtlich organisierte Rechtssubjekte angewandt, auch wenn diese hauptsächlich von der öffentlichen Hand bestimmt werden und allgemeine Verwaltungsaufgaben ausführen. Als Ausnahmen gelten nach Ansicht von *Regeringsrätten* etwa einige Sozialversicherungsträger, die als juristische Personen des Privatrechts organisiert sind.[632] Gemäß dem 1. Kapitel, § 1 des Geheimhaltungsgesetzes (SekrL)[633] sind bei der Anwendung der Vorschriften des 2. Kapitels der TF allerdings auch bestimmte Beliehene, aber auch Notare sowie gewisse Vereine und Stiftungen, als Behörden anzusehen. Im 1. Kapitel, § 8 Abs. 2 SekrL ist festgelegt, dass für bestimmte „Organe“ die Regelungen der Druckfreiheitsverordnung über das Recht zur Akteneinsicht anwendbar sind. Die betreffenden „Organe“ sind in Anlage 1 zum SekrL namentlich und abschließend aufgeführt. Ein Blick in diese Anlage zeigt, dass dort ausschließlich große zentrale und landesweite Einrichtungen, wie der schwedische TÜV oder einzelne Stiftungen im Forschungs- und Bildungsbereich benannt sind. Gemäß dem 1. Kapitel, § 9 SL ergibt sich weiter, dass dieselben Bestimmungen in der Druckfreiheitsverordnung auch auf Gesellschaften, Wirtschaftsvereine und Stiftungen angewandt werden sollen, in denen Kommunen oder ein Provinziallandtag einen

---

630 Strömberg, Handlingsoffentlighet och sekretess, S. 16.

631 Bohlin, Offentligetsprincipen, S. 51.

632 RÅ 1968:42 und RÅ 1981 2:23.

633 *Sekretesslag*, SFS (1980:100).

bestimmenden Einfluss ausüben.[634] Die Entscheidung solcher Privater, eine Akte nicht einsehen zu lassen, kann beim Verwaltungsgericht angefochten werden, 15. Kapitel, § 7 SekrL. Außerdem müssen erlangte oder errichtete Akten archiviert werden und ein Aktenzeichen erhalten, 15. Kapitel, § 1 SekrL.

(iii) Vereinbarkeit des nationalen schwedischen Behördenbegriffs mit den Vorgaben der Aarhus-Konvention

Hinsichtlich des Kreises der Anspruchverpflichteten erweist sich die schwedische Regelung als lückenhaft. Zwar geht der Behördenbegriff der TF einerseits über die Maßgaben des Art. 2 Nr. 2 der Aarhus-Konvention hinaus, weil auch Organe der Legislative, nämlich der Reichstag, die Gemeindeparlamente sowie die Provinziallandtage, von ihm mit umfasst sind.[635] Andererseits sind die benannten Regelungen über die passivlegitimierten Stellen in Schweden nicht mit den Vorgaben der Aarhus-Konvention vereinbar, weil sie bezüglich Privater und Beliehener zu kurz greifen. Da diese nicht grundsätzlich, sondern nur ausnahmsweise in den o.g. Einzelfällen vom Behördenbegriff nach der TF erfasst werden, geht die nationale schwedische Regelung mit den Vorgaben der Richtlinie nicht konform. Zwar bietet die Verknüpfung mit dem Geheimhaltungsgesetz und dort der Anlage eine Erweiterung des engen Behördenbegriffs der TF. Die Aufzählung in der Anlage zum Geheimhaltungsgesetz führt jedoch nicht zu einer grundsätzlichen Vereinbarkeit mit den Vorgaben der Aarhus-Konvention.[636] Vielmehr erreicht der schwedische Gesetzgeber nur eine punktuelle Verbesserung bezüglich der dort benannten Organe. Auch eine Ausweitung der Anlage dürfte zu keiner dauerhaften Verbesserung des Zustandes führen, da der Gesetzgeber jeden neuen Beliehenen oder jede auf eine juristische Person des Privatrechts ausgelagerte Behörde neu in die Anlage einfügen müsste. Dazu müsste das Gesetz jedes Mal geändert werden. Mit dem Gesetz über die Überlassung

634 Dies ist der Fall, wenn sie alleine oder gemeinsam mehr als die Hälfte der Anteile in einer Aktiengesellschaft oder einem Wirtschaftsverein mit mehr als der Hälfte der Stimmrechte halten oder auf andere Weise über so viele Stimmen in der Gesellschaft oder dem Verein verfügen (1. Kapitel, § 9 Abs. 2 Nr. 1 SekrL) oder wenn sie das Recht haben, mehr als die Hälfte der Mitglieder des Leitungsorgans einer Gesellschaft, eines Wirtschaftsvereins oder einer Stiftung zu bestimmen oder abzuberufen (1. Kapitel, § 9 Abs. 2 Nr. 2 SekrL) oder wenn sie in einer Handelsgesellschaft sämtliche unbegrenzt haftende Gesellschafter stellen (1. Kapitel, § 9 Abs. 2 Nr. 3 SekrL).

635 So auch Ebbesson, JT 1999–2000, 3 (831).

636 Ebbesson ist dagegen der Ansicht, dass die Auflistung in der Anlage 1 zum SekrL den grundsätzlichen Mangel der Vereinbarkeit des Behördenbegriffs der TF mit den Vorgaben der Aarhus-Konvention „kompensiere“, vgl. Ebbesson, JT 1999–2000, 3 (831).

allgemeiner Akten[637] wurde zwar Mitte der 90er Jahre des vorigen Jahrhunderts die Vorschrift des 1. Kapitels, § 8 SekrL bereits erweitert.[638] Nach der geänderten Vorschrift ist jedes einzelne Rechtssubjekt *(„organ")*, das nicht Behörde ist, und dem allgemeine Akten zur Verwahrung übergeben worden sind, zur Herausgabe verpflichtet. Dies genügt dem weiten Behördenbegriff der Aarhus-Konvention jedoch ebenfalls nicht. Diejenigen Stellen, die Akten überhaupt selbst erst anlegen, sind vom Wortlaut der Vorschrift nicht betroffen, denn ihnen sind die Akten nicht „überlassen" worden. Auch die Ausnahmeregelung des 1. Kapitels, § 9 SekrL greift zu kurz, da sie staatliche Gesellschaften und vom Staat gegründete Stiftungen nicht betrifft. Hier hilft zwar wiederum in Einzelfällen Anhang 1 zum SekrL weiter, jedoch nur, wenn die einzelne Gesellschaft oder Stiftung, von der man Informationen verlangen möchte, dort aufgeführt ist.

(iv) Diskussion/Ergebnis

Letztlich gibt es zwei Möglichkeiten, diesen Missstand zu ändern. Zum einen kann die Liste des Anhangs 1 zum SekrL ausgeweitet werden, was umständlich ist und immer wieder zu zeitlichen Verzögerungen führen kann. Zum anderen kann der Kreis der Passivlegitimierten mit einer Generalklausel umfasst werden, so wie sie in der Aarhus-Konvention gefasst ist. Letztlich wäre es damit den Rechtsanwendern und insbesondere den betroffenen Gesellschaften und Stiftungen überlassen, ihre Verpflichtung zur Herausgabe von Informationen zu prüfen. Den Weg über die Generalklausel ist der schwedische Gesetzgeber in verwandtem Zusammenhang schon einmal gegangen: Früher waren in der TF die Organe einzeln aufgelistet, die staatliche Behörden und die kommunalen Behörden darstellten. Bei der Änderung der TF im Jahr 1976 wurde diese Auflistung zugunsten der allgemeinen Bestimmung des Behördenbegriffs aus dem 2. Kapitel, § 3 TF aufgegeben.[639] Hinsichtlich der Transformation der Vorgaben der Aarhus-Konvention hat sich der schwedische Gesetzgeber allerdings entschieden, den Umweltinformationsanspruch in einem eigenen Gesetz – neben dem Umweltgesetzbuch und neben den einschlägigen Gesetzen über die Aktenöffentlichkeit – zu regeln. Am 15. Mai 2004 trat das Gesetz über Umweltinformation

---

637 *Lag om överlämnande av allmänna handlingar*, SFS (1994:1383).

638 Die Änderung erfolgte bereits mit Gesetz (1999:301), unabhängig von der Unterzeichnung der Aarhus-Konvention durch das Königreich Schweden.

639 Dies lag insbesondere daran, dass die TF als ein Grundgesetz nur unter bestimmten Voraussetzungen abzuändern ist, vgl. Askelöf/Fernemann Heurgren, in: Winter, Öffentlichkeit und Umweltinformationen, S. 483. Zu den Wesensmerkmalen eines Grundgesetzes siehe oben FN 614.

bei gewissen einzelnen Organen[640] in Kraft. Dieses Gesetz normiert in seinem § 3, das Recht zur Teilhabe des einzelnen *(„var och en")*, an Umweltinformationen *(„miljöinformation")*, die bei bestimmten, in § 1 des Gesetzes nicht abschließend aufgezählten Organen, vorhanden sind.[641] Grund für die Schaffung des neuen Gesetzes war die Erkenntnis, dass immer mehr Tätigkeiten, die ehemals durch die öffentliche Verwaltung ausgeübt worden sind, jetzt durch Private übernommen werden, diese aber nicht den gleichen Regeln zur Akteneinsicht unterworfen werden dürften wie Behörden i.e.S., weil diese Regeln zu „komplex" seien und es daher nicht angemessen sei, Private mit den sich hieraus ergebenden umfassenden Pflichten zu belasten.[642] Bemerkenswerterweise erkennt die Regierung an gleicher Stelle, dass mit dem neuen Gesetz eine Regelung gefunden worden ist, die nicht geändert oder ergänzt zu werden braucht, wenn neue Akteure hinzutreten, die Umweltinformationen vorhalten.[643] Festzuhalten ist ferner, dass das neue Gesetz sich nach dem ausdrücklichen Willen des Gesetzgebers nicht an die „klassischen" Behörden richtet, was im weiteren Auswirkungen haben wird, die an gegebener Stelle diskutiert werden.

(4) Fristen

(i) Regelungsinhalt der Aarhus-Konvention

Einem Informationsbegehren ist so bald wie möglich, spätestens jedoch innerhalb eines Monats nach Eingang des Antrags bei der Behörde zu entsprechen, Art. 4 Abs. 2, 1. HS der Aarhus-Konvention. Die Behörde kann diese Frist wegen des Umfangs der gewünschten Information oder ihrer Komplexität auf zwei Monate verlängern, Art. 4 Abs. 2, 2. HS der Aarhus-Konvention. In diesem Fall ist die Verlängerung der Frist dem Antragsteller unter Angabe von Gründen mitzuteilen.

---

640 *Lag (2005:181) om miljöinformation hos vissa enskilda organ.*

641 Etwa bei Fischerei- und Wildpflegevereinen oder bei Wasserverbänden, vgl. § 1 des Gesetzes (2005:181).

642 Prop. 2004/05:65, S. 101.

643 Mittelbar wird durch das Gesetz natürlich auch der Begriff der „Umweltinformation" ins schwedische Recht eingeführt, so dass auch im Hinblick auf den sachlichen Regelungsbereich der Aarhus-Konvention eine gesetzliche Ergänzung des nationalen Rechts erfolgt ist, die eigentlich nicht nötig gewesen ist, siehe oben D) I) 2) a) (1) (ii).

(ii) Die nationale schwedischen Regelung

Eine ausdrückliche Fristenbestimmung zur Vorlage der gewünschten Informationen findet sich in den relevanten allgemeinen schwedischen Gesetzen nicht.[644] Lediglich im 2. Kapitel, § 12 TF findet sich eine direkte Anweisung an die ersuchten Stellen, die Informationen umgehend oder so bald wie möglich *(„genast eller så snart som möjligt")* zur Verfügung zu stellen.

(iii) Diskussion/Ergebnis

Auch Art. 4 Abs. 2 1. HS der Aarhus-Konvention schreibt lediglich vor, dass die ersuchten Behörden die Informationen so bald wie möglich zugänglich zu machen haben. Allerdings sieht die Vorschrift eben auch eine Höchstgrenze von einem Monat, in schwierigen Fällen von zwei Monaten vor (lit. b)). Diese Höchstgrenzen finden sich in der schwedischen Gesetzgebung nicht. Zur Klarstellung und im Sinne der Rechtssicherheit muss daher eine Zeitbegrenzung eingeführt werden. Im Entwurf zum Gesetz über Umweltinformationen bei gewissen einzelnen Organen ist die Regierung der Auffassung, das bestehende nationale Recht sei mit den entsprechenden Vorgaben der Aarhus-Konvention vereinbar, obschon sie erkennt, dass die relevanten Normen der TF solche Zeitgrenzen eben nicht beinhalten.[645] Nach ihrer Auffassung sei es aber „normal", dass die gewünschte Information noch am selben Tage herausgegeben werde, möglicherweise könnten sich einige Tage Verzögerung ergeben, etwa wenn die Information umfangreicher sei. Die Forderung der TF nach schnellstmöglicher Herausgabe und die bewährte Praxis der Behörden reichten daher aus. Würde man nun die Monatsfrist aus Art. 4 Abs. 2 der Aarhus-Konvention einführen, ergebe sich eine „klare" Schlechterstellung der Antragsuchenden. Dieses Vertrauen hat die Regierung hinsichtlich der Privaten und Beliehenen nicht gehabt. Denn § 4 Abs. 1 des Gesetzes über Umweltinformation bei gewissen einzelnen Organen sieht die Höchstfrist von einem Monat (Satz 1) sowie die Verlängerungsmöglichkeit auf zwei Monate (Satz 2) bei umfassenden oder komplizierten Anfragen vor und setzt damit die Maßgaben des Art. 4 der Aarhus-Konvention für diese Passivlegitimierten um.

---

644 Westerlund, in Hallo: Access to Environmental Information in Europe, S. 303.

645 Prop. 2004/05:65, S. 43.

(5) Zugang zu öffentlichen Verzeichnissen oder Listen, Mithilfe der Behörden bei der Antragstellung, Durchführung der Einsichtnahme

(i) Regelungsinhalt der Aarhus-Konvention

Damit der Anspruch auf Umweltinformationen aus Art. 4 Abs. 1 der Aarhus-Konvention von allen Bürgern der Vertragsstaaten wahrgenommen werden kann, sind diese verpflichtet, Listen von Behörden öffentlich zugänglich zu machen, die über die relevanten Umweltinformationen verfügen, Art. 5 Abs. 2 der Aarhus-Konvention. Der Umweltinformationsanspruch ist danach durch den Aufbau und die Unterhaltung von Einrichtungen zur Einsichtnahme von Informationen und das Anlegen von Verzeichnissen oder Listen betreffend Umweltinformationen im Besitz von Behörden mit klaren Angaben, wo solche Informationen zu finden sind, sicherzustellen. Ebenso sind öffentliche Bedienstete zu verpflichten, die Öffentlichkeit bei deren Informationsbemühungen zu unterstützen, und es sind Kontaktstellen zu benennen.

(ii) Die bestehende schwedische Regelung

Schweden hat zur Stützung des eigenen Auskunftsanspruchs bzw. Akteneinsichtsrechts in verschiedenen Gesetzen Regelungen geschaffen: Gemäß dem 15. Kapitel, § 1 SekrL sind Akten zu registrieren, sobald sie bei einer Behörde eingetroffen oder angelegt worden sind. Die einzelnen formalen Voraussetzungen der Registrierung sind im 15. Kapitel, § 2 Abs. 1 SekrL geregelt. Danach ist im Register das Datum des Eintreffens oder des Anlegens der Akten aufzunehmen (Ziff. 1) und eine Tagebuchnummer zuzuteilen (Ziff. 2). Weiter ist der Versender einer Akte oder deren Empfänger zu benennen (Ziff. 3) und eine kurze Angabe über den Inhalt der Akte zu machen (Ziff. 4). Die Angaben zu den Ziffern 3 und 4 können getrennt voneinander eingetragen werden, wenn es um schutzwürdige Angaben geht und durch die Trennung der Angaben erreicht wird, dass die Akte der Allgemeinheit vorgelegt werden kann, 15. Kapitel, § 2 Abs. 2 SekrL. Eine Registrierungspflicht von Akten besteht für Behörden daneben auch nach § 5 des Archivgesetzes[646], wonach die Behörden Akten entsprechend kennzeichnen und pflegen sollen, um ihrer Archivierungspflicht gerecht zu werden. Weiter sind schwedische Behörden gemäß dem 15. Kapitel, § 11 SekrL verpflichtet, der Allgemeinheit eine Beschreibung derjenigen Register zur Verfügung zu stellen, die mit Hilfe elektronischer Datenverarbeitung geführt werden. Darüber hinaus sind eine Beschreibung und Verzeichnisse von

646 *Arkivlagen*, SFS (1990:782).

Archiven auch gemäß § 6 des Archivgesetzes zu führen. Hierneben sind die schwedische Behörden weiter verpflichtet, auf Antrag einzelne Auskünfte aus Akten an andere Behörden und die Allgemeinheit zu erteilen, 15. Kapitel, §§ 4 bis 5 SekrL. Neben den allgemeinen Vorschriften zum Anlegen von Aktenverzeichnissen gibt es auch spezialgesetzliche Regelungen, deren Anwendung dazu führt, dass öffentliche Akten bei schwedischen Behörden geführt werden und somit eingesehen werden können. Im Bereich des Umweltrechts ist hier das 26. Kapitel, § 20 MB zu nennen, wonach derjenige, der eine umweltgefährdende Tätigkeit ausübt, einen sog. „Umweltbericht" bei der Aufsichtsbehörde einzureichen hat, sowie das 26. Kapitel, § 21 MB, wonach eine Aufsichtsbehörde dem Betreiber einer umweltgefährdenden Tätigkeit gegenüber anordnen darf, die Angaben und Akten einzureichen, die die Behörde zur Erfüllung ihrer Aufgaben benötigt. In beiden Fällen werden die Berichte Teil der öffentlichen Akte und damit Gegenstand des allgemeinen Einsichtsrechts.

§§ 4 bis 7 FL verpflichten darüber hinaus als allgemeine Handlungsanweisung alle Behörden und Ämter des Landes, Auskünfte und Rat über die Tätigkeit der Behörde dem einzelnen gegenüber zu erteilen. Weiter ist Hilfestellung zu geben, etwa beim richtigen Formulieren von Anträgen.[647] Unnötiger Ärger beim Antragsteller oder Verzögerungen bei der Bearbeitung eines Antrags sind durch die Behördenmitwirkung zu vermeiden.[648]

Gemäß dem 2. Kapitel, § 14 TF ist der Antrag auf Einsicht in eine offizielle Akte bei der Behörde zu stellen, die die Akte verwahrt. Die Originalakte darf dann, das ist der Grundfall,[649] bei der Behörde eingesehen werden, 2. Kapitel, § 12 TF. Der Antragsteller kann aber auch – gegen Bezahlung – eine Abschrift oder Kopie der Akte verlangen, 2. Kapitel, § 13 TF. Ein Recht, eine Akte an einem anderen Ort als dem Sitz der Behörde einzusehen, also etwa mit nach Hause zu nehmen, besteht hingegen nicht.[650] Darüber hinaus finden sich entsprechende Vorschriften über EDV-gestützte Akten im Geheimhaltungsgesetz (SekrL). Gemäß dem 15. Kapitel, § 9 Abs. 1 SekrL müssen EDV-Akten, wenn sie vorliegen, auch in elektronischer Form bereitgehalten werden, damit Antragsteller bei der Behörde mittels technischer Geräte Einsicht nehmen können (Abs. 2). Gleichermaßen ist die Behörde verpflichtet, dem Bürger bei der Verwendung des jeweiligen technischen Geräts Hilfestellung zu leisten, 15. Kapitel, § 10 SekrL. Nach dem 15. Kapitel, § 11 SekrL sind die Behörden zusätzlich verpflichtet, eine Be-

---

647 Warnling-Nerep, En introduktion till förvaltningsrätten, S. 45 f.

648 Strömberg, Allmän förvaltningsrätt, S. 84.

649 Askelöf/Fernemann Heurgren, in: Winter, Öffentlichkeit und Umweltinformationen, S. 486; Westerlund, in Hallo: Access to Environmental Information in Europe, S. 304.

650 Strömberg, Handlingsoffentlighet och sekretess, S. 56.

schreibung der EDV-geführten Register, Verzeichnisse und anderer Aufzeichnungen zugänglich zu halten. Diese einzelnen Vorschriften entsprechen den Vorgaben der Richtlinie zur Kooperation der Behörden bei Einsichtsverlangen. Darüber hinaus ist in diesem Zusammenhang auch auf die allgemeinen Grundsätze über die Servicepflicht der Behörde nach §§ 4 bis 7 FL zu achten. Nach diesen Vorschriften sind die Behörden in Schweden ebenfalls zu Hilfestellung und Kooperation verpflichtet.

Schließlich ist auf die Rolle der Privaten und Beliehenen einzugehen: § 5 des Gesetzes über Umweltinformation bei gewissen einzelnen Organen bestimmt zu den Vorgaben der Konvention hinsichtlich des Anlegens von Verzeichnissen und Listen nichts. Da sich die vorbenannten Regeln auf die „klassischen“ Behörden beziehen,[651] kann für die Privaten und Beliehenen nicht hierauf zurückgegriffen werden, es sei denn, sie sind in der Anlage 1 zum SekrL erfasst. Insoweit ist die Umsetzung der Vorgaben der Konvention in dem Gesetz unzureichend erfolgt. Dies gilt allerdings nicht für die Pflicht, die Akten geordnet und übersichtlich zu verwahren und den Antragsteller darüber aufzuklären, wo sich die gewünschte Information befindet. Diese Vorgaben sind in § 5 des Gesetzes über Umweltinformation bei gewissen einzelnen Organen umgesetzt worden.

(iii) Ergebnis

Im Ergebnis ist Folgendes festzuhalten: Hinsichtlich der Vorgaben zum Anlegen von Verzeichnissen und Liste entspricht die derzeitige Rechtslage in Schweden mit den umfassenden Registrierungs- und Archivierungsvorschriften den Vorgaben des Art. 5 Abs. 2 und 3 der Aarhus-Konvention nur im Hinblick auf die Vorgaben für Behörden i.S.d. Art. 2 Nr. 2 lit. a) der Aarhus-Konvention, also Behörden i.e.S. Die Verpflichtung der Behörden zur Hilfestellung und zur Beschleunigung der Bearbeitung der Anträge nach Art. 5 Abs. 2 lit. b) ii) der Aarhus-Konvention sind hingegen nicht nur für Behörden i.e.S. durch die Vorgaben im Veraltungsgesetz, sondern gleichermaßen für Private und Dritte durch das Gesetz über Umweltinformation bei gewissen einzelnen Organen erfüllt.

(6) Ablehnung von Anträgen aus formellen Gründen

(i) Regelungsinhalt der Aarhus-Konvention

Den Vertragsstaaten wird in Art. 4 Abs. 3 lit. a) bis c) der Aarhus-Konvention die Möglichkeit eingeräumt, Vorschriften zu erlassen, aufgrund derer es der

651 Zum Behördenbegriff in diesem Zusammenhang siehe oben D) I) 2) a) (3) (ii).

Verwaltung in bestimmten Fällen möglich ist, Anträge auf Zugang zu Umweltinformationen abzulehnen. Dies kann gemäß lit. a) der Fall sein, wenn die ersuchte Behörde über die gewünschten Informationen nicht verfügt, der Antrag offensichtlich missbräuchlich oder zu allgemein formuliert ist (lit. b)) oder die gewünschten Informationen gerade fertiggestellt werden oder sich der Antrag auf verwaltungsinterne Vorgänge bezieht, wobei dann das Interesse auf Information mit dem kollidierenden betroffenen Interesse der vertraulichen Amtsführung abgewogen werden muss (lit. c).

(ii) Die bestehenden nationalen Regelungen und deren Vereinbarkeit mit den Vorgaben der Aarhus-Konvention

Im nationalen schwedischen Recht kann eine ersuchte Behörde grundsätzlich einen Antrag deswegen zurückweisen, weil er bei der falschen Behörde gestellt worden ist. Dies ergibt sich mittelbar aus der Vorschrift des 2. Kapitels, § 14 Abs. 1 TF. Dort ist festgehalten, dass der Antrag bei derjenigen Behörde zu stellen ist, die die Akte verwahrt. Nach § 4 Abs. 3 FL ist allerdings die fehlerhaft ersuchte Behörde immer verpflichtet, dem Antragsteller zu helfen. Daraus folgt nach Auffassung der Regierung nicht automatisch die Pflicht, dem Antragsteller die richtige Behörde zu nennen, so wie es Art. 4 Abs. 5 der Aarhus-Konvention vorgibt.[652] Diese Auffassung ist allerdings zu eng. Denn die Vorschrift des § 4 FL bestimmt eine umfassende Service-Pflicht der Behörden, die durch Entscheidungen im Einzelfall ausgefüllt wird. Weiß eine Behörde im Einzelfall, wer über die gesuchten Informationen verfügt, muss sie dieses Wissen preisgeben. Es reicht sicher nicht, den Antragsteller darauf hinzuweisen, dass er bei ihr falsch sei, um dieser umfassenden Service-Pflicht nachzukommen. Zu Recht weist die Regierung im Gesetzesentwurf darauf hin, dass es der Praxis entspricht, solche Anträge behördenintern sogar weiterzuleiten.[653] Dieses Handeln entspringt gerade der allgemeinen Service-Pflicht. Es wäre, anders als bei den Fristen zur Informationserteilung, überflüssig, eine entsprechende Ergänzung im Gesetz vorzunehmen. Letztlich diente sie nur der Klarstellung. Ungeachtet dessen erlaubt Art. 4 Abs. 3 lit. a) der Aarhus-Konvention eine Ablehnung aus diesem Grund. Da die Vorschriften des Verwaltungsgesetzes (FL) nur für „klassische“ Behörden gelten, war für Private und Beliehene eine entsprechende Regelung in das Gesetz über Umweltinformationen bei gewissen einzelnen Organen aufzunehmen, was in dessen § 5 Abs. 2 hinsichtlich der Hinweispflicht auf das Vorliegen der Information bei Dritten und hinsichtlich der Möglichkeit der Ab-

652 Prop. 2004/05:65, S. 45.
653 Ebenda.

lehnung von Anträgen in § 6 auch geschehen ist. Das Vorstehende gilt auch für die Ablehnung offensichtlich missbräuchlicher oder zu allgemein gestellter Anträge. Wegen des Ablehnungsgrundes aus Art. 4 Abs. 3 lit. c) der Aarhus-Konvention kann auf das oben zur „öffentlichen Akte“ Gesagte[654] verwiesen werden. Interne Mitteilungen sind nicht öffentlich und brauchen daher nicht herausgegeben zu werden. Gleiches gilt für nicht fertiggestellte oder nicht archivierte Akten, 2. Kap., § 9 Abs. 2 TF.

(7) Geheimhaltung/Ablehnung von Anträgen wegen kollidierender Rechte

(i) Regelungsinhalt der Aarhus-Konvention

Nach Art. 4 Abs. 4 lit. a) bis h) der Aarhus-Konvention können Anträge abgelehnt werden, wenn die Vertraulichkeit behördlicher Beratungen (lit. a)) oder internationale Beziehungen, die Landesverteidigung oder die öffentliche Sicherheit betroffen sind (lit. b). Gleiches gilt, wenn durch die Erteilung der Information ein laufendes Gerichtsverfahren negativ beeinflusst würde und eine Person dadurch in ihrem Recht auf ein faires Verfahren verletzt würde (lit. c)) oder wenn durch sie gesetzlich geschützte Geschäfts- oder Betriebsgeheimnisse betroffen würden (lit. d). Lit. e) schützt die Rechte auf geistiges Eigentum, lit. f) die Vertraulichkeit personenbezogener Daten und lit. g) die Interessen eines Dritten, der die beantragten Informationen zur Verfügung gestellt hat, ohne hierzu verpflichtet zu sein und ihrer Veröffentlichung nicht zustimmt. Schließlich können Informationen versagt werden, wenn ihre Bekanntgabe Auswirkungen auf die Umwelt selbst hätte, wie etwa die Preisgabe von Brutstätten seltener Tiere. Art. 4 Abs. 4 Satz 2 stellt jedoch klar, dass die vorstehenden Ausnahmetatbestände eng auszulegen sind und dass eine Abwägung im Einzelfall zwischen den betroffenen Rechtsgütern des Interesses an der Bekanntgabe der Umweltinformationen einerseits und des Interesses an der Verweigerung andererseits erfolgen muss.

(ii) Vereinbarkeit mit den bestehenden nationalen Regelungen

Das Recht auf öffentliche Informationen darf nur aus wichtigen Gründen eingeschränkt werden, 2. Kapitel, § 2 Abs. 1 TF. Dort sind unter sieben Ziffern einzelne Gründe aufgezählt, aufgrund derer Informationen zurückgehalten werden dürfen. Dazu zählen die Sicherheit des Staates, Schwedens internationale Beziehungen oder seine Beziehungen zu zwischenstaatlichen Organisationen (Ziff. 1),

654 Siehe oben D) I) 2) a) (1) (ii).

die Finanz-, Steuer- und Währungspolitik (Ziff. 2), die ordnungsbehördliche Tätigkeit in den Bereichen der Inspektion, Kontrolle oder Überwachung (Ziff. 3), Prävention und Strafverfolgung (Ziff. 4), das öffentliche wirtschaftliche Interesse (Ziff. 5), der Schutz individueller persönlicher oder wirtschaftlicher Verhältnisse (Ziff. 6) sowie das Interesse, Tier- oder Pflanzenarten zu bewahren (Ziff. 7). Diese kollidierenden Rechtsgüter dürfen das Recht auf Zugang zu öffentlichen Akten jedoch nur durch ein Gesetz beschränken, 2. Kapitel, § 2 Abs. 2 TF. Der Gesetzgeber hat von der Ermächtigung Gebrauch gemacht. Diese Ausnahmen sind im Geheimhaltungsgesetz (SekrL)[655] im 2. bis 10. Kapitel im einzelnen behandelt. Die in der TF benannten – und ebenfalls eng auszulegenden Ausnahmen –[656] sind in der Aufzählung des Art. 4 Abs. 3 und 4 der Aarhus-Konvention enthalten. Problematisch kann die Ziff. 2 über die Währungs- und Geldpolitik Schwedens werden. Allerdings dürften behördliche Zurückhaltungsinteressen gestützt auf diesen Ausnahmetatbestand konventionskonform auslegbar[657] sein, so dass ein Verstoß nicht vorliegt. Letztlich muss dieses Merkmal an den Vorgaben des Art. 4 Abs. 4 lit. a) und b) der Aarhus-Konvention gemessen werden.

Das Vorstehende gilt einmal mehr nur für Behörden im „klassischen" Sinne.[658] Private und Beliehene können sich bei einem Ersuchen zugunsten der durch die benannten Vorschriften geschützten Personen und Rechtsgüter nicht hierauf berufen. Der schwedische Gesetzgeber hat dies erkannt und in § 7 des Gesetzes über Umweltinformation bei gewissen einzelnen Organen die Ausnahmen aus der Konvention (erweitert um die Ergänzungen aus der Richtlinie 2003/4/EG[659]) wörtlich übernommen.

(8) Kosten/Gebühren

(i) Regelungsinhalt der Aarhus-Konvention

Gemäß Art. 4 Abs. 8 der Aarhus-Konvention dürfen Behörden für die Bereitstellung von Informationen zwar Gebühren erheben, diese dürfen jedoch eine angemessene Höhe nicht überscheiten. Um den Anspruchsberechtigten die Gebührenhöhe transparent zu machen, haben die Behörden dem Antragsteller ein Gebührenverzeichnis zur Verfügung zu stellen, aus dem hervorgeht, unter welchen

655 *Sekretesslag*, SFS (1980:100).
656 Axberger in: NJH, S. 1019.
657 Vergleiche zur konventionskonformen Auslegung Ibsen, Völkerrecht, § 11, Rdn. 11 ff. und Brownlie, Principles of public international law, S. 602 f.
658 Zum Behördenbegriff siehe oben D) I) 2) a) (3) (ii).
659 Siehe hierzu unten D) II).

Umständen sie erhoben oder erlassen werden können und wann die Bereitstellung von Informationen von einer Vorauszahlung dieser Gebühr abhängig ist.

(ii) Die bestehenden nationalen schwedischen Regelungen

Die Einsichtnahme von Akten bei der Behörde selbst ist kostenfrei, 2. Kapitel, § 12 Abs. 1 TF. Für Kopien dürfen Abgaben erhoben werden, 2. Kapitel, § 13 TF. Hinsichtlich etwaiger Kopiergebühren muss zwischen staatlichen und kommunalen Behörden unterschieden werden.[660] Für Kopien darf eine staatliche Behörde gemäß einer bestehenden Gebührenordnung[661] 50 SEK für die ersten zehn Seiten und 2 SEK für jede weitere Seite verlangen. Kommunale Behörden dürfen solche Kosten frei festsetzen,[662] wobei grundsätzlich gilt, dass die Gebühr die Kosten für die Akte oder die Kopie selbst nicht übersteigen darf.[663]

(iii) Diskussion/Ergebnis

Im Hinblick auf die Vorgaben des Art. 4 Abs. 8 der Aarhus-Konvention bestehen keine Bedenken bezüglich der Vereinbarkeit derzeitiger schwedischer Regelungen über Gebührenerhebung für die Einsicht dem Grunde nach. Gleiches gilt für die Höhe, also die bestehenden Gebührensätze der staatlichen Behörden, die für den Bürger transparent und nachvollziehbar sind. Problematisch ist allerdings die bestehende Regelung, nach der kommunale Behörden Gebühren für Kopien oder Abschriften von Akten frei festsetzen dürfen. Zwar stellt die Regierung im Gesetzesvorschlag fest, das Selbstkostenprinzip schütze den Auskunftssuchenden und stehe daher im Einklang mit den Vorgaben der Konvention.[664] Zweck der Regelung des Art. 4 Abs. 8 der Aarhus-Konvention ist es aber, den Auskunftssuchenden vorher über entstehende Kosten verbindlich zu unterrichten, damit dieser sich darauf einstellen kann. Kommunale Behörden sind daher nach dieser Vorschrift gehalten, Gebührenverzeichnisse zu erstellen. Denn nur so weiß der auskunftssuchende Bürger, welche Kosten auf ihn zukommen können. Anderenfalls könnte das Auskunftsrecht möglicherweise aus Angst vor nicht abschätzbaren Kosten leerlaufen.

---

660 Westerlund, in Hallo: Access to Environmental Information in Europe, S. 303.

661 *Avgiftsförordning*, SFS (1992:191).

662 Strömberg, Handlingsoffentlighet och sekretess, S. 58.

663 Sog. „Selbstkostenprinzip“ *(„självkostnadsprincipen“)* aus dem 8. Kapitel, § 3 c des Kommunalgesetzes *(Kommunallagen (1991:900)*, vgl. auch Askelöf/Fernemann Heurgren, in: Winter, Öffentlichkeit und Umweltinformationen, S. 486.

664 Prop. 2004/05:65, S. 44.

(9) Zusammenfassung/Endergebnis

Zusammenfassend kann festgehalten werden, dass die Vorgaben des Art. 4 der Aarhus-Konvention im nationalen schwedischen Recht bereits weitestgehend enthalten sind. Die Informationen, die die Konvention in ihrem Art. 2 Nr. 3 als „Umweltinformationen" bezeichnet, fallen unter den im schwedischen Öffentlichkeitsprinzip der Verwaltung verankerten Begriff der „öffentlichen Akte". Einer Auflistung des weiteren Inhalts des Art. 2 Nr. 3 der Aarhus-Konvention bedarf es im schwedischen Recht daher grundsätzlich nicht. Denn das grundlegende Recht des Zugangs zu öffentlichen Akten in Schweden beruht nicht auf dem Inhalt der Informationen, sondern ist allgemein mit wenigen Ausnahmen für alle Akten gegeben. Problematisch ist allerdings der Kreis der Anspruchsverpflichteten, soweit Private Verwaltungsaufgaben wahrnehmen. Auf diese waren die allgemeinen Regeln über die Öffentlichkeit von Akten bis auf bestimmte Ausnahmen nicht anzuwenden. Zur Umsetzung der Aarhus-Konvention hat sich der schwedische Gesetzgeber daher entschieden, in einem Gesetz, das er nicht in das Umweltgesetzbuch integriert hat, die Herausgabepflicht hinsichtlich Privater und Beliehener zu regeln. Damit hat der schwedische Gesetzgeber in diesem Punk eine Übereinstimmung erreicht. Die Verfahrensregeln zur Herausgabe der Informationen stimmen allerdings nicht vollständig mit den Vorgaben der Aarhus-Konvention überein. Dies gilt für die in der Konvention vorgegebenen maximalen Zeitspannen zur Behandlung von Informationsbegehren. Solche Obergrenzen sind dem schwedischen Aktenauskunftsrecht fremd, soweit sie „klassische" Behörden betreffen. Private und Beliehene sind in dem neuen Gesetz den Fristen der Aarhus-Konvention unterworfen. Kommunalen Behörden müssen sich darüber hinaus aufgrund der Vorgaben der Konvention Gebührensatzungen geben, die Gebührentatbestände und Gebührenhöhe für Informationsersuchen angeben.

b) Öffentlichkeitsbeteiligung bei Entscheidungsverfahren

Im 2. Pfeiler der Aarhus-Konvention ist die Beteiligung der Öffentlichkeit in Entscheidungsverfahren verankert. Wie bereits für den freien Zugang zu Umweltinformationen, sind auch für eine Beteiligung der Öffentlichkeit an umweltbezogenen Entscheidungsverfahren die Vorzüge von Transparenz, Akzeptanz und Verwaltungs- bzw. Vollzugskontrolle in besonderer Weise hervorzuheben.[665] Letztlich wird durch die Beteiligung der Öffentlichkeit und dem damit

665 So die Kommission der EG in: KOM(2000) 839 endg., S. 2 f.

verbundenen wechselseitigen Meinungsaustausch zwischen Öffentlichkeit und Behörde der Entscheidungsprozess effektiver gestaltet.[666]

(1) Beteiligungspflichtige Verfahren

(i) Vorgaben der Aarhus-Konvention

Art. 6 der Aarhus-Konvention regelt die Öffentlichkeitsbeteiligung bei bestimmten umweltrelevanten Tätigkeiten bzw. deren Entscheidungen und Entscheidungsverfahren. Die entsprechenden Tätigkeiten sind im Anhang I zur Aarhus-Konvention aufgeführt.[667] Art. 6 Abs. 1 der Aarhus-Konvention gibt vor, die Vorschrift insgesamt anzuwenden, wenn eine der im Anhang I aufgeführten Tätigkeiten zugelassen werden soll (lit. a)) sowie in Übereinstimmung mit ihrem innerstaatlichen Recht bei Entscheidungen über Tätigkeiten anzuwenden, die zwar nicht im Anhang I aufgeführt, jedoch erhebliche Auswirkungen auf die Umwelt haben können (lit. b)). Schließlich kann ein Vertragsstaat im Wege der Ausnahme – auf der Grundlage einer Einzelfallbetrachtung, sofern diese nach innerstaatlichem Recht vorgesehen ist – entscheiden, den Art. 6 der Aarhus-Konvention nicht auf geplante Tätigkeiten anzuwenden, die den Zwecken der Landesverteidigung dienen, wenn diese Vertragspartei der Auffassung ist, dass sich eine derartige Anwendung negativ auf diese Zwecke auswirken würde.

Durch Art. 6 der Aarhus-Konvention ergeben sich für diejenigen Vertragsstaaten, die gleichzeitig Mitgliedstaaten der Europäischen Gemeinschaft sind, keine Änderungen,[668] wenn sie die UVP-Richtlinie umgesetzt haben.[669] Genehmigungsverfahren mit Öffentlichkeitsbeteiligung in der in Art. 6 der Aarhus-Konvention beschriebenen Form gehörten zu den bereits bekannten Instrumenten des Umweltrechts. Die in Anhang I der Aarhus-Konvention aufgeführten Tätigkeiten entsprechen grundsätzlich den in den Anhängen I und II zur UVP-Richtlinie und Anhang I zur IVVU-Richtlinie aufgeführten Tätigkeiten.[670]

---

666 Fisahn, ZUR 2004, 136 (136); v. Danwitz, NVwZ 2004, 272 (273).

667 Der Anhang umfasst 19 Tätigkeiten, die in einzelnen Absätzen namentlich aufgeführt sind, und weiter die Möglichkeit, eine Öffentlichkeitsbeteiligung auch dann vorzusehen, wenn innerstaatlich eine UVP für diese Tätigkeit vorgesehen ist (Abs. 20). Abs. 21 enthält eine Nichtanwendungsklausel des Übereinkommens für Forschungsanlagen, und Abs. 22 normiert Verfahrensfragen hinsichtlich der Änderung der Tätigkeiten.

668 Jeder, Entwicklungen im Umweltrecht vor dem Hintergrund der Åarhus-Konvention, S. 162.

669 Siehe dazu unten D) III) 1).

670 Eine Ausnahme dürfte Abs. 4 lit. g) „Chemieanlagen, in denen chemische oder biologische Verfahren zur Herstellung von Zusatzstoffen in Eiweißfuttermitteln, Fementen und anderen Eiweißstoffen angewandt werden“ sein.

(ii) Regelungen im schwedischen Recht

Die Bestimmungen sowohl der UVP- als auch der IVVU-Richtlinie – und damit die der Konvention – sind im schwedischen Recht größtenteils im MB und den hierzu ergangenen Verordnungen umgesetzt worden, teilweise auch in anderen Einzelgesetzen mit Verweis auf die Regelungen des MB. Die Bestimmungen des MB über die Genehmigungsverfahren zu den benannten Tätigkeiten finden sich im 9. Kapitel („Umweltgefährdende Tätigkeiten"), im 11. Kapitel („Wasserbezogene Tätigkeiten") und im 12. Kapitel („Gruben"). In der Verordnung über umweltgefährdende Tätigkeiten und Gesundheitsschutz[671] sind die Tätigkeiten im Einzelnen in der Anlage angegeben und ist benannt, für welche von diesen eine Anmelde- oder eine Genehmigungspflicht besteht. Hierzu zählt auch die Tätigkeit Nr. 24.64–2: „Fabriken für die Herstellung organischer Produkte, die nicht unter andere Tätigkeiten fallen und bei denen die Herstellung chemische Reaktionen umfasst".[672] Darüber hinaus kann die Regierung oder eine Behörde gemäß dem 9. Kapitel, § 6 MB die Genehmigungspflicht ausweiten. Wasserbezogene Tätigkeiten sind gemäß dem 11. Kapitel MB grundsätzlich immer genehmigungspflichtig, wenn sich nichts anderes ergibt. Vorschriften über die Prüfung bestimmter wasserbezogener Einzeltätigkeiten finden sich im Gesetz mit besonderen Bestimmungen über wasserbezogene Tätigkeiten.[673] Weiter sind im 17. Kapitel MB Tätigkeiten aufgezählt, deren Zulässigkeit die Regierung prüft. Diese Tätigkeiten finden sich in der Anlage I zur Aarhus-Konvention wieder. Hier ist allerdings festzuhalten, dass die Entscheidung über die Erteilung der Genehmigung selbst nicht durch die Regierung erfolgt, sondern lediglich ein Teil des Verfahrens ist, das später in der Genehmigungserteilung enden soll.[674] Zu den genehmigungspflichtigen Vorhaben aus dem MB finden sich Vorschriften über Beratungsverfahren bei der Durchführung der Umweltverträglichkeitsprüfung im 6. Kapitel MB sowie in der Verordnung über Umweltverträglichkeitsprüfungen.[675] Weiter gibt es Regelungen über die Öffentlichkeitsbeteiligung in dem Stadium nach Stellung des Antrags auf Genehmigungserteilung. Je nachdem, um welche Tätigkeit es im einzelnen geht, ist das Umweltgericht oder die Provinzialregierung hierzu sachlich zuständig.[676] Vorschriften über das Verfahren bei den Gerichten bzw. den Provinzialregierungen finden sich im 19. bzw.

---

671 *Förordning (1998:899) om miljöfarlig verksamhet och hälsoskydd.*

672 *„Fabrik för tillverkning av organiska produkter som inte ingår i någon annan punkt och där tillverkningen omfattar kemiska reaktioner"*

673 *Lag (1998:812) med särskilda bestämmelser om vattenverksamhet.*

674 Prop. 1997/98:45, S. 443.

675 *Förordning (1998:905) om miljökonsekvensbeskrivningar.*

676 Siehe oben C) V) 2).

21. Kapitel MB. In beiden Kapiteln bestehen Regelungen über die Bekanntmachung von Informationen und die Möglichkeit der Allgemeinheit, sich zu äußern.

Bestimmungen über Genehmigungsverfahren finden sich auch in anderen Gesetzen, etwa dem Wegegesetz[677] oder dem Gesetz über den Bau von Schienenwegen.[678] Diese verweisen an den relevanten Stellen auf die Vorschriften des MB. Straßenbauten werden vom zentralen Amt[679] im Einvernehmen mit der zuständigen Provinzialregierung geprüft. Kann ein Einvernehmen nicht hergestellt werden, ist die Regierung anzurufen, § 11 des Wegegesetzes. Der Projektträger muss eine Vorstudie durchführen. Hierin müssen auch Alternativen der Straßenführung benannt sein, die dann behördlicherseits geprüft werden. Für den Bau der Straße ist sodann ein Arbeitsplan zu erstellen. Dieser ist gemäß § 3 a des Wegegesetzes einer Genehmigungserteilung nach dem MB gleichzusetzen. Sowohl der Arbeitsplan als auch die Prüfung der Alternativstrecken unterliegen den Regelungen der UVP und dem Beratungsverfahren nach dem 6. Kapitel MB, §§ 14 a, 15 des Wegegesetzes. Für Schienenbauwerke gilt ebenfalls, gemäß § 3 des Gesetzes über den Bau von Schienenwegen, dass ein festgestellter Schienenwegeplan einer Genehmigungserteilung nach dem MB gleichzusetzen ist. Wie bei den Straßenbauwerken auch muss der Projektträger eine Vorstudie und ggf. eine Alternativstreckenermittlung durchführen, bevor der Schienenwegeplan festgestellt werden kann. Beide, die Alternativstreckenermittlung und der Schienewegeplan, sind UVP-pflichtige Verfahrensabschnitte. Sie erfordern außerdem das Beratungsverfahren nach dem 6. Kapitel MB, §§ 1 a, 2 des Gesetzes über den Bau von Schienenwegen.

Schließlich gibt es eigenständige Regelungen über Beteiligungspflicht in anderen Gesetzen. Im 5. Kapitel des Plan- und Baugesetzes (PBL)[680] finden sich bspw. Bestimmungen über die Pflicht der Kommunen, mit Behörden und betroffenen Teilen der Allgemeinheit zu beraten, sowohl wenn Bauleitpläne als auch wenn Bebauungspläne aufgestellt werden sollen.[681] Ein Bebauungsplan kann Genehmigungswirkung haben, so dass auch hier eine Beteiligung der Öffentlichkeit zu fordern ist. Nach einer mit Gründen versehenen Stellungnahme der

677 *Väglagen (1971:948).*

678 *Lag (1995:1649) om byggande av järnväg.*

679 *Vägverket.*

680 *Plan- och bygglag (1987:10).*

681 Zum Beplanung allgemein siehe oben B) II) 3) c). Diese Regelungen dürften allerdings auch unter Art. 7 der Aarhus-Konvention fallen, der die Öffentlichkeitsbeteiligung bei umweltbezogenen Plänen, Programmen und Politiken behandelt.

Kommission gemäß Art. 226 EGV hat Schweden seine UVP-Gesetzgebung im Rahmen des PBL geprüft und geändert.[682] Zu den Einzelheiten s.u.[683]

(2) Voraussetzungen der Beteiligung

(i) Das Verfahren der Beteiligung

1. Informationspflicht nach den Vorgaben der Aarhus-Konvention

Art. 6 Abs. 2 der Aarhus-Konvention enthält Regelungen zur Ausgestaltung des Beteiligungsverfahrens. Die betroffene Öffentlichkeit ist danach entweder durch öffentliche Bekanntmachung oder gegenüber dem Einzelnen in sachgerechter, rechtzeitiger und effektiver Weise frühzeitig über die geplante Tätigkeit zu informieren. Die Konvention unterscheidet zwei verschiedene Kategorien von „Öffentlichkeit“, nämlich die „Öffentlichkeit“ (Art. 2 Nr. 4 der Aarhus-Konvention) und die „betroffene Öffentlichkeit“ (Art. 2 Nr. 5 der Aarhus-Konvention). Für die Frage nach dem Zugang auf Umweltinformationen war diese Unterscheidung nicht relevant. Art. 6 der Aarhus-Konvention wendet sich jedoch nur an die „betroffene Öffentlichkeit“. Hierunter versteht man die von umweltbezogenen Entscheidungsverfahren betroffene oder wahrscheinlich betroffene Öffentlichkeit oder die Öffentlichkeit mit einem Interesse daran. Im Sinne dieser Begriffsbestimmung haben nichtsstaatliche Organisationen, die sich für den Umweltschutz einsetzen und alle nach innerstaatlichem Recht geltenden Voraussetzungen erfüllen, ein Interesse.

Die betroffene Öffentlichkeit soll Informationen erhalten über:

a. die geplante Tätigkeit und den Antrag, über den eine Entscheidung gefällt wird;
b. die Art möglicher Entscheidungen oder den Entscheidungsentwurf;
c. die für die Entscheidung zuständige Behörde;
d. das vorgesehene Verfahren einschließlich der folgenden Informationen, falls und sobald diese zur Verfügung gestellt werden können (Beginn des Verfahrens, Möglichkeit der Öffentlichkeit, sich zu beteiligen, Zeit und Ort vorgesehener öffentlicher Anhörungen, Angabe der Behörde, von der relevante Informationen zu erhalten sind und des Ortes, an dem die Öffentlichkeit Einsicht in die relevanten Informationen nehmen kann, Angabe der zuständigen Behörde oder der sonstigen amtlichen Stelle, bei der Stellungnahmen oder

682 Prop. 2004/05:59, S. 8.
683 Siehe unten D) III) 1).

Fragen eingereicht werden, sowie die dafür vorgesehenen Fristen und Angaben darüber, welche für die geplante Tätigkeit relevanten Informationen über die Umwelt verfügbar sind;

e. die Tatsache, dass die Tätigkeit einem nationalen oder grenzüberschreitenden Verfahren zur Umweltverträglichkeitsprüfung unterliegt.

2. Übereinstimmung der schwedischen Vorschriften über die Informierung der Öffentlichkeit

Gemäß dem 6. Kapitel, § 4 MB müssen sich diejenigen, die beabsichtigen, eine genehmigungspflichtige Tätigkeit zu betreiben, einzelne, die von der beabsichtigten Tätigkeit betroffen werden können, informieren, bevor sie die Genehmigung beantragen und bevor eine Bestandsaufnahme begonnen wird. Die Gruppe der Betroffenen umfasst auch Nachbarn.[684] Andere sind jedoch nicht ausgeschlossen. Der Informationsprozess soll rechtzeitig und in hinreichendem Umfang, gemessen an Art und Umfang der geplanten Tätigkeit, erfolgen. Zuvor muss der Träger des Vorhabens der zuständigen Provinzialregierung und der berührten Allgemeinheit Angaben über die Ansiedlung der Tätigkeit, deren Umfang, Ausformung und Auswirkungen auf die Umwelt machen. Nach Durchführung der Bestandsaufnahme sollen die gesammelten Informationen gemeinsam mit dem Antrag auf Genehmigungserteilung bekanntgemacht werden, 6. Kapitel, § 8 MB i.V.m. dem 19. Kapitel, § 4 MB und dem 22. Kapitel, § 3 MB. Die letztgenannte Vorschrift beinhaltet die Auflistung der Informationen, die in der Bekanntmachung enthalten sein sollen. Allerdings bestimmt die Vorschrift, anders als Art. 6 Abs. 2 der Aarhus-Konvention nicht ausdrücklich, dass die Bekanntmachung Angaben darüber enthalten soll, dass das Vorhaben von einer UVP umfasst ist, darüber, welche möglichen Entscheidungen getroffen werden können, darüber, welche für die geplante Tätigkeit relevanten Umweltinformationen verfügbar sind und darüber, ob die Tätigkeit einem nationalen oder grenzüberschreitenden Verfahren zur UVP unterliegt. Allerdings verlangt die Vorschrift in seinem Abs. 1 Ziff. 1 eine Darstellung des Antrags. Dieser Antrag hat nach dem 22. Kapitel, § 6 MB eine UVP, sofern erforderlich, und eine Darstellung des Informierungsverfahrens nach dem 6. Kapitel, §§ 4 bis 6 MB zu enthalten. Im 6. Kapitel, § 6 MB ist normiert, dass bei grenzüberschreitenden Tätigkeiten das betroffene Land informiert werden muss, um ihm die Teilnahme im Informierungsverfahren zu ermöglichen. Insoweit besteht Übereinstimmung mit den Vorgaben der Konvention. Ein besonderer Hinweis auf die Art der möglichen Entscheidungen und die relevanten Umweltinformationen in der Bekanntma-

684 Prop. 1997/98:45, Teil I, S. 285.

chung ist deswegen nicht nötig, weil eine UVP diejenigen Angaben enthalten soll, die nötig sind, um die geplante Tätigkeit und ihre Auswirkungen auf die Umwelt zu beschreiben, 6. Kapitel, §§ 3 und 7 MB.

(ii) Frühzeitige Informationen und Beteiligung

1. Vorgaben der Aarhus-Konvention

Die Verfahren zur Öffentlichkeitsbeteiligung müssen jeweils einen angemessenen zeitlichen Rahmen für die verschiedenen Phasen vorsehen, damit ausreichend Zeit zur Verfügung steht, um die Öffentlichkeit i.S.v. Art. 6 Abs. 2 der Aarhus-Konvention zu informieren und damit der Öffentlichkeit ausreichend Zeit zur effektiven Vorbereitung und Beteiligung während des umweltbezogenen Entscheidungsverfahrens gegeben wird, Art. 6 Abs. 3 der Aarhus-Konvention. Jede Vertragspartei muss für eine frühzeitige Öffentlichkeitsbeteiligung sorgen, zu einem Zeitpunkt, zu dem alle Optionen noch offen sind und eine effektive Öffentlichkeitsbeteiligung stattfinden kann, Art. 6 Abs. 4 der Aarhus-Konvention. Für die auszulegenden Unterlagen der Tätigkeiten gelten gemäß Art. 6 Abs. 6 der Aarhus-Konvention Mindeststandards:

a. eine Beschreibung des Standorts sowie der physikalischen und technischen Merkmale der geplanten Tätigkeit, einschließlich einer Schätzung der erwarteten Rückstände und Emissionen;
b. eine Beschreibung der erheblichen Auswirkungen der geplanten Tätigkeit auf die Umwelt;
c. eine Beschreibung der zur Vermeidung und/oder Verringerung der Auswirkungen einschließlich der Emissionen vorgesehenen Maßnahmen;
d. eine nichttechnische Zusammenfassung der genannten Informationen;
e. einen Überblick über die wichtigsten vom Antragsteller geprüften Alternativen und
f. in Übereinstimmung mit den innerstaatlichen Rechtsvorschriften die wichtigsten Berichte und Empfehlungen, die an die Behörde zu dem Zeitpunkt gerichtet werden, zu dem die betroffene Öffentlichkeit nach Abs. 2 informiert wird. Das weitere Verfahren sieht dann in Art. 6 Abs. 7 der Aarhus-Konvention die Möglichkeit vor, Stellungnahmen und Meinungen zur geplanten Tätigkeit schriftlich vorzulegen oder dies während einer öffentlichen Anhörung gegenüber dem Antragsteller vorzutragen.

2. *Die Vereinbarkeit der bestehenden nationalen schwedischen Regeln mit den Vorgaben der Aarhus-Konvention*

Die Informationen, von denen in der Vorschrift der Art. 6 Abs. 6 der Aarhus-Konvention die Rede ist, finden sich in Schweden in den „öffentlichen Akten“, die grundsätzlich jedermann frei zugänglich sind.[685] Sie sind dem Bürger kostenfrei zur Verfügung zu stellen. Im 6. Kapitel, §§ 7 und 8 MB finden sich darüber hinaus Regelungen darüber, welche Informationen im Rahmen einer UVP gesammelt und bekanntgemacht werden sollen. Allerdings sind in den benannten Vorschriften die einzelnen Punkte aus Art. 6 Abs. 6 der Aarhus-Konvention nicht besonders genannt.

Bereits oben[686] wurde auf die Regelungen über die Informierung der betroffenen Öffentlichkeit vor Durchführung von Bestandsaufnahme und Antragstellung hingewiesen. Gemäß dem 6. Kapitel, § 5 MB muss darüber hinaus eine UVP durchgeführt werden, wenn die Provinzialregierung eine bedeutende Umwelteinwirkung durch die gedachte Tätigkeit annimmt. Im Rahmen dieser UVP hat ein ausgeweitetes Informationsverfahren erfolgen. In diesem Verfahren sind nicht nur die direkt von der Tätigkeit Betroffenen, sondern auch die Allgemeinheit und die Organisationen, die wahrscheinlich betroffen sein können, beteiligungsberechtigt, 6. Kapitel, § 5 Abs. 1 Satz 2 MB. Dies meint einen größeren Personenkreis als den im 6. Kapitel, § 4 MB beschriebenen. Er umfasst sowohl Nachbarn als auch die gesamte lokale Bevölkerung sowie Umweltorganisationen und dabei insbesondere die lokal tätigen.[687] Nach erfolgter Bekanntmachung sowohl des Antrags als auch der Bestandsaufnahme müssen diese Informationen dann der „Allgemeinheit“ zugänglich gemacht werden und ihr ermöglicht werden, sich hierüber zu äußern, bevor die Angelegenheit durch die Genehmigungsbehörde oder das Genehmigungsgericht geprüft wird, 6. Kapitel, § 8 Abs. 1 Satz 4 MB. Der Kreis der Einsichtsberechtigten ist also in diesem Verfahrensstadium deutlich weiter, weil der schwedische Gesetzgeber die Einschränkung „betroffen“ nicht macht. Prüfungen der Genehmigung durch ein Umweltgericht als Genehmigungsgericht unterliegen dem Offizialprinzip.[688] D.h., das Gericht ist nicht an das Vorbringen der Parteien gebunden, sondern kann die nötigen Informationen selbst beschaffen. Hierzu zählen auch Eingaben Dritter, also Eingaben

---

685 Siehe oben D) I) 2) a) (1) (ii).

686 Siehe oben D) I) 2) b) (2) (i) 2.

687 Prop. 1997/98:45, Teil II, S. 60.

688 Dies gilt für Antragsverfahren auf Genehmigungserteilung, für Verfahren auf Überprüfung von Genehmigungen oder Verstöße gegen Auflagen oder (umwelt-)rechtliche Vorschriften. In Verfahren auf Schadensersatz zwischen Geschädigtem und Schädiger gilt der Beibringungsgrundsatz aus dem Zivilprozessrecht, vgl. hierzu Lindblom, Miljöprocess, Del I, S. 96 ff.

seitens der Allgemeinheit. Im Gesetzgebungsverfahren hatte die Regierung darauf hingewiesen, dass sie nicht nur von den Umweltgerichten, sondern auch von den Provinzialregierungen die Durchführung mündlicher Verhandlungen erwarte.[689] Weil die Ladungen zu solchen Verhandlungen bekanntgemacht werden müssen, können einzelne, aber auch Organisationen in diesen Verhandlungen – zumindest theoretisch – gehört und damit beteiligt werden.

Konkrete Fristen sowohl für die Bereitstellung der Informationen als auch für die Beteiligung gibt es im schwedischen Recht nicht. § 7 der Verordnung über die Bestandsaufnahme stellt jedoch klar, dass die Bekanntmachung der UVP angeben soll, dass schriftliche Eingaben bis zu dem Zeitpunkt gemacht werden können, den die Behörde, die die Prüfung vorzunehmen hat, bestimmt. Gleiches ergibt sich aus dem 22. Kapitel, § 10 MB für das Verfahren vor einem Genehmigungsgericht. Insoweit muss also eine Frist von der prüfenden Behörde vorgegeben werden.

(iii) Der Abschluss des Beteiligungsverfahrens

1. Vorgaben der Aarhus-Konvention

Das Ergebnis der Öffentlichkeitsbeteiligung soll angemessen berücksichtigt werden, Art. 6 Abs. 8 der Aarhus-Konvention. Sobald die Behörde ihre Entscheidung gefasst hat, soll sie die Öffentlichkeit unverzüglich hiervon informieren; dies gilt für den Wortlaut der Entscheidung wie für die sie tragenden Gründe, Art. 6 Abs. 9 der Aarhus-Konvention.

2. Vereinbarkeit der schwedischen Regelungen

Dem Postulat der „angemessenen Berücksichtigung" der Beteiligung aus Art. 6 Abs. 8 der Aarhus-Konvention trägt Schweden damit Rechnung, dass die Genehmigungsbehörde bzw. das Genehmigungsgericht beachten soll, was das Informationsverfahren an Eingaben erbracht hat, 6. Kapitel, § 9 Abs. 2 MB.

Soweit die Entscheidung durch ein Umweltgericht ergeht, schreibt das 22. Kapitel, § 21 MB vor, dass ein solches Genehmigungsurteil mit Rücksicht auf Art und Umfang so bald wie möglich ergehen soll. Wenn keine besonderen Gründe entgegenstehen und eine Hauptverhandlung erfolgt ist, soll das Urteil zwei Monate nach der Hauptverhandlung ergehen. Die Parteien des Verfahrens sind über den Inhalt des Urteils schriftlich oder dadurch zu unterrichten, dass das Urteil beim Aktenverwahrer des Gerichts zugänglich gehalten wird. Im Prozess-

---

689 Prop. 1997/98:45, Teil I, S. 293 f.

gesetzbuch[690] und im Verwaltungsverfahrensgesetz[691] finden sich gleichlautende Vorschriften. Nach dem Offizialprinzip sind die Entscheidungen frei zugänglich, denn sie sind in den frei zugänglichen Akten enthalten. Darüber hinaus finden sich im 6. Kapitel, § 8 Abs. 2 MB und im 22. Kapitel, § 3 Abs. 1 MB Bestimmungen über die Bekanntmachung von Entscheidungen. Letztgenannte Vorschrift gibt die Veröffentlichung einer Genehmigungsentscheidung in lokalen Blättern vor. Allerdings gibt die Konvention eine Pflicht zur Veröffentlichung nicht vor, sondern lediglich die Pflicht zur Information und zur Zugänglichmachung. Diese beiden Voraussetzungen sind erfüllt.

(iv) Endergebnis

Im Ergebnis kann festgehalten werden, dass sich bei einer gedachten Umsetzung der Vorgaben des Art. 6 der Aarhus-Konvention ins nationale schwedische Recht betreffend das Beteiligungsverfahren keine Anpassungsprobleme ergeben.

c) Der Zugang zu den Gerichten in Umweltangelegenheiten

Schließlich werden im 3. Pfeiler der Aarhus-Konvention die verbindlichen Standards für den Zugang zu gerichtlichen und anderen Verfahren zur Überprüfung staatlicher Entscheidungen betreffend die zuvor statuierten Rechte, den Anspruch auf Umweltinformation und der Öffentlichkeitsbeteiligung, normiert, Art. 9 Abs. 1 und 2 der Aarhus-Konvention. Ohne diese Möglichkeit der gerichtlichen oder verwaltungsinternen Durchsetzung der gewährten Informations- und Beteiligungsrechte wäre die Konvention sonst wirkungslos; erst der Rechtsschutz macht diese Rechte effektiv.[692] Inhaltlich greift die Konvention alle Elemente des „Prinzips 10" der Erklärung von Rio[693] auf,[694] allerdings ergibt sich der formale Unterschied, dass die Inhalte der Konvention im Gegensatz zu den Inhalten der Rio-Deklaration für diejenigen Staaten, die sie ratifiziert haben oder dies beabsichtigen zu tun, verbindlich sind bzw. sein werden. Sowohl nationalstaatliches Recht als auch Gemeinschaftsrecht müssen nach der Ratifizierung der Konvention angepasst werden.

Art. 9 der Aarhus-Konvention unterscheidet allerdings nicht nur zwischen dem Zugang zu Überprüfungsverfahren bei Verletzung des Anspruchs auf Zugang zu Umweltinformationen gemäß Art. 4 der Aarhus-Konvention und dem

690 Vgl. im Einzelnen die Regelungen im 17. Kap. RB *(1942:740)*.

691 *§ 21 Förvaltningslag (1995:1322)*.

692 Scheyli, Archiv des Völkerrechts, Heft 2/2000, S. 217 (227 f.).

693 Siehe oben D) I) 1) b) und Wates, ELNI 1997, 29 (29).

694 Koch-Buck/Verheyen, Umweltrecht, § 1, Rdn. 62.

Zugang zu Überprüfungsverfahren hinsichtlich der unter Art. 6 der Aarhus-Konvention fallenden Entscheidungen, sondern gewährt auch den Zugang zu Überprüfungsverfahren in Bezug auf Verletzungen des innerstaatlichen Umweltrechts der einzelnen Vertragsstaaten. Absatz 4 verlangt darüber hinaus die Einführung effektiven und ggfls. vorläufigen Rechtsschutzes von den Vertragsstaaten. Um die Effektivität der Vorschrift insgesamt zu fördern, wird den Vertragsstaaten in Absatz 5 aufgegeben sicherzustellen, dass der Öffentlichkeit Informationen über den Zugang zu verwaltungsbehördlichen und gerichtlichen Überprüfungsverfahren zur Verfügung gestellt werden und angemessene Unterstützungsmechanismen zu schaffen, um Hindernisse finanzieller und anderer Art für den Zugang zu Gerichten zu beseitigen oder zumindest zu verringern.

(1) Klageweise Durchsetzung des Informationsanspruches gemäß Art. 4 der Aarhus-Konvention

(i) Regelung der Aarhus-Konvention

Gemäß Art. 9 Abs. 1 der Aarhus-Konvention haben die Vertragsstaaten sicherzustellen, dass jede Person, die der Ansicht ist, ihr nach Art. 4 der Konvention gestellter Antrag auf Informationen sei nicht beachtet, fälschlicherweise ganz oder teilweise abgelehnt, unzulänglich beantwortet oder auf andere Weise nicht in Übereinstimmung mit den Vorgaben dieses Artikels bearbeitet worden, Zugang zu einem Überprüfungsverfahren vor einem Gericht oder einer anderen unabhängigen Stelle hat. Die Formulierung „jede Person" zeigt, dass der gewährte Anspruch auf Umweltinformation voraussetzungslos ist.[695] Entsprechend ergeben sich für seine Geltendmachung keine besonderen Anforderungen.[696]

Soweit ein Vertragsstaat eine gerichtliche Kontrolle des Umweltinformationsanspruchs einführen möchte, ist er gemäß Art. 9 Abs. 1 UAbs. 2 der Aarhus-Konvention gehalten, überdies ein außergerichtliches Überprüfungsverfahren vor einer Behörde oder einer unabhängigen, unparteiischen Stelle vorzusehen, das zügig und kostengünstig erfolgen muss.

(ii) Bestehende Rechtsschutzmöglichkeiten in Schweden

Wird einem Antagsteller das Akteneinsichtsrecht ganz oder teilweise verwehrt, steht ihm der Gang zu den Gerichten offen, 2. Kapitel, § 15 Abs. 2 TF. Abs. 2 dieser Vorschrift verweist auf das Geheimhaltungsgesetz. Dort finden sich die

695 Epiney, ZUR 2003, 176 (178).
696 V. Danwitz, NVwZ 2004, 272 (276).

Vorschriften über die Anfechtung abschlägiger Entscheidungen zur Akteneinsicht im 15. Kapitel. Das Klagerecht steht dem Antragsteller zu, dessen Antrag nicht oder nicht vollumfänglich stattgegeben wurde, so dass er durch die Entscheidung der Behörde beschwert ist.[697] Erste Instanz ist das örtlich zuständige Kammergericht, 15. Kapitel, § 7 SekrL. Rechtsmittelgericht ist dann *Regeringsrätten.* Die Regierung nimmt in bezug auf das Akteneinsichtsrecht eine Sonderstellung ein. Gegen eine Entscheidung der Regierung, eine Akte nicht einsehen zu lassen, stehen dem Einsichtsbegehrenden keine Rechtsmittel zu. Gleiches gilt für Entscheidungen des Reichstags, 15. Kapitel, § 7 Abs. 3 SekrL und 2. Kapitel, § 15 TF. In diesen Fällen ist auch eine Rechtsprüfung nach dem RPL nach Auffassung von *Regeringsrätten* nicht möglich. Denn das Recht auf Teilhabe an öffentlichen Akten zählt nicht zu den Rechtsverhältnissen, die im 8. Kapitel, §§ 2, 3 RF benannt sind.[698]

(iii) Vereinbarkeit der bestehenden schwedischen Regelungen mit den Vorgaben der Aarhus-Konvention

Wie bereits oben erwähnt, gewähren die TF und SekrL einen anonymen Zugang zu Informationen auf Behördenebene. Bei Erhebung einer Klage muss sich der Kläger, anders als auf Verwaltungsebene (im Rahmen der Akteneinsicht) zwar zu erkennen geben. Für den einzelnen stellt diese Voraussetzung kein Problem dar, weil ihm das Recht auf Akteneinsicht, das er einklagen möchte, durch die TF voraussetzungslos gewährt wird. Gleiches gilt für Umweltorganisationen, egal wie sie organisiert oder strukturiert sind. Denn auch das 15. Kapitel, § 7 SekrL stellt lediglich auf den einzelnen *(„enskild")* ab, dessen Recht auf Einsicht abgelehnt wurde. Voraussetzungen hinsichtlich eines besonderen Interesses oder einer weitergehenden Rechtsverletzung gibt es genauso wenig wie Voraussetzungen, die im 16. Kapitel, § 13 MB benannt sind und das Klagerecht der Umweltverbände einschränken.[699]

Hinsichtlich der Passivlegitimation ergibt sich eine Besonderheit betreffend die Regierung als handelnde Behörde. Ihre Entscheidungen können nicht angefochten werden. Die Sonderstellung der Regierung ist mit den Vorgaben des Art. 9 Abs. 1 der Aarhus-Konvention nicht zu vereinbaren.[700] Rechtsschutz muss

---

697 Umgekehrt steht dieses Klagerecht nicht demjenigen zu, der sich durch die Entscheidung einer Behörde, eine Akte an einen Antragsteller herauszugeben, in seinen Rechten verletzt sieht, vgl. Strömberg, Handlingsoffentlighet och sekretess, S. 64.

698 RÅ 1999, ref 87. In dieser Entscheidung hatte *Regeringsrätten* Rechtsschutz gegen eine abschlägige Entscheidung auf Akteneinsicht nach dem RPL abgelehnt.

699 Siehe oben D) I) 2) a) (2).

700 Ebbesson, JT 1999–2000, 3 (837).

nach den eindeutigen Vorgaben der Konvention auch gegen ihre Entscheidungen möglich sein. Die Einschränkungen hinsichtlich der Entscheidungen des Reichstags sind dagegen nicht relevant, weil legislative Organe nicht „Behörden" im Sinne der Richtlinie sind. Weiter hat das Gesetz über Umweltinformationen bei gewissen einzelnen Organen[701] in seinem § 9 die Einklagbarkeit einer ablehnenden Entscheidung eines Privaten oder eines Beliehenen geregelt, so dass insoweit eine Anpassung erfolgt ist.

Art. 9 Abs. 1 der Aarhus-Konvention will ferner diejenigen Fälle erfassen, in denen eine Behörde nicht (vgl. den Passus „nicht beachtet") oder nur verzögert (vgl. den Passus „oder auf andere Weise nicht in Übereinstimmung dem genannten Artikel" – hier: Art. 4 Abs. 2 und Abs. 7) auf Informationsersuchen reagiert. Wie bereits oben[702] dargestellt, kennt das schwedische öffentliche Recht grundsätzlich keine Untätigkeitsklage. Auch das 15. Kapitel, § 7 Sekr gibt ein Klagerecht nur in den Fällen, in denen eine Behörde einen Antrag auf Einsicht abgelehnt hat oder eine öffentliche Akte nur teilweise herausgegeben hat, also eine Verwaltungsentscheidung besteht, die angefochten werden kann. Für die Fälle der vollständigen Untätigkeit gilt das Klagerecht aus der benannten Vorschrift aber nicht, so dass Rechtsschutz in diesen Fällen in Schweden nicht besteht. Insoweit ist die bestehende Rechtslage mit den Vorgaben der Aarhus-Konvention nicht vereinbar. Zwar besteht die Möglichkeit, sich an den *Justitieombudsman* zu wenden.[703] Dieser kann die unterlassene Entscheidung der zuständigen Behörde jedoch nicht ersetzen, sondern lediglich Untersuchungen über die Tätigkeit der betroffenen Behörde anstellen und die Ergebnisse veröffentlichen.[704] Auch die Möglichkeit, gegen einen sehr nachlässigen Beamten strafrechtlich vorzugehen, wie ihn das Strafgesetzbuch in seinem 20. Kapitel, § 1 vorsieht, hilft nicht weiter, sie ist nur Ausfluss des Gedankens der Generalprävention.[705] Eine Entscheidung in der Sache kann hierdurch nicht herbeigeführt werden, so dass diese Möglichkeit gleichermaßen keinen effektiven Rechtsschutz bietet. Abgesehen davon ist der durch einen solchen Beamten belastete Bürger nicht „Partei" eines Strafverfahrens. Diese Möglichkeit entspricht daher nicht den Vorgaben der Aarhus-Konvention.[706] Hier besteht demnach Anpassungsbedarf. Gleiches gilt für Unterlassungen bzw. die Untätigkeit bei Privaten und Beliehe-

---

701 *Lag (2005:181) om miljöinformation hos vissa enskilda organ.*

702 Siehe oben C) IV) 2) b) (5) (iii).

703 Dies gilt auch in den Fällen, in denen sich eine Herausgabeentscheidung über zwei Monate hinzieht, Westerlund, in Hallo: Access to Environmental Information in Europe, S. 304.

704 Askelöf/Fernemann Heurgren, in: Winter, Öffentlichkeit und Umweltinformationen, S. 500.

705 Leffler, FT 1999, 130 (145).

706 So auch: Ebbesson, JT 1999–2000, 3 (838).

nen. Das Gesetz über Umweltinformationen bei gewissen einzelnen Organen sieht eine Klagemöglichkeit in diesen Fällen ebenfalls nicht vor.

(2) Klageweise Durchsetzung der Beteiligungsrechte gemäß Art. 6 der Aarhus-Konvention

(i) Regelung der Aarhus-Konvention

Die Vorschrift des Art. 9 Abs. 2 der Aarhus-Konvention eröffnet den Zugang zu Gerichten hinsichtlich des 2. Pfeilers der Konvention, also die Beteiligungsrechte gerichtlich durchzusetzen. Danach ist Mitgliedern der betroffenen Öffentlichkeit,[707] die entweder ein ausreichendes Interesse haben oder alternativ eine Rechtsverletzung geltend machen, Zugang zu einem Überprüfungsverfahren vor einem Gericht und/oder einer anderen auf gesetzlicher Grundlage geschaffenen unabhängigen und unparteiischen Stelle zu gewähren, um die formelle und materielle Rechtmäßigkeit von Entscheidungen und Handlungen oder Unterlassungen einer Behörde im Sinne von Art. 6 der Aarhus-Konvention anzufechten.[708] Im Gegensatz zum Anspruch auf Umweltinformationen, der keinen weiteren Einschränkungen hinsichtlich einer besonders auszuweisenden Klagebefugnis unterliegt, fordert Art. 9 Abs. 2 der Aarhus-Konvention eine Klagebefugnis.

1. Klagebefugnis

Die Klagebefugnis ist in der Konvention nicht abschließend geregelt. Sie hat den Vertragsstaaten zwei Modelle alternativ zur Verfügung gestellt, nämlich entweder die Geltendmachung eines „ausreichenden Interesses“ (Abs. 2 UAbs. 1 lit. a)) oder die Geltendmachung einer „Rechtsverletzung“ (Abs. 2 UAbs. 1 lit. b)). Was als ausreichendes Interesse oder als Rechtsverletzung gilt, soll sich nach den Erfordernissen innerstaatlichen Rechts bestimmen, Art. 9 Abs. 2 UAbs. 2 Satz 1, 1. HS der Aarhus-Konvention. Zu diesem Zweck gilt jedoch das Interesse jeder nicht staatlichen Organisation, die die Voraussetzung des Art. 2 Nr. 5 der Aarhus-Konvention erfüllt, als ausreichend i.S.d. von Abs. 2 UAbs. 1 lit. a). Gleichermaßen gelten diese Organisationen als Träger von Rechten, die im Sinne des Abs. 2 UAbs. 1 lit. b) verletzt werden können, Art. 9 Abs. 2 UAbs. 2 Satz 2 und 3 der Aarhus-Konvention. Schweden dürfte demnach als Vertragsstaat bei der Umsetzung der Konvention in nationales Recht die Verlet-

707 Art. 2 Nr. 5 der Aarhus-Konvention.

708 Unter Art. 6 der Aarhus-Konvention fallen nicht nur behördliche Entscheidungen über die in Anhang I der Konvention aufgeführten Vorhaben, sondern auch alle anderen Tätigkeiten, die nach innerstaatlichem Recht erhebliche Auswirkungen auf die Umwelt haben können.

zung eines subjektiven Rechts verlangen, da „dies im Verwaltungsprozessrecht" Schwedens „vorgesehen ist", wie zu Beginn der Arbeit gezeigt.[709] Wie weit eine Vertragspartei das Klagerecht einer Umweltorganisation allerdings einschränken kann, ist umstritten.

2. Möglichkeiten der Einschränkung der Klagebefugnis für die Vertragsstaaten

Eine Auffassung trägt den Diskussionen anlässlich der Schaffung der Konvention Rechnung und billigt den Unterzeichnerstaaten die Möglichkeit zu, im eigenen nationalen Recht Voraussetzungen zu schaffen, die Organisationen erfüllen müssen, um klageberechtigt im Sinne von Art. 9 Abs. 2 der Aarhus-Konvention zu sein.[710] Gerade dieser Punkt war auf der Konferenz umstritten.[711] Diese Einschränkung ist auf Betreiben einiger Konferenzstaaten eingefügt worden, die eine zu weit gehende Beteiligung im Sinne einer Popularklage fürchteten.[712] Als Ergebnis dieser Diskussion war die Formulierung über die Verletzung eigener Rechte eingeführt worden, um zu vermeiden, dass sich Organisationen kraft ihres Zweckes immer auf ein ausreichendes Interesse berufen könnten.[713] Die andere Auslegung orientiert sich hingegen an dem Zweck der Konvention, namentlich an der Absicht, der betroffenen Öffentlichkeit in ihrem Rahmen einen möglichst weiten Zugang zu Gerichten zu ermöglichen, wie es ausdrücklich in Art. 9 Abs. 2 UAbs. 2 Satz 1, 2. HS der Aarhus-Konvention heißt.

Gerade vor dem Hintergrund des Zwecks der Aarhus-Konvention, einen weiten Zugang zu Gerichten zu gewähren, begegnet die Auslegung Bedenken, die den Mitgliedstaaten gleichsam „freie Hand" bei der Ausgestaltung des Anfechtungsrechts für Umweltorganisationen gewähren will. Denn diese Auslegung verkürzt den umfassenden Charakter der Konvention, der in der Präambel (Erwägungsgründe 8 und 10) und in Art. 1 der Aarhus-Konvention niedergelegt ist. Weiter streitet sie gegen Erwägungsgrund 13, nachdem die Konvention ausdrücklich die Beteiligung von Umweltverbänden fördern will. Außerdem soll im Rahmen der Konvention ein „weiter Zugang" zu den Gerichten eröffnet werden, was Art. 9 Abs. 2 UAbs. 2 S. 1 der Aarhus-Konvention ausdrücklich statuiert.[714] Dieser Maßgabe müssen die Vertragsstaaten gemäß den allgemeinen völkerrechtlichen Grundsätzen Folge leisten. Die Auslegungsprinzipien des Art. 31 der

709 Siehe oben B) I) 2) a) und B) IV) 1).

710 Epiney, ZUR 2003, 176 (178).

711 Zschiesche, ZUR 2001, 177 (181).

712 Wates nennt Russland und Deutschland „*Troublemakers*", vgl. Wates, ELNI 1997, 29 (30).

713 Seelig/Gründling, NVwZ 2002, 1033 (1040).

714 So auch Ekhardt, NVwZ 2005, 532 (532).

Wiener Vertragsrechtskonvention (WVK)[715] gebieten, einen völkerrechtlichen Vertrag „nach Treu und Glauben in Übereinstimmung mit der gewöhnlichen, seinen Bestimmungen in ihrem Zusammenhang zukommenden Bedeutung und im Lichte seines Zieles und Zweckes auszulegen.[716] Für Umweltorganisationen gilt allerdings ohnehin gemäß Art. 9 Abs. 2 UAbs. 2 S. 2 und 3 der Aarhus-Konvention, dass ihre satzungsmäßigen Interessen immer ausreichend sind bzw. sie immer in ihren Rechten verletzt sind, wenn sie die in Art. 2 Nr. 5 der Aarhus-Konvention genannten Voraussetzungen erfüllen. An dieser Stelle kann es allerdings gleichermaßen zu einer Beschränkung des Zugangsrechts zu Überprüfungsverfahren kommen. Denn nach dieser Vorschrift sind lediglich diejenigen Organisationen begünstigt, die (a) nicht staatlich sind, die sich (b) für die Belange des Umweltschutzes einsetzen und darüber hinaus (c) alle nach innerstaatlichem Recht geltenden Voraussetzungen erfüllen. Gerade das letztgenannte Kriterium könnte seinerseits dem Wortlaut nach den Vertragsstaaten die Möglichkeit bieten, das Zugangsrecht über eine entsprechende Definition der berechtigten Organisationen im nationalen Recht zu begrenzen. Dies könnte etwa hinsichtlich der Mitgliederzahl, der Tätigkeitsdauer oder der Rechtsform der Umweltorganisation erfolgen. Allerdings ist eine solche einzelstaatliche Regelung – besser: Reglementierung – ebenfalls an der Vorschrift des Art. 31 WVK zu messen. Erreicht ein Vertragsstaat durch entsprechende Regelungen, beispielsweise durch die Normierung einer Mindestgrenze für Mitglieder, die den demographischen Voraussetzungen des Staates nach zur Folge hat, dass sich keine Umweltorganisation dieses Landes auf das Klagerecht berufen kann, den faktischen Ausschluss der Klagemöglichkeiten solcher Organisationen, verstößt er damit gegen die Grundintention der Konvention, einen möglichst weiten Zugang zu gerichtlichen Verfahren zu gewährleisten, und die entsprechende nationale Regelung wäre vertragswidrig. Daher ist die Freiheit der Unterzeichnerstaaten bei der Ausgestaltung nicht unbegrenzt.[717] Andernfalls könnten die grundsätzlichen Ziele der Konvention durch zu enge Regelungen einzelner Staaten umgangen werden.[718]

(ii) Vereinbarkeit der bestehenden schwedischen Regeln

Die Voraussetzungen, die eine Umweltorganisation erfüllen muss, um nach dem 16. Kapitel, § 13 MB – also ohne die Verletzung eigener Rechte geltend zu ma-

715 Schwed.: *Wienkonvention om traktaträtten*, SÖ 1975:1.

716 Vgl. zur Auslegung nach Art. 31 WVK auch Ibsen, Völkerrecht, § 11, Rdn. 11 ff. und Bownlie, Principles of public international law, S. 602 f.

717 So auch: Ebbesson, JT 1999–2000, 4 (17); Zschiesche, ZUR 2001, 177 (182).

718 Ekhardt, NvWZ 2005, 532 (532).

chen – anfechtungs- oder klageberechtigt zu sein, wurden bereits ausführlich diskutiert.[719] Insbesondere wurde aufgezeigt, dass das Klagerecht nur wenigen Umweltverbänden zusteht, weil insbesondere das Mitgliederkriterium und die Tätigkeitsdauer nur wenige Umweltorganisationen in Schweden zu erfüllen vermögen und es in der Folge nur zu wenigen Fällen gekommen ist, in denen Umweltorganisationen sich auf das Klagerecht nach dem 16. Kapitel, § 13 MB berufen haben.[720] Mit diesen Voraussetzungen beschäftigt sich auch der Gesetzesvorschlag der Regierung vom 20. Januar 2005.[721]

In der Aarhus-Konvention findet sich keine Aussage darüber, welcher Rechtsform Umweltorganisationen unterliegen müssen, um anfechtungsberechtigt zu sein. Im Gegenteil, Art. 2 Nr. 5 der Aarhus-Konvention, auf den Art. 9 Abs. 2 UAbs. 2 der Aarhus-Konvention verweist, spricht lediglich von „nichtstaatlichen Organisationen“,[722] so dass es auf eine bestimmte Rechtsform nicht ankommt. Damit ist die Diskussion, ob auch Stiftungen schwedischen Rechts anfechtungsberechtigt sein sollen, überholt. *Stiftelsen miljöcentrum* ist zukünftig berechtigt, allgemeine Interessen zu vertreten. Gleiches gilt für den WWF und *„Det Naturliga Steget“*, die ebenfalls als Stiftungen organisiert sind. Die Vorschrift des 16. Kapitels, § 13 MB muss künftig anders ausgelegt werden. Gleiches gilt für die sich aus den Gesetzesvorarbeiten ergebende[723] Voraussetzung, dass die Vereinigung demokratisch aufgebaut sein muss und dass die Organisation eine ideelle Vereinigung mit Satzung und Vertretungsorgan sein muss. Auf diese Weise werden zur Zeit insbesondere „Ad-hoc-Vereinigungen“ vom Klagerecht ausgeschlossen.

Weiter sind sowohl das Mitgliederkriterium (2.000 Mitglieder) als auch das Zeitkriterium (mindestens drei Jahre tätig) aus dem 16. Kapitel, § 13 MB konventionswidrig. Bereits aufgrund des Mitgliederkriteriums sind die meisten lokalen Organisationen, darunter die Agenda-21-Gruppen,[724] ausgeschlossen. Gleiches gilt hier für das Kriterium der Dauer der Tätigkeit: Spontan gebildete Organisationen können nicht vor Gericht gehen, jedenfalls dann nicht, wenn sie eine eigene Rechtsverletzung nicht geltend machen können.

Die Vorschrift des 16. Kapitels, § 13 MB schließt jedoch nicht nur kleine und spontan gebildete Organisationen aus, sondern auch etablierte Organisationen wie etwa Greenpeace. Greenpeace unterscheidet zwischen „unterstützenden Mitgliedern“ und „formellen Mitgliedern“. Zum Jahreswechsel 2004/05 hatte

---

719 Siehe oben C) IV) 2).

720 Siehe oben C) IV) 2) c) (2).

721 Prop. 2004/05:65, S. 87 ff.

722 Engl. Fassung: *„non-governmental organisations“*.

723 Siehe oben C) IV) 2) c) (2).

724 Ebbesson, JT 1999–2000, 4 (19).

Greenpeace in Schweden zirka 80.000 sog. „unterstützende Mitglieder“ und – satzungsmäßig als Höchstgrenze festgelegt – 20 sog. „formelle Mitglieder“.[725] Die „unterstützenden Mitglieder“ verfügen über keinerlei Recht innerhalb der Organisation, insbesondere sind sie an der Entscheidungsbildung nicht beteiligt. Sie unterstützen Greenpeace einzig und allein durch ihre Mitgliedsbeiträge. Entscheidungen treffen alleine die maximal 20 „formellen Mitglieder“, die über entsprechendes Stimmrecht verfügen.[726] Zwar würde Greenpeace aufgrund seiner Mitgliederstärke insgesamt das 2.000-Mitgliederkriterium erfüllen, stellt man jedoch auf die „formellen Mitglieder“ ab und lässt man die 80.000 „unterstützenden Mitglieder“ außer Acht, würde die Organisation am Mitgliederkriterium scheitern. Eng verknüpft mit dieser Frage ist die Voraussetzung der binnendemokratischen Struktur. Denn aufgrund des mangelnden Stimmrechts der „unterstützenden Mitglieder“ fehlt es der Organisation an der geforderten demokratischen Struktur.

Im Ergebnis sind die Auswahlkriterien der Vorschrift des 16. Kapitels, § 13 MB nicht mit den allgemeinen Vorgaben der Aarhus-Konvention vereinbar, weil durch sie de facto lediglich wenige schwedische Umweltorganisationen am Klagerecht teilhaben können. Die möglichst breite und umfassende Bürgerbeteiligung über Umweltorganisationen, wie von der Aarhus-Konvention intendiert, läuft damit ins Leere.

Unproblematisch ist allerdings das Kriterium des Organisationszweckes. Beide Regelwerke, das Umweltgesetzbuch und die Aarhus-Konvention, lassen zu, dass die Wahrnehmung von Umwelt- und Naturschutzinteressen nur ein Zweck von mehreren von der Umweltorganisation verfolgten zu sein braucht.[727]

Anders verhält es sich mit dem Ort der Tätigkeit. Wie oben gezeigt, wurde im Gesetzgebungsverfahren nach der Stellungnahme von *Lagrådet* das Kriterium eingefügt, dass eine Organisation mindestens drei Jahre lang „in Schweden“ tätig sein muss, um anfechtungsberechtigt zu sein.[728] Dieses Kriterium streitet offen gegen das Prinzip der Nichtdiskriminierung, das der Konvention zugrunde

---

725 *Bylaws for the non-profit association Greenpeace Nordic*, angenommen am 4.5.1998, §§ 3 und 4. Diese unterscheiden zwischen *„support membership“* und *„the association's membership“*. Zur Zeit verfügt Greenpeace Nordic über etwa 80.000 unterstützende Mitglieder, vgl die homepage von Greenpeace Nordic: www.greenpeace.se/np/s/NPS_about_org.asp?g=about.

726 Man kann sich als „unterstützendes Mitglied“ zum „formellen Mitglied“ wählen lassen. Voraussetzung hierzu ist, dass man zur Jahreshauptversammlung nominiert wird und man dort von den anwesenden Mitgliedern zum weiteren „formellen Mitglied“ gewählt wird, was nur bis zur Höchstgrenze von 20 Mitgliedern möglich ist, siehe auch FN 724.

727 Vgl. für das 16. Kapitel, § 13 MB prop. 1997/98:45, Teil 2, S. 213.

728 Siehe oben C) IV) 4) a) (4).

liegt und wörtlich in Art. 3 Abs. 9 der Aarhus-Konvention wiedergegeben ist.[729] Im Hinblick auf die Maßgaben der Nordischen Umweltschutzkonvention mögen zwar Organisationen anderer nordischer Staaten gleichgestellt sein,[730] eine deutsche oder polnische Organisation könnte sich hierauf jedoch bei einem Rechtsstreit in Schweden nicht berufen.

Probleme ergeben sich nicht nur hinsichtlich der Frage, wer anfechtungsberechtigt ist, sondern auch hinsichtlich der Frage, was anfechtbar ist. Die Vorschrift des 16. Kapitels, § 13 Abs. 1 MB spricht von „anfechtbaren Beschlüssen". Wie oben[731] beschrieben, ist es der Regierung vorbehalten, die Zulässigkeit bestimmter Vorhaben als erste und einzige Instanz zu prüfen. Ihre Entscheidungen sind unanfechtbar, die nachfolgenden Behörden sind an die Zulässigkeitsentscheidung gebunden. Im einzelnen handelt es sich um die in den Vorschriften des 17. Kapitels, §§ 1 bis 3 MB aufgelisteten Vorhaben sowie um von anderen Behörden oder Gerichten an die Regierung verwiesene Angelegenheiten über umweltgefährdende Tätigkeiten oder wasserbezogene Tätigkeiten. Es bleibt lediglich die Möglichkeit für Umweltorganisationen, Entscheidungen der Regierung gemäß dem Rechtsprüfungsgesetz vor *Regeringsrätten* zu bringen.[732] Wie gezeigt ist die Möglichkeit, die Rechtsprüfung zu verlangen, nur dem einzelnen eröffnet, der eine Verwaltungsentscheidung angehen möchte, die ihn in seinen eigenen, besonders in der Verfassung benannten Rechten verletzt. Natürlich können Umweltverbände in eigenen Rechten verletzt sein, etwa wenn sie als Grundstückseigentümer von einer Maßnahme betroffen sind. In diesen Fällen richtet sich ihr Anfechtungsrecht allerdings nach der Grundnorm des 16. Kapitels, § 12 MB und den zugrundeliegenden Kriterien des Begriffs des *„sakägare".*[733] Die Organisationen können sich in diesen Fällen zusätzlich auch auf allgemeine Umweltschutzinteressen berufen, um eine Rechtsprüfung zu ver-

---

729 Danach stehen die Informations-, Teilnahme- und Klagerechte aus der Konvention jedermann zu, „ohne dabei wegen Staatsangehörigkeit, Volkszugehörigkeit oder Wohnsitz benachteiligt zu werden; eine juristische Person darf nicht auf Grund ihres eingetragenen Sitzes oder auf Grund des tatsächlichen Mittelpunkts ihrer Geschäftstätigkeit benachteiligt werden."

730 Wie der Rechtsfall der lokalen Abteilung der schwedischen Naturschutzvereinigung *(„Naturskyddsföreningen")* in Strömstad vor dem norwegischen *Høyesterett* zeigt, das dem schwedischen Umweltverband ein Klagerecht aufgrund der nordischen Umweltschutzkonvention gegen Industriebetriebe zusprach, die *Iddefjorden* und den äußeren Oslofjord verunreinigten, weil die Küstenlinie Strömstads an *Iddefjorden* grenzte und so eine entsprechende Betroffenheit des eigenen örtlichen Wirkbereichs dargelegt werden konnte, Høyesterett, Rt. 1992, 1618 (1628).

731 Siehe oben B) III) 1) a).

732 Siehe oben B) III) 1) e) sowie B) IV) 1) c) (3).

733 Siehe oben C) IV) 1).

langen.[734] Geht allerdings das Anfechtungsrecht einer Organisation ausschließlich auf die Vorschrift des 16. Kapitels, § 13 MB zurück, ist eine Rechtsprüfung aufgrund allgemeiner Umweltinteressen nicht zulässig. Zum einen ergibt sich dies aus der Systematik des 16. Kapitels des Umweltgesetzbuches selbst: § 13 Abs. 3 Satz 2 unterscheidet Umweltorganisationen wörtlich ausdrücklich von denjenigen, „die Partei gewesen sind oder sonst als Beteiligte das Klagerecht in dem Rechtsstreit oder der Angelegenheit gehabt haben". Darüber hinaus bestimmt das 20. Kapitel, § 3 Abs. 3 MB, dass § 7 a FL nicht anzuwenden ist, wenn eine ideelle Vereinigung unter Bezug auf die Vorschrift des 16. Kapitels, § 13 MB klagt. Die Vorschrift des § 7 a FL bezieht sich ihrerseits nur auf diejenigen Fälle, in denen ein einzelner *(„enskild")* klagt. Zum anderen ergibt sich dies aber auch aus dem eindeutigen Wortlaut der Vorschrift des § 1 RPL, wonach eine Verwaltungsentscheidung nur dann überprüft werden kann, wenn sie ein Behördenhandeln gegen den einzelnen zum Gegenstand hat. Diese Voraussetzung ist bei dem bloßen Bezug auf Umweltinteressen nicht erfüllt. Bezeichnenderweise sind in der Sache gerade diejenigen Vorhaben und Anlagen betroffen, die größte Auswirkungen auf die Umwelt haben.[735] Entsprechend hat *Regeringsrätten* in einem Rechtsfall über den Bau einer Eisenbahnstrecke in Nordschweden einen Antrag von Schwedens Ornithologischer Vereinigung auf Rechtsprüfung unlängst zurückgewiesen, weil die Entscheidung der Regierung zum Bau dieser Eisenbahntrasse kein Behördenhandeln gegen die Vereinigung selbst betraf.[736] Diese Voraussetzungen müssen geändert und an die Vorgaben der Aarhus-Konvention angepasst werden. Dies sieht auch die Regierung so und bereitet einen Gesetzesentwurf zur Änderung des RPL vor.[737]

Die Aarhus-Konvention gibt in ihrem Anhang I verschieden Arten von Tätigkeiten an, für die Art. 6 Abs. 1 lit. a) der Aarhus-Konvention zwingend eine Öffentlichkeitsbeteiligung vorsieht. Die Öffentlichkeitsbeteiligung ist ihrerseits gemäß Art. 9 Abs. 2 ein einklagbares Recht. Darüber hinaus statuiert Art. 6 Abs. 1 lit. b) der Aarhus-Konvention, dass die Vertragsparteien die Vorschrift des Art. 6 der Aarhus-Konvention auch bei Entscheidungen über Tätigkeiten anzuwenden haben, die nicht im Anhang I aufgeführt sind, wenn sie erhebliche Auswirkungen auf die Umwelt haben können.[738] Einschränkungsmöglichkeiten durch Verweis auf nationales Recht, so wie bei der Bestimmung anfechtungsberechtigter Umweltorganisationen, finden sich nicht. Einzelne Vorhaben, auch die

---

734 RÅ 1993 ref. 93 und oben B) IV) 1) c).

735 Vgl. die Aufzählungen im 17. Kapitel, § 1 MB und in Anlage I der Aarhus-Konvention.

736 Regeringsrättens beslut den 1 december 2004 i mål nr 3887–03.

737 Um die Ratifizierung der Aarhus-Konvention nicht zu verzögern, schlägt sie einen entsprechenden Vorbehalt vor, prop. 2004/05:65, S. 92.

738 Engl. Fassung: *„may have a significant effect on the environment"*.

im 17. Kapitel, § 1 MB aufgelisteten, werden in Schweden auch nach anderen Vorschriften als nur dem MB geprüft.[739] Da andere Gesetze aber keine besonderen Klagemöglichkeiten für Umweltorganisationen boten, hat der schwedische Gesetzgeber diese Vorschriften aufgenommen, die auf das Anfechtungsrecht für Umweltorganisationen aus dem 16. Kapitel, § 13 MB verweisen. Nach dem neuen § 75 a des Straßengesetzes[740] können Entscheidungen des zentralen Straßenamtes *(„Vägverket")* in Bezug auf die Feststellung eines Arbeitsplans für Straßen von einer ideellen Vereinigung, wie sie im 16. Kapitel, § 13 MB benannt ist, angefochten werden. Die Feststellung entspricht, wie oben gezeigt, einer Genehmigung. Gleiche Regelungen finden sich im 5. Kapitel, § 1 a im Gesetz über den Bau von Schienenwegen[741] in Bezug auf die Feststellung eines Schienenwegeplans, in § 4 a im Gesetz über die Einrichtung, Ausweitung und Aufhebung öffentlicher Fahrrinnen und öffentlicher Häfen hinsichtlich der Entscheidung des Schifffahrtsamtes *(„Sjöfartsverket")* sowie im 14. Kapitel, § 2 a des Luftfahrtgesetzes[742] betreffend Entscheidungen über die Einrichtung und den Betrieb von Flughäfen sowie im 16. Kapitel, § 4 a des Mineraliengesetzes[743] über Entscheidungen des Bergamtes über Bearbeitungskonzessionen.

Schließlich muss es Umweltorganisationen ermöglicht werden, gegen die Untätigkeit von Behörden vorgehen zu können, also gegen Unterlassen von Behördenhandeln, wie es die Konvention ausdrückt. Gleiches gilt für die Untätigkeit bzw. Unterlassungen eines Privaten oder Beliehenen.

(3) Klageweise Durchsetzung bei der Verletzung innerstaatlichen Umweltrechts

(i) Vorgaben der Aarhus-Konvention

Die Vorschrift des Art. 9 Abs. 3 der Aarhus-Konvention normiert schließlich die Gewährleistung des Zugangs der Öffentlichkeit zu gerichtlichen oder verwaltungsinternen Überprüfungsverfahren bei sonstigen Verstößen von Behörden (im weiten Sinne der Aarhus-Konvention) gegen innerstaatliches Umweltrecht, der unbeschadet der oben beschriebenen Rechte nach Abs. 1 und 2 bestehen muss. Eine Koppelung mit anderen durch die Konvention gewährten Rechten,

---

739 Vgl. nur den Verweis auf das Gesetz über kerntechnische Tätigkeiten *(„lag (1984:3) om kärnteknisk verksamhet")* im 17. Kapitel, § 1 Nr. 6 MB. Prüfungen können auch nach dem Plan- und Baugesetz durchgeführt werden, das ein Anfechtungsrecht für Umweltorganisationen nicht kennt, vgl. Ebbesson, Miljörätt, S. 92.

740 *Väglagen (1971:948).*

741 *Lag (1995:1649) ombyggande av järnväg.*

742 *Luftfartslagen (1957:297).*

743 *Minerallagen (1991:45).*

wie bei Art. 9 Abs. 1 der Aarhus-Konvention bezüglich des Umweltinformationsrechts aus Art. 4 der Aarhus-Konvention und bei Art. 9 Abs. 2 der Aarhus-Konvention bezüglich der Beteiligungsrechte aus Art. 6 findet sich nicht. Regelungen, wie dieses Verfahrensrecht von den Vertragsstaaten auszugestalten ist, finden sich im Konventionstext ebenfalls nicht. Hinsichtlich der Aktivlegitimation beschreibt Art. 9 Abs. 3 der Aarhus-Konvention, dass jede Vertragspartei sicherzustellen hat, dass Mitglieder der Öffentlichkeit entsprechenden Zugang zu Gerichten erhalten sollen, wenn sie „etwaige in ihrem innerstaatlichen Recht festgelegte Kriterien erfüllen". Prüfungsgegenstand sind die von Behörden oder Privaten vorgenommenen Handlungen und begangenen Unterlassungen, anders als in Art. 9 Abs. 2 der Aarhus-Konvention werden „Entscheidungen" nicht gesondert benannt. Letztlich ergibt sich aus diese Vorschrift also lediglich, dass ein verwaltungsgerichtlicher Rechtsschutz gegen Verletzungen des innerstaatlichen Umweltrechts eröffnet sein muss. Seine Ausgestaltung und den Kreis der Berechtigten zu bestimmen, obliegt den einzelnen Vertragsstaaten.[744] Wie beim Klagerecht bezüglich der Beteiligung ist es gleichermaßen umstritten, welche Spielräume den Vertragsstaaten hier zustehen. Die Forderungen nach effektivem Rechtsschutz, nach fairem, zügigem und nicht übermäßig teurem Verfahren sowie vorläufigen Rechtsschutzverfahren aus Art. 9 Abs. 4 der Aarhus-Konvention gelten auch hier.

(ii) Vereinbarkeit des bestehenden schwedischen Verbandsklagerechts mit den Vorgaben der Aarhus-Konvention

Hinsichtlich der Vereinbarkeit ergeben sich die gleichen Probleme, wie sie bereits zuvor zu den Klagerechten bezüglich der Umweltinformationen[745] und der Beteiligungsmöglichkeiten[746] dargestellt worden sind.

II) Richtlinie 2003/4/EG

Mit der Richtlinie 2003/4/EG des Europäischen Parlaments und des Rates vom 28. Januar 2003 über den Zugang der Öffentlichkeit zu Umweltinformationen und zur Aufhebung der Richtlinie 90/313/EWG des Rates[747] hat die Gemein-

744 Epiney, ZUR 2003, 176 (179).
745 Siehe oben D) I) 2) c) (1).
746 Siehe oben D) I) 2) c) (2).
747 ABl. L 41 vom 14.2.2003, S. 26.

schaft ihr Recht an die Vorgaben des ersten Pfeilers der Aarhus-Konvention, die Regelungen über den Zugang zu Umweltinformationen, angepasst.

1) Entstehung der Richtlinie

Bereits 1990 hatte die Europäische Gemeinschaft in ihrer Richtlinie 90/313/EWG des Rates vom 7. Juni 1990 über den freien Zugang zu Informationen über die Umwelt[748] einen Anspruch der Bürger auf Umweltinformationen normiert. Die Richtlinie war auf Art. 130 s EGV gestützt und sollte die Unterschiede und Mängel beseitigen, die in den Mitgliedstaaten beim Zugang zu solchen Informationen bestanden.[749] Im Umweltaktionsprogramm von 1987[750] war zuvor eine Bestimmung aufgenommen worden, die den Erlass eines entsprechenden Rechtsakts ermöglichte. Die Richtlinie sollte Ausdruck der Politik der Europäischen Gemeinschaften sein, durch Information das allgemeine Interesse und Engagement für den Umweltschutz zu erhöhen und damit die Durchsetzung der Ziele des Umweltschutzes vermehrt der Gesellschaft als Aufgabe zuzuweisen. Es handelte sich also um einen Schritt weg von dem Gedanken, dass Umweltschutz alleinige Aufgabe des Staates sei. Durch die Förderung des Umweltbewusstseins in der Bevölkerung sollte zugleich die Akzeptanz schärferer Umweltauflagen verbessert werden. Der Bürger sollte „unmittelbarer für den Umweltschutz verantwortlich" gemacht werden.[751] In ihrem vierten Erwägungsgrund hielt die Richtlinie entsprechend den Gedanken fest, dass der Zugang zu umweltbezogenen Informationen im Besitz der Behörden den Umweltschutz verbessern wird.

Gemäß Art. 1 war es daher Ziel dieser Richtlinie, den freien Zugang zu den bei Behörden der Mitgliedstaaten vorhandenen Informationen über die Umwelt sowie die Verbreitung dieser zu gewährleisten und die grundlegenden Voraussetzungen festzulegen, unter denen derartige Informationen zugänglich gemacht werden sollen. Diese Vorschrift gewährte also nicht bloß den Zugang, sondern die Freiheit zum Zugang zu Umweltinformationen.[752] Unter „Informationen über die Umwelt" verstand die Richtlinie alle in Schrift-, Bild-, Ton- oder DV-Form vorliegenden Informationen über der Zustand der Gewässer, der Luft, des Bodens, der Tier- und Pflanzenwelt und der natürlichen Lebensräume sowie über Tätigkeiten (einschließlich solcher, von denen Belästigungen wie beispielsweise

748 ABl. L 158 vom 23.6.1990, S. 56.
749 Mahmoudi, EU:s miljörätt, S. 134.
750 ABl. C 289 vom 29.10.1987, S. 3.
751 ABl. C 335 vom 30.12.1988, S. 5 f.
752 Mahmoudi, EU:s miljörätt, S. 134.

Lärm ausgehen) oder Maßnahmen, die diesen Zustand beeinträchtigen oder beeinträchtigen können, und über Tätigkeiten oder Maßnahmen zum Schutz dieser Umweltbereiche einschließlich verwaltungstechnischer Maßnahmen und Programme zum Umweltschutz, Art. 2 lit. a) der Richtlinie 90/313/EWG. Der Antragsteller brauchte kein besonderes Interesse nachzuweisen, um sein Begehren zu begründen, Art. 3 Abs. 1. Die Behörden, die über die gesuchten Informationen verfügten, durften nur in bestimmten, genau definierten Ausnahmefällen die Herausgabe der Information verweigern, Art. 3 Abs. 2 der Richtlinie 90/313/EWG. Hierzu zählte etwa die Vertraulichkeit der Beratung von Behörden, die öffentliche Sicherheit oder der Schutz- von Geschäfts- oder Betriebsgeheimnissen. Außerdem konnte ein Begehren aus formellen Gründen, etwa wegen offensichtlichen Rechtsmissbrauchs, abgelehnt werden, Art. 3 Abs. 3. Um das Recht auf Zugang zu Umweltinformationen durchsetzen zu können, gab Art. 4 der Richtlinie den Mitgliedstaaten vor, die Möglichkeit der gerichtlichen oder verwaltungsinternen Überprüfung für die Fälle einzuführen, in denen ein Informationsersuchen zu Unrecht abgelehnt oder nicht beachtet worden war oder von einer Behörde eine unzulängliche Antwort erteilt worden war.[753] Für die Übermittlung der Informationen durften die Behörden Gebühren erheben, die einen angemessenen Rahmen nicht überschreiten durften, Art. 5 der Richtlinie 90/313/EWG. Neben dem freien Zugang zu Umweltinformationen suchte die Richtlinie die Informierung der Allgemeinheit in Umweltangelegenheiten dadurch zu stärken, dass die Behörden öffentliche Information über den Zustand der Umwelt etwa in regelmäßigen Berichten zugänglich machen sollten, Art. 7 der Richtlinie 90/313/EWG.

Die Umsetzung der Richtlinie 90/313/EWG zeigte Mängel[754] auf, die später besonders bei den Verhandlungen zur Aarhus-Konvention offenbar wurden.[755] Ein anderes Problem waren die Unterschiede in den Gesetzen der Mitgliedstaaten über den Zugang zu Umweltinformationen bei öffentlichen Stellen.[756] Die Mängel und Unterschiede zusammen mit dem Bedürfnis, die Richtlinie an die Entwicklungen der Informationstechnologie anzupassen, um auf die veränderten Möglichkeiten einzugehen, wie Informationen geschaffen, gesammelt, gelagert und weiterbefördert werden können, haben im Jahr 2000 zur Vorlage eines Entwurfs einer neuen Richtlinie durch die Kommission geführt.[757] Die Gemeinschaft

753 Das gleiche ergab sich aus dem neunten Erwägungsgrund der Richtlinie 90/313/EWG, wonach der Antragsteller eine Entscheidung einer Behörde anfechten können sollte.

754 So bspw. bei der Umsetzung der Rechtschutzmöglichkeiten, vgl. Janssen, EELR 1998, 268 (271 m.w.N.).

755 Mahmoudi, EU:s miljörätt, S. 136.

756 Mahmoudi/Rubenson, Miljörättens grunder, S. 93.

757 KOM(2000) 402 endg., ABl. C 337 vom 28.11.2000, S. 156.

setzte in diesem Vorschlag und später in der Richtlinie weiter auf das verstärkte Engagement des einzelnen und von Umweltorganisationen, also auf die Dezentralisierung und auf die Privatisierung der Vollzugskontrolle gemeinschaftlichen Umweltrechts.[758] Durch dieses Konzept erlangen die gesellschaftlichen Gruppen und einzelne Individuen eine Wächterfunktion hinsichtlich der Einhaltung des Gemeinschaftsrechts.[759] Umweltschutz i.w.S. war damit nicht mehr nur Sache des Staates oder der Gemeinschaft, sondern (wieder) Sache des einzelnen.[760] Weiter waren auch die Voraussetzungen des bestehenden gemeinschaftsrechtlichen Umweltinformationsanspruchs an die Vorgaben der Aarhus-Konvention angepasst worden. Denn diese Vorgaben gingen inhaltlich über die Voraussetzungen des Umweltinformationsanspruches in der Richtlinie 90/313/EWG hinaus.[761] Mit der Richtlinie 2003/4/EG verfolgt die Gemeinschaft einen doppelten Ansatz:[762] Zum einen vermittelt sie dem einzelnen ein subjektives Recht auf Zugang zu Umweltinformationen, Artt. 1, 3 Abs. 1 der Richtlinie 2003/4/EG. Zum anderen verpflichtet sie die Mitgliedstaaten, eine aktive Informationspolitik zu betreiben, Art. 7 der Richtlinie 2003/4/EG. Die Umweltinformationsrichtlinie 90/313/EWG wurde durch die Richtlinie 2003/4/EG vollständig ersetzt und insbesondere durch Erweiterungen der Legaldefinitionen der zentralen Begriffe „Umweltinformationen“ und „Behörde“ die Zugangsrechte der Bürger erheblich ausgebaut.[763] So wurde der für die Richtlinie zentrale Begriff der „Umweltinformationen“ wie auch die Definition der herausgabepflichtigen und damit passivlegitimierten „Behörde“ erweitert.[764]

2) Inhalt der Richtlinie

Da der Inhalt der Richtlinie zumindest in weiten Teilen dem der Aarhus-Konvention entspricht, erfolgen Darstellung und Diskussion unter Verweis auf die Diskussion zur Aarhus-Konvention in aller Kürze. Nur dort, wo die Richtlinie inhaltlich abweicht oder Regelungen der Aarhus-Konvention ergänzt, sollen weitere Ausführungen gemacht werden.

---

758 Pernice, NVwZ 1990, 414 (423 f); Schwanenflügel, DVBl. 1991, 93 (96 f).

759 Erichsen, NVwZ 1992, 409 (419).

760 Siehe zur Entwicklung in Schweden oben B) IV) 2).

761 Nowak, DVBl. 2004, 272 (274).

762 Kloepfer, Umweltrecht, § 5, Rdn. 399.

763 Falke, VUR Band 14, S. 105 f.

764 Vgl. die Begriffsdefinitionen des Art. 2 der Richtlinie 90/313/EWG und des Art. 2 der Aarhus-Konvention.

a) Informationen über die Umwelt

Ein Vergleich der relevanten Vorschriften der Aarhus-Konvention und der Richtlinie 2003/4/EG zeigt, dass Art. 2 Nr. 1 der Richtlinie 2003/4/EG die Definition des Begriffs der „Informationen über die Umwelt" des Art. 2 Nr. 3 der Aarhus-Konvention in weiten Teilen wenn nicht wörtlich, so doch inhaltlich vollständig übernimmt. Umweltinformationen im Sinne des Art. 2 Nr. 1 der Richtlinie 2003/4/EG sind demnach sämtliche Informationen in schriftlicher, visueller, akustischer, elektronischer oder sonstiger materieller Form über den Zustand einzelner Umweltmedien und Gebiete sowie Wechselwirkungen zwischen diesen (lit. a)), über Umwelteinflüsse bzw. Umweltfaktoren (lit. b)), über Maßnahmen und Politiken (lit. c)), Berichte über die Umsetzung des Umweltrechts (lit. d)), Kosten/Nutzen-Analysen von Maßnahmen (lit. e)) sowie den Zustand der menschlichen Gesundheit und Sicherheit (lit. f)).

Der Inhalt des Umweltinformationsanspruchs ergibt sich aus der Definition der „Umweltinformationen" in Art. 2 Nr. 1. Art. 3 Abs. 1 modifiziert den Informationsanspruch insoweit, als nicht jede Behörde verpflichtet ist, jede erdenkliche Information herauszugeben, sondern lediglich diejenige, die behördenintern vorhanden ist oder für sie bereitgehalten wird. Grundsätzlich ist die Behörde verpflichtet, auf Ersuchen der Antragsteller einzugehen und die Informationen in bestimmter Form zur Verfügung zu stellen, es sei denn, die gewünschten Informationen sind dem Antragsteller in einer anderen leicht zugänglichen Form oder einem anderen leicht zugänglichen Format öffentlich verfügbar oder es ist für die Behörde angemessen, die gewünschte Information in einer anderen Form oder einem anderen Format zugänglich zu machen, was allerdings zu begründen ist, Art. 3 Abs. 4 der Richtlinie 2003/4/EG.

Die Richtlinie 2003/4/EG beschränkt den Informationsanspruch sachlich auf Informationen über die Umwelt, auch wenn im Vergleich zur Vorgängerrichtlinie 90/313/EWG der Begriff der Umweltinformationen ausgeweitet worden ist.[765] Sie richtet sich dabei nach den Vorgaben der Aarhus-Konvention. Wie bereits bei den Ausführungen zum Merkmal der „Umweltinformationen" oben bei der Prüfung der Vereinbarkeit schwedischen Rechts mit den Vorgaben der Aarhus-Konvention gezeigt,[766] kennt das schwedische Recht eine sachliche Beschränkung des Informationsrechts aus der TF nicht. Der Informationsanspruch ist daher nach der derzeitigen Rechtslage inhaltlich umfassender als in der Richtlinie 2003/4/EG vorgegeben. Anpassungsbedarf besteht insoweit nicht.[767]

---

765 Sparwasser/Engel/Vosskuhle, Umweltrecht, § 4, Rdn. 50.

766 Siehe oben D) I) 2) a) (1).

767 So auch: Westerlund in: Hallo, Access to Environmental Information in Europe, S. 302.

b) Anspruchsverpflichteter („Behörde“)

Wer anspruchsverpflichtet ist, ergibt sich aus Art. 3 Abs. 1 der Richtlinie 2003/4/EG. Danach haben die Mitgliedstaaten zu gewährleisten, dass Behörden gemäß den Bestimmungen der Richtlinie verpflichtet sind, die bei ihnen vorhandenen oder für sie bereitgehaltenen Umweltinformationen allen Antragstellern auf Antrag zugänglich zu machen, ohne dass diese ein Interesse geltend zu machen brauchen. Anspruchsverpflichtet sind demnach Behörden. Der Behördenbegriff wird in Art. 2 Nr. 2 der Richtlinie 2003/4/EG legaldefiniert. Unter den Begriff der Behörde fallen die Regierung oder eine andere staatliche Stelle auf nationaler, regionaler oder lokaler Ebene (lit. a)), Private, derer sich die staatlichen Stellen bei der Wahrnehmung ihrer Aufgaben bedienen (lit. b)), und Beliehene (lit. c)).

Hinsichtlich des Kreises der Anspruchverpflichteten erweist sich die derzeitige schwedische Regelung als lückenhaft. Zwar geht der Behördenbegriff der TF über die Maßgaben des Art. 2 Nr. 2 sowie Erwägungsgrund 11 der Richtlinie hinaus, weil auch Organe der Legislative, der Reichstag und Gemeindeparlamente sowie Provinziallandtage von ihm umfasst sind.[768] Andererseits sind die derzeit bestehenden Regelungen über die passivlegitimierten Stellen in Schweden nicht mit den Vorgaben der Richtlinie vereinbar, weil sie zu kurz greifen. Die neue Umweltinformationsrichtlinie 2003/4/EG enthält im Vergleich zur Vorgängerregelung aus Art. 2 lit. b) der Richtlinie 90/313/EWG eine Ausweitung des Behördenbegriffs,[769] den sie aus der Aarhus-Konvention übernimmt.[770] Der erweiterte Behördenbegriff erstreckt sich auch auf privatrechtlich organisierte Rechtssubjekte, in denen die öffentliche Hand mehrheitlich beteiligt ist und die Verwaltungsaufgaben erfüllt, sowie Beliehene, die Aufgaben der Verwaltung wahrnehmen.[771] Da diese grundsätzlich nicht vom Behördenbegriff nach der TF[772] erfasst werden, der in Übereinstimmung mit dem 1. Kapitel, § 8 RF lediglich solche Stellen meint, die als selbständige Einheiten auf zentraler, regionaler oder kommunaler Ebene in der staatlichen Verwaltungsorganisation tätig sind, ist die nationale schwedische Regelung mit den Vorgaben der Richtlinie nicht konform. Sie greift zu kurz. Zwar kann in Einzelfällen auf die Anlage zum Geheimhaltungsgesetz zurückgegriffen werden und so eine Erweiterung des engen Behördenbegriffs der TF erreicht werden. Die Aufzählung einzelner Stellen in der Anlage zum Geheimhaltungsgesetz, auch privatrechtlich organisierter,

768 So auch: Ebbesson, JT 1999–2000, 3 (831).

769 Sparwasser/Engel/Voßkuhle, Umweltrecht, § 4, Rdn. 50.

770 Falke, VUR Band 14, S. 106.

771 Nowak, DVBl. 2004, 272 (274).

772 Siehe oben D) I) 2) a) (3).

führt jedoch nicht zu einer grundsätzlichen Vereinbarkeit mit den Vorgaben der Richtlinie.[773] Vielmehr erreicht der schwedische Gesetzgeber nur eine punktuelle Verbesserung. Die geänderte Vorschrift des 1. Kapitels, § 8 SekrL hilft ebenfalls nicht umfassend weiter. Hiernach ist jedes einzelnes Rechtssubjekt *(„organ")*, das nicht Behörde ist und dem allgemeine Akten zur Verwahrung übergeben worden sind, zwar zur Herausgabe von Akten verpflichtet. Dies genügt dem weiten Behördenbegriff der Richtlinie 2003/4/EG jedoch ebenfalls nicht. Denn diejenigen Stellen, die Akten selbst anlegen, sind vom Wortlaut der Vorschrift nicht erfasst, da ihnen die Akten („Umweltinformationen") nicht „übergeben" worden sind. Die Ausnahmeregelung des 1. Kapitels, § 9 SekrL[774] greift ebenfalls zu kurz, da sie staatliche Gesellschaften und vom Staat gegründete Stiftungen nicht betrifft. Hier hilft zwar in Einzelfällen die Anlage zum Geheimhaltungsgesetz (SekrL) weiter, jedoch nur, wenn die einzelne Gesellschaft oder Stiftung, von der man Informationen verlangen möchte, dort namentlich aufgeführt ist. Um diesem Missstand zu begegnen, hat der Reichstag das Gesetz über Umweltinformationen bei gewissen Organen[775] verabschiedet, das am 15. Mai 2005 in Kraft getreten ist. Dieses regelt den Zugang zu Umweltinformationen bei Privaten und Beliehenen.[776] Allerdings sind die Regelungen nur unvollständig, soweit sie die passivlegitimierten Stellen betreffen.

c) Anspruchsberechtigter

Die Anspruchsberechtigung ergibt sich ebenfalls aus Art. 3 Abs. 1 der Richtlinie 2003/4/EG. Hinsichtlich der Bestimmung des Kreises der Antragsberechtigten ergibt sich eine denkbar weite Fassung. Aktivlegitimiert sind „alle Antragsteller" und zwar „ohne, dass diese ein Interesse geltend zu machen brauchen". Das Informationsrecht steht auch Ausländern zu.[777]

Das schwedische Recht auf Akteneinsicht kennt, wie gezeigt,[778] keine persönlichen Einschränkungen. Anspruchsberechtigt ist gemäß dem 2. Kapitel, § 1 TF *„varje svensk medborgare"*, also jeder schwedische Bürger. Der Bürgerbegriff ist weit auszulegen, so dass hierunter ebenfalls juristische Personen des Privat-

---

773 Ebbesson ist dagegen der Ansicht, dass die Auflistung in der Anlage 1 zum SekrL den grundsätzlichen Mangel der Vereinbarkeit des Behördenbegriffs der TF mit den Vorgaben der Aarhus-Konvention (und damit der Richtlinie 2003/4/EG) „kompensiere", vgl. Ebbesson, JT 1999–2000, 3 (831).

774 Siehe oben D) I) 2) a) (7).

775 *Lag (2005:181) om miljöinformation hos vissa enskild organ.*

776 Siehe hierzu oben D) I) 2) a) (3) (iv).

777 Krämer, EC Environmental Law, S. 140.

778 Siehe oben D) I) 2) a) (1) und (2).

rechts fallen,[779] mithin auch Umweltorganisationen.[780] Da das Zugangsrecht zu öffentlichen Informationen von Gesetzes wegen anonym gewährt wird, sich der Antragsteller nicht auszuweisen oder zu erkennen zu geben braucht, kann seitens der ersuchten Behörde ohnehin nicht feststellen werden, in welcher Eigenschaft oder für wen der Auskunftssuchende erscheint. Ausländer sind den schwedischen Mitbürgern grundsätzlich gleichgestellt, 14. Kapitel, § 5 Abs. 2 TF. Von der grundsätzlich gegebenen Möglichkeit, in der Verordnung selbst oder durch einfaches Gesetz andere Regelungen zu schaffen, hat der schwedische Gesetzgeber bislang noch keinen Gebrauch gemacht.[781] Dies wird ihm in Zukunft auch verwehrt bleiben, denn nach der Regelung des Art. 3 Abs. 1 der Richtlinie 2003/4/EG („jeder Antragsteller") unterscheidet die Richtlinie weder zwischen natürlichen und juristischen noch zwischen in- und ausländischen natürlichen oder juristischen Personen.

Der Kreis der Anspruchsberechtigten deckt sich also mit den Vorgaben der Richtlinie 2003/4/EG. Die Möglichkeit, in der TF selbst oder durch einfaches Gesetz zu Lasten von Ausländern andere Regelungen zu schaffen, ist nach meiner Auffassung unschädlich, solange sie nicht angewandt wird. Sie sollte aber zur Klarstellung aus der Druckfreiheitsverordnung – jedenfalls bezüglich der Staatsangehörigen der Mitgliedstaaten der Europäischen Gemeinschaft – gestrichen werden. Der Grund bzw. der Zweck des Einsichtsbegehrens braucht vom Antragsteller in Schweden nicht angegeben zu werden. Das Akteneinsichtsrecht in Schweden ist insoweit voraussetzungslos.[782] Damit sind auch die Vorgaben des Art. 3 Abs. 1 letzter HS. der Richtlinie 2003/4/EG erfüllt.

d) Fristen

Einem Informationsbegehren ist so bald wie möglich, spätestens jedoch innerhalb eines Monats nach Eingang des Antrags bei der Behörde zu entsprechen, Art. 3 Abs. 2 lit. a) der Richtlinie 2003/4/EG. Das gleiche Postulat raschen Handelns an die ersuchte Behörde ergibt sich aus Erwägungsgrund 13. Falls die Behörde diese Frist wegen des Umfang der gewünschten Information oder ihrer Komplexität nicht einhalten kann, verlängert sich die Frist auf zwei Monate, Art. 3 Abs. 2 lit. b) der Richtlinie 2003/4/EG. In diesem Fall ist die Verlängerung der Frist dem Antragsteller unter Angabe von Gründen so bald wie möglich, zumindest jedoch innerhalb der Monatsfrist aus lit. a) mitzuteilen. Die-

779 Westerlund in: Hallo, Access to Environmental Information in Europe, S. 305 und S. 302; Strömberg, Handlingsoffentlighet och sekretess, S. 9.

780 Ebbesson, JT 1999–2000, 3 (834 f.).

781 Askelöf/Fernemann-Heurgren in: Winter, Öffentlichkeit und Umweltinformationen, S. 481.

782 Strömberg, Handlingsoffentlighet och sekretess, S. 8.

se Fristen sind zwar aufgrund der Vorgaben der Aarhus-Konvention (vgl. dort Art. 4 Abs. 2) eingeführt worden, dienen aber auch der Präzisierung verglichen mit der Vorgängerregelung in Art. 3 Abs. 4 Satz 1 der Richtlinie 90/313/EWG.[783] Dies gilt insbesondere im Hinblick auf die Ausschöpfung der Zweimonatsfrist und die Informierung des Antragsstellers über die Gründe der Verzögerung.[784] Zur Aarhus-Konvention ergibt sich der Unterschied, dass dort der Art. 4 Abs. 2 die weitere Monatsfrist über die Mitteilung der Verlängerung der Gestellung der Informationen nicht kennt. Dort heißt es lediglich, der Anragsteller sei „über jede Verlängerung sowie über die Gründe hierfür“ zu informieren.

Wie oben bei der Prüfung der Fristen des Art. 4 Abs. 2 der Aarhus-Konvention dargestellt, findet sich in keiner relevanten Vorschrift schwedischen Rechts eine Fristbestimmung.[785] Im 2. Kapitel, § 12 TF ist lediglich eine direkte Anweisung an die ersuchten Stellen normiert, die Informationen umgehend oder so bald wie möglich *(„genast eller så snart som möjligt“)* zur Verfügung zu stellen. Diese entspricht zwar dem Postulat schnellen Handelns aus Art. 3 Abs. 2 lit. a) der Richtlinie 2003/4/EG („so bald wie möglich“). Zur Klarstellung und im Sinne der Rechtssicherheit ist es aber erforderlich, zusätzlich eine Zeitbegrenzung einzuführen. Dies gilt insbesondere bezüglich der Gewährung von Rechtsschutz in denjenigen Fällen, in denen eine schwedische Behörde die Maximalfristen überschreitet und der Antragssteller Anspruch auf Rechtsschutz hat. Die Überschreitung der Maximalfristen kann im Sinne der Richtlinie einfacher und effektiver überprüft werden als das Tatbestandsmerkmal „so bald wie möglich“. Im neuen Gesetz über Umweltinformation bei gewissen Organen finden sich zwar, wie oben dargestellt, die relevanten Höchstfristen zur Informationserteilung, allerdings endet der Gesetzestext in § 4 Abs. 1 des Gesetzes mit der Bestimmung, das Organ müsse den Antragsteller schnellstmöglich informieren, wenn es nicht innerhalb der Monatsfrist aus lit. a) die Informationen herausgeben könne, sondern die Verlängerung auf (maximal) zwei Monate (lit. b) benötige. Damit erfolgt die Umsetzung der Richtlinie nicht vollständig. Denn die Pflicht, den Antragsteller über die Verlängerung der Bescheidung des Ansuchens auf zwei Monate, in jedem Fall jedoch vor Ablauf der einmonatigen Frist aus Art. 4 Abs. 2 lit. a) der Richtlinie 2003/4/EG, zu informieren, findet sich nicht. Es bleibt bei der Regelung „so bald wie möglich“, die die Richtlinie ge-

783 Art. 3 Abs. 4 der Richtlinie 90/313/EWG kannte als Höchstgrenze nur die Zweimonatsfrist zur Beantwortung eines Informationsbegehrens.

784 Es ist nicht im Sinne einer effektiven Gewährung von Rechten, wenn sich eine Frist verlängert, ohne dass der Antragsteller dies mitgeteilt bekommt.

785 Siehe oben D) I) 2) a) (4).

genüber der Regelung aus der Aarhus-Konvention allerdings um die Benennung des Monats aus lit. a) präzisiert hat. Insoweit ist also die Umsetzung nicht korrekt erfolgt.

e) Zugang zu öffentlichen Verzeichnissen oder Listen

Damit der Anspruch auf Zugang zu Umweltinformationen aus Art. 3 Abs. 1 der Richtlinie 2003/4/EG von allen Bürgern wahrgenommen werden kann, sind die Mitgliedstaaten gemäß Abs. 5 Satz 1 dieser Vorschrift verpflichtet, ihre Beamten anzuhalten, die Öffentlichkeit in dem Bemühen um Zugang zu Umweltinformationen zu unterstützen (lit. a)), Listen von Behörden öffentlich zugänglich zu machen (lit. b)) und die praktischen Vorkehrungen festzulegen, um sicherzustellen, dass das Recht auf Zugang zu Umweltinformationen wirksam ausgeübt werden kann (lit. c)), etwa durch Benennung von Auskunftsbeamten. Schließlich ist der Umweltinformationsanspruch durch den Aufbau und die Unterhaltung von Einrichtungen zur Einsichtnahme von Informationen und das Anlegen von Verzeichnissen oder Listen betreffend Umweltinformationen im Besitz von Behörden mit klaren Angaben, wo solche Informationen zu finden sind, sicherzustellen. Nach Art. 3 Abs. 5 Satz 2 der Richtlinie 2003/4/EG haben die Mitgliedstaaten darüber hinaus sicherzustellen, dass ihre Behörden die Öffentlichkeit angemessen über die ihr aus der Richtlinie erwachsenden Rechte unterrichten und hierzu in angemessenem Umfang Informationen, Orientierung und Beratung bieten.

Für schwedische staatliche wie kommunale Behörden besteht sowohl nach dem SekrL als auch nach dem Archivgesetz die Pflicht, Aktenverzeichnisse anzulegen. Akten sind zu registrieren, sobald sie bei einer Behörde eingetroffen oder von ihr angelegt worden sind. Weiter sind schwedische Behörden verpflichtet, der Allgemeinheit eine Beschreibung derjenigen Register zur Verfügung zu stellen, die mit Hilfe elektronischer Datenverarbeitung geführt werden. Hierneben sind die schwedische Behörden weiter verpflichtet, auf Antrag einzelne Auskünfte aus Akten an andere Behörden und die Allgemeinheit zu erteilen. Neben diesen allgemeinen Vorschriften zum Anlegen von Aktenverzeichnissen gibt es auch spezialgesetzliche Regelungen, für das Umweltrecht etwa aus dem 26. Kapitel, §§ 20 und 21 MB, deren Anwendung dazu führt, dass öffentliche Akten bei schwedischen Behörden geführt werden und somit eingesehen werden können. Alle Behörden und Ämter des Landes sind nach Maßgabe des Verwaltungsgesetzes verpflichtet, Auskünfte und Rat betreffend die Tätigkeit der Behörde dem einzelnen gegenüber zu erteilen und ihn beim Auftreten gegenüber der Behörde zu helfen, etwa beim richtigen Formulieren von Anträgen.[786] Unnötiger Ärger beim Antragsteller oder Verzögerungen bei der Bearbeitung eines Antrags sind durch die Behördenmitwirkung zu vermeiden.[787] Der Antrag auf Einsicht in eine offizielle Akte ist bei derjenigen Behörde zu stellen, die die Akte verwahrt. Die Originalakte darf dann bei der Behörde eingesehen werden oder es kann – gegen eine Gebühr – eine Abschrift oder Kopie der Akte verlangt werden. Ein Recht, eine Akte an einem anderen Ort als dem Sitz der Behörde einzusehen, also etwa mit nach Hause zu nehmen, besteht hingegen nicht.[788] Darüber hinaus finden sich entsprechende Vorschriften über EDV-gestützte Akten im Geheimhaltungsgesetz (SekrL), wonach EDV-Akten, wenn sie bestehen, auch in elektronischer Form bereitgehalten werden müssen, so dass der Antragsteller bei der Behörde mittels technischer Geräte Einsicht nehmen kann. Gleichermaßen ist die Behörde verpflichtet, dem Bürger bei der Verwendung des jeweiligen technischen Geräts Hilfestellung zu leisten. Die Behörden sind zusätzlich verpflichtet, eine Beschreibung der EDV-geführten Register, Verzeichnisse und anderer Aufzeichnungen zugänglich zu halten.[789]

Diese einzelnen Vorschriften entsprechen den Vorgaben der Richtlinie zur Kooperation der Behörden bei Einsichtsverlangen. Darüber hinaus sind in diesem Zusammenhang die allgemeinen Grundsätze über die Servicepflicht der Behörde nach §§ 4 bis 7 FL zu achten. Nach diesen Vorschriften sind die Behörden in Schweden ebenfalls zu Hilfestellung und Kooperation verpflichtet. Hinsichtlich der Vorgaben zum Anlegen von Verzeichnissen entspricht die derzeitige Rechtslage in Schweden mit den umfassenden Registrierungs- und Archivierungsvorschriften ebenfalls den Vorgaben des Art. 7 Abs. 1 der Richtlinie 2003/4/EG. Die Verpflichtung der Behörden zur Hilfestellung und zur Beschleunigung der Bearbeitung der Anträge nach Art. 3 Abs. 3 der Richtlinie 2003/4/EG ist durch die Vorgaben im Verwaltungsgesetz ebenfalls erfüllt.

f) Ausnahmen zur Pflicht der Überlassung von Umweltinformationen

Den Mitgliedstaaten wird in Art. 4 der Richtlinie 2003/4/EG gestattet, Vorschriften zu erlassen, aufgrund derer es der Verwaltung in bestimmten Fällen möglich ist, Anträge auf Zugang zu Umweltinformationen abzulehnen. Dies kann gemäß Abs. 1 UAbs. 1 der Fall sein, wenn eine andere Behörde die Informationen rascher oder besser zur Verfügung stellen kann (lit. a)), der Antrag offensichtlich missbräuchlich ist (lit. b)), die gewünschten Informationen gerade vervollstän-

786 Warnling-Nerep, En introduktion till förvaltningsrätten, S. 45 f.
787 Strömberg, Allmän förvaltningsrätt, S. 84.
788 Strömberg, Handlingsoffentlighet och sekretess, S. 56.
789 Im Einzelnen siehe oben D) I) 2) a) (5).

digt werden (lit. c)) oder sich der Antrag auf verwaltungsinterne Vorgänge bezieht, wobei dann das Interesse auf Information mit dem kollidierenden betroffenen Interesse der vertraulichen Amtsführung abgewogen werden muss (lit. d). Sofern die Ablehnung erfolgt, weil sich der Antrag auf Material bezieht, das gerade vervollständigt wird, muss die ersuchte Behörde diejenige Stelle benennen, die das Material vorbereitet, sowie den voraussichtlichen Zeitpunkt der Fertigstellung, Abs. 1 UAbs. 2.

Gemäß Abs. 2 UAbs. 1 können Anträge abgelehnt werden, wenn die Vertraulichkeit der Beratungen von Behörden betroffen ist, sofern eine derartige Vertraulichkeit gesetzlich vorgesehen ist (lit. a)), internationale Beziehungen, die öffentliche Sicherheit oder die Landesverteidigung betroffen sind (lit. b)) oder wenn durch die Erteilung der Information ein laufendes Gerichtsverfahren negativ beeinflusst würde und eine Person dadurch in ihrem Recht auf ein faires Verfahren verletzt würde (lit. c)). Gleiches gilt, wenn Geschäfts- oder Betriebsgeheimnisse betroffen würden, sofern diese durch einzelstaatliches oder gemeinschaftliches Recht geschützt sind, um berechtigte wirtschaftliche Interessen einschließlich des öffentlichen Interesses an der Wahrung der Geheimhaltung von statistischen Daten und des Steuergeheimnisses zu schützen (lit. d)), wenn Rechte an geistigem Eigentum (lit. e)), die Vertraulichkeit personenbezogener Daten und/oder Akten über eine natürliche Person, sofern diese der Bekanntgabe dieser Information an die Öffentlichkeit nicht zugestimmt hat und sofern eine derartige Vertraulichkeit nach innerstaatlichem oder gemeinschaftlichem Recht vorgesehen ist (lit. f)) oder die Interessen oder der Schutz einer Person betroffen würden, die die beantragte Information freiwillig zur Verfügung gestellt hat, ohne dazu gesetzlich verpflichtet zu sein oder hat verpflichtet werden können, es sei denn, dass diese Person der Herausgabe der betreffenden Information zugestimmt hat (lit. g). Schließlich kann die Herausgabe verweigert werden, wenn die Bekanntgabe der Information Auswirkungen auf den Schutz der Umweltbereiche, auf die sich die Information bezieht, hätte, wie etwa die Aufenthaltsorte seltener Tierarten (lit. h).

Art. 2 UAbs. 2 stellt klar, dass die vorstehenden Ausnahmetatbestände eng auszulegen sind und dass eine Abwägung im Einzelfall zwischen den betroffenen Rechtsgütern des Interesses an der Bekanntgabe der Umweltinformationen einerseits und des Interesses an der Verweigerung andererseits erfolgen muss.

Das Recht auf öffentliche Informationen darf nur aus wichtigen Gründen eingeschränkt werden. Die Ausnahmetatbestände sind oben bereits dargelegt worden.[790] Die Ausnahmen sind eng auszulegen und in der Aufzählung des Art. 4 Abs. 2 der Richtlinie 2003/4/EG enthalten. Problematisch kann die Ziff. 2 über

790 Siehe oben D) I) 2) a) (6) und (7).

die Währungs- und Geldpolitik Schwedens werden. Allerdings dürften behördliche Zurückhaltungsinteressen gestützt auf diesen Ausnahmetatbestand richtlinienkonform auslegbar[791] sein, so dass ein Verstoß nicht vorliegt. Letztlich muss dieses Merkmal an den Vorgaben des Abs. 2 lit. a) und b) der Richtlinie 2003/4/EG gemessen werden.

g) Überprüfungsverfahren/Zugang zu Gerichten

Die Gemeinschaft hat auch die oben[792] dargestellte gerichtliche Überprüfung des Behördenhandelns im Hinblick auf die Erteilung und Verwaltung von Umweltinformationen in die Richtlinie 2003/4/EG einbezogen. Art. 6 der Richtlinie 2003/4/EG stimmt mit Art. 9 Abs. 1 der Aarhus-Konvention, der den Zugang zu Gerichten hinsichtlich der Verletzung des Teilhaberechts der Bürger an Umweltinformationen regelt, fast wörtlich überein. Gemäß Art. 6 Abs. 1 der Richtlinie 2003/4/EG haben die Mitgliedstaaten sicherzustellen, dass ein Antragsteller, der der Ansicht ist, sein Antrag auf Zugang zu Informationen sei von einer Behörde nicht beachtet, fälschlicherweise (ganz oder teilweise) abgelehnt, unzulänglich beantwortet oder auf andere Weise nicht in Übereinstimmung mit den Artikeln 3, 4 oder 5 bearbeitet worden, Zugang zu einem Verfahren hat, in dessen Rahmen die Handlungen oder Unterlassungen der betreffenden Behörde von dieser oder einer anderen Behörde geprüft oder von einer auf gesetzlicher Grundlage geschaffenen unabhängigen und unparteiischen Stelle auf dem Verwaltungsweg überprüft werden können. Damit ist die Option des Art. 9 Abs. 1 UAbs. 1 i.V.m. UAbs. 2 der Aarhus-Konvention genutzt worden, eine Überprüfung zunächst durch die ersuchte Behörde durchführen zu lassen. Das behördliche Überprüfungsverfahren darf allerdings nicht das einzige bleiben, sondern es ist sicherzustellen, dass der Antragsteller daneben auch Zugang zu einem Überprüfungsverfahren vor einem Gericht oder einer anderen auf gesetzlicher Grundlage geschaffenen unabhängigen und unparteiischen Stelle hat, um die Handlungen oder Unterlassungen der Behörde überprüfen zu lassen, Art. 6 Abs. 2 der Richtlinie 2003/4/EG.

Wird einem Antragsteller das Akteneinsichtsrecht ganz oder teilweise verwehrt, steht ihm grundsätzlich der Gang zu den Gerichten offen. Die relevanten Vorschriften hierzu finden sich im SekrL.[793] Das Klagerecht steht dem An-

---

791 Vergleiche zur richtlinienkonformen Auslegung bspw.: Winter, DVBl. 1991, 657 (657 f). Der Grundsatz der richtlinienkonformen Auslegung gilt für vor oder nach der Richtlinie erlassene Vorschriften, vgl. EuGH – Marleasing/La Comercial International de Alimentación SA, Rs. C–106/89 – Slg. I 1990, 4135 (4159).

792 Siehe oben D) I) 2) c).

793 Siehe im Einzelnen oben D) I) 2) c) (1).

tragsteller zu, dessen Antrag nicht oder nicht vollumfänglich stattgegeben wurde, so dass er durch die Entscheidung der Behörde beschwert ist.[794] Die Regierung nimmt in bezug auf das Akteneinsichtsrecht einmal mehr eine Sonderstellung ein. Gegen eine Entscheidung der Regierung, eine Akte nicht einsehen zu lassen, stehen dem Einsichtsbegehrenden überhaupt keine Rechtsmittel zu. In diesen Fällen ist auch eine Rechtsprüfung nach dem RPL nicht möglich.[795] Die Sonderstellung der Regierung ist mit den Vorgaben der Art. 6 Abs. 1 und 2 i.V.m. Art. 2 Nr. 2 lit a) der Richtlinie 2003/4/EG nicht zu vereinbaren. Rechtsschutz muss auch gegen ihre Entscheidungen möglich sein. Art. 6 der Richtlinie 2003/4/EG will auch die Fälle erfassen, in denen eine Behörde nicht oder nur verzögert auf Informationsersuchen reagiert. Wie bereits oben[796] dargestellt, kennt das schwedische öffentliche Recht grundsätzlich keine Untätigkeitsklage. Insoweit ist die bestehende Rechtslage mit den Vorgaben der Richtlinie 2003/4/EG nicht vereinbar. Die Möglichkeit, sich an den *Justitieombudsman* zu wenden,[797] ist nicht von Belang, denn dieser kann die unterlassene Entscheidung der zuständigen Behörde nicht durch eine rechtmäßige ersetzen, sondern lediglich Untersuchungen über die Tätigkeit der betroffenen Behörde anstellen und die Ergebnisse veröffentlichen.[798]

h) Kosten/Gebühren

Gemäß Art. 5 Abs. 2 der Richtlinie 2003/4/EG dürfen Behörden für die Erteilung von Informationen zwar Gebühren erheben, diese müssen jedoch angemessen sein und dürfen eine bestimmte Höhe nicht überscheiten. Um den Anspruchsberechtigten die Gebührenhöhe transparent zu machen, haben die Behörden ein Gebührenverzeichnis und weitere Informationen über den Grund der Gebühren zu erstellen und der Öffentlichkeit zugänglich zu machen.

Die Einsichtnahme von Akten bei Behörden ist in Schweden grundsätzlich kostenfrei.[799] Hinsichtlich etwaiger Kopiergebühren muss zwischen staatlichen und kommunalen Behörden unterschieden werden. Eine staatliche Behörde ist an

---

794 Umgekehrt steht dieses Klagerecht nicht demjenigen zu, der sich durch die Entscheidung einer Behörde, eine Akte an einen Antragsteller herauszugeben, in seinen Rechten verletzt sieht, vgl. Strömberg, Handlingsoffentlighet och sekretess, S. 64.

795 Ebbesson, JT 1999–2000, 3 (837) mit Verweis auf RÅ 1999, ref 87. Hier hatte *Regeringsrätten* Rechtsschutz abgelehnt, weil das Recht auf Teilhabe an öffentlichen Akten nicht zu den Rechtsverhältnissen rechne, die im 8. Kapitel, § 2 oder 3 aufgeführt seien.

796 Siehe oben C) IV) 2) b) (5) (iii).

797 Dies gilt auch in den Fällen, in denen sich eine Herausgabeentscheidung über zwei Monate hinzieht, Westerlund, in Hallo: Access to Environmental Information in Europe, S. 304.

798 Askelöf/Fernemann-Heurgren, in: Winter, Öffentlichkeit und Umweltinformationen, S. 500.

799 Westerlund, in Hallo: Access to Environmental Information in Europe, S. 303.

eine Gebührenordnung gebunden, kommunale Behörden dürfen solche Kosten frei festsetzen, wobei grundsätzlich gilt, dass die Gebühr die Kosten für die Akte oder die Kopie selbst nicht übersteigen darf.[800] Im Hinblick auf die Vorgaben des Art. 5 Abs. 1 und 2 der Richtlinie 2003/4/EG bestehen keine Bedenken bezüglich der Vereinbarkeit derzeitiger schwedischer Regelungen über Gebührenerhebung für die Einsicht. Gleiches gilt für die bestehenden Gebührensätze der staatlichen Behörden, die für den Bürger transparent und nachvollziehbar sind. Nicht vereinbar ist allerdings die bestehende Regelung, nach der kommunale Behörden Gebühren für Kopien oder Abschriften von Akten frei festsetzen dürfen. Diese Verwaltungspraxis ist keine im Vorwege durch den Auskunftssuchenden einsehbare Gebührenordnung. Sie ist daher nicht transparent und verstößt gegen die Maßgaben der Richtlinie 2003/4/EG.

i) Umsetzungsfrist

Die Mitgliedstaaten hatten bis zum 14. Februar 2005 Zeit, die Richtlinie 2003/4/EG umzusetzen,[801] bis dahin blieb die Richtlinie 90/313/EWG mit den ihrerseits für die Mitgliedstaaten bindenden Vorgaben ihrerseits noch in Kraft.[802] Eine Umsetzung zum 14. Februar 2005 ist in Schweden nicht erfolgt. Der die Richtlinie umsetzende Gesetzesvorschlag ist erst am 20. Januar 2005 ins Parlament eingebracht worden.[803] Er sah eine Umsetzung zum 15. Mai 2005 vor. An diesem Tag sind das Gesetz über Umweltinformation bei bestimmten einzelnen Organen[804] und das Gesetz über Änderungen im Geheimhaltungsgesetz[805], mit denen die Vorgaben der Richtlinie 2003/4/EG nach den Ausführungen im Gesetzesvorschlag umgesetzt worden sein sollen, in Kraft getreten.

3) Ergebnis

Zusammenfassend kann festgehalten werden, dass die Vorgaben der Richtlinie 2003/4/EG im nationalen schwedischen Recht noch nicht vollständig enthalten sind. Die Informationen, die die Richtlinie 2003/4/EG in ihrem Art. 2 Nr. 1 als „Umweltinformationen" bezeichnet, fallen zwar unter den im schwedischen Öffentlichkeitsprinzip der Verwaltung verankerten Begriff der „öffentlichen Akte".

800 Askelöf/Fernemann-Heurgren, in: Winter, Öffentlichkeit und Umweltinformationen, S. 486.
801 Art. 10 Abs. 1 der Richtlinie 2003/4/EG.
802 Art. 11 Abs. 1 der Richtlinie 2003/4/EG.
803 Prop. 2004/05:65.
804 *Lag (2005:181) om miljöinformation hos vissa enskilda organ.*
805 *Lag (2005:183) om ändring i sekretesslagen (1980:100).*

Einer Auflistung des weiteren Inhalts des Art. 2 Nr. 1 der Richtlinie 2003/4/EG bedarf es im schwedischen Recht nicht. Denn das grundlegende Recht des Zugangs zu öffentlichen Akten in Schweden beruht nicht auf dem Inhalt der Informationen, sondern ist allgemein mit wenigen Ausnahmen für alle Akten gegeben. Problematisch ist allerdings der Kreis der Anspruchsverpflichteten, soweit Private Verwaltungsaufgaben wahrnehmen. Diese sind noch nicht umfassend gesetzlich zur Herausgabe verpflichtet. Die Regelungen hierzu sind lückenhaft, insbesondere, was vom Staat eingerichtete Gesellschaften und Stiftungen anbelangt. Auch die Verfahrensregeln zur Herausgabe stimmen nicht vollständig mit den Vorgaben der Richtlinie 2003/4/EG überein. Dies gilt für die in der Richtlinie vorgegebenen maximalen Zeitgrenzen zur Behandlung von Informationsbegehren, soweit es um Behörden i.e.S. geht. Solche Obergrenzen sind dem schwedischen Aktenauskunftsrecht fremd. Auch die gerichtliche Durchsetzbarkeit des Informationsanspruchs ist lückenhaft. Denn der Anspruchsteller kann nur gegen abschlägige oder teilweise abschlägige Entscheidungen vorgehen. Legt die ersuchte Behörde gar keine Informationen vor oder verzögert sie das Informationsersuchen, stehen dem Antragsteller keine Rechtsschutzmöglichkeiten zu, weil dem schwedischen Verwaltungsprozessrecht die Untätigkeitsklage im Grundsatz fremd ist. Rechtsschutzmöglichkeiten bestehen außerdem nicht gegen Entscheidungen der Regierung über Informationsbegehren, was ebenfalls mit der Richtlinie 2003/4/EG und ihrem erweiterten Behördenbegriff nicht vereinbar ist. Schließlich sind die kommunalen Behörden aufgrund der Vorgaben der Richtlinie gehalten, sich Gebührensatzungen zu geben, die Gebührentatbestände und Gebührenhöhe für Informationsersuchen angeben.

III) Richtlinie 2003/35/EG

Um die Öffentlichkeitsbeteiligung an bestimmten Projekten (2. Pfeiler) im Sinne der Aarhus-Konvention zu gewährleisten, hat die Gemeinschaft die Richtlinie 2003/35/EG des Europäischen Parlaments und des Rates vom 26. Mai 2003 über die Beteiligung der Öffentlichkeit bei der Ausarbeitung bestimmter umweltbezogener Pläne und Programme und zur Änderung der Richtlinien 85/337/EWG[806] und 96/61/EG[807] des Rates in Bezug auf die Öffentlichkeitsbetei-

806 Richtlinie 85/337/EWG des Rates vom 27.6.1985 über die Umweltverträglichkeitsprüfung bei bestimmten öffentlichen und privaten Projekten, ABl. L 175 vom 5.7.1985, S. 40, geändert durch die Richtlinie 97/11/EG des Rates vom 3.3.1997 zur Änderung der Richtlinie 85/337/EWG über die Umweltverträglichkeitsprüfung bei bestimmten öffentlichen und privaten Projekten, ABl. EG L 73 vom 14.3.1997, S. 5.

ligung und den Zugang zu Gerichten[808] geschaffen. Zweck der Richtlinie ist es, eine effektive Beteiligung der Öffentlichkeit bei Entscheidungen und hier speziell die Beteiligung von Umweltorganisationen zu fördern.[809] Erklärte Zielsetzung der Gemeinschaft war es, alle gemeinschaftsrechtlichen Bestimmungen zusammenzufassen, deren Erlass zur Erfüllung der sich aus den Artt. 6 und 7 der Aarhus-Konvention ergebenden Verpflichtungen notwendig war.[810] Dies sind namentlich die Beteiligung der Öffentlichkeit an Entscheidungen über bestimmte Tätigkeiten, die in Anhang I der Konvention aufgeführt sind, sowie über dort nicht aufgeführte Tätigkeiten, die eine erhebliche Auswirkung auf die Umwelt haben können, und die Beteiligung der Öffentlichkeit bei umweltbezogenen Plänen und Programmen.[811] Gleichermaßen sind die Beteiligungsrechte als einklagbare Rechte gemäß Art. 9 Abs. 2 und 4 der Aarhus-Konvention ausgestaltet.[812] Im Folgenden werden zunächst die Grundzüge der beiden betroffenen Richtlinien und die Änderungen durch die Richtlinie 2003/35/EG dargestellt und sodann auf die Auswirkungen auf das nationale schwedische Recht im bezug auf das Klagerecht der Umweltorganisationen eingegangen, soweit sich über die Auswirkungen der Aarhus-Konvention auf das nationale schwedische Recht hinaus Ansatzpunkte ergeben.

1) UVP-Richtlinie

Die Geschichte der UVP geht in die 70er Jahre des vorigen Jahrhunderts zurück. Im Aktionsprogramm von 1973[813] wurde in einer Leitlinie konstatiert, die beste Umweltpolitik bestünde darin, Umweltbelastungen von Vornherein zu vermeiden, anstatt sie nachträglich zu beseitigen. Es sollte daher ein Verfahren eingeführt werden, welches dazu dienen sollte, die Auswirkungen eines Vorhabens auf die Umwelt abschätzen zu können. 1976 leistete die Kommission die ersten Vorarbeiten zu einer UVP-Richtlinie. Damit sollte auf die Umweltprobleme ge-

---

807 Richtlinie 96/61/EG des Rates vom 24.9.1996 über die integrierte Vermeidung und Verminderung der Umweltverschmutzung, ABl. L 257 vom 10.10.1996, S. 27.

808 ABl. L 156 vom 25.6.2003, S. 17.

809 Vgl. Erwägungsgrund 3 und 4 der Richtlinie 2003/35/EG. Daneben sollte auch die zuvor beklagte mangelnde Kohärenz zwischen der UVP- und IVVU-Richtlinie beseitigt werden, vgl. EUDUR-Feldmann, Band 1, § 34, Rdn. 165. Erwägungsgrund 11 verweist lediglich auf die Angleichung der UVP-Richtlinie und der IVVU-Richtlinie an die Vorgaben der Aarhus-Konvention, erwähnt jedoch die Anpassung der Richtlinien untereinander nicht.

810 KOM(2000) 839 endg., S. 2.

811 So auch die Erwägungsgründe 7 und 8 der Richtlinie 2003/35/EG.

812 Auch auf diese Verpflichtung wird in den Erwägungsgründen (9) hingewiesen.

813 ABl. C 112 vom 20.12.1973, S. 1.

meinschaftsweit abgestimmt reagiert werden, um Wettbewerbsverzerrungen zu vermeiden.[814] Die – erste – UVP-Richtlinie 85/337 wurde dann vom Rat am 27. Juni 1985 erlassen. Die Richtlinie war bis zum 3. Juli 1988 in den Mitgliedstaaten umzusetzen.[815] Die Kommmission wertete die Umsetzung der Richtlinie und die dabei aufgetretenen Probleme in den Mitgliedstaaten in der Folge aus und erarbeitete daraufhin einen Vorschlag zur Novelle der UVP-Richtlinie.[816] Ziel des Novellierungsvorschlags war es, den Mitgliedstaaten detailliertere Vorgaben zu machen, um so eine einheitlichere Umsetzung der Richtlinie zu erreichen.[817] Weiter sollte die UVP als Instrument des Umweltrechts wirksamer als bisher werden und ihre Bedeutung für Zulassungsverfahren gesteigert werden.[818] Im Anschluss an diesen Bericht änderte die Gemeinschaft die Richtlinie grundlegend und fasste insbesondere die Bestimmungen betreffend das Prüfverfahren deutlicher.[819]

a) Regelungszweck der Richtlinie

Die UVP-Richtlinie hatte zum Ziel, im behördlichen Entscheidungsprozess bei der Erteilung von Genehmigungen möglichst frühzeitig und umfassend ein umweltbezogenes Prüfverfahren zu installieren:[820] Gemäß ihrem 5. Erwägungsgrund in der Präambel sollte eine Genehmigung für solche Projekte, bei denen mit erheblichen Auswirkungen auf die Umwelt zu rechnen ist, erst nach vorheriger Beurteilung der möglichen erheblichen Umweltauswirkungen dieser Projekte, also einer Umweltverträglichkeitsprüfung, erteilt werden. Entsprechend statuierte Art. 2 Abs. 1 der Richtlinie 85/337/EWG den Grundsatz der UVP, wonach die Mitgliedstaaten dafür Sorge zu tragen hatten, dass bestimmte Projekte vor ihrer Genehmigung einer Prüfung in Bezug auf ihre Auswirkungen auf die Umwelt unterzogen werden mussten. Die Prüfung konnte entweder innerhalb eines bestehenden oder aber eines neu einzuführenden Verfahrens durchgeführt werden, Art. 2 Abs. 2 der Richtlinie 85/337/EWG. Bezugspunkte der UVP waren die unmittelbaren und mittelbaren Auswirkungen des Projekts auf Mensch, Fau-

814 Erwägungsgrund 2 der Richtlinie 85/337/EWG.

815 Art. 12 Abs. 1 der Richtlinie 85/337/EWG.

816 Vorschlag für eine Richtlinie des Rates zur Änderung der Richtlinie 85/337/EWG über die Umweltverträglichkeitsprüfung bei bestimmten öffentlichen und privaten Projekten, KOM(1993) 575 endg.; Ratsdokument 6612/94, ABl. C 130/10 vom 1.5.1994.

817 KOM(1993) 575 endg., S. 2; Epiney, Umweltrecht in der Europäischen Union, S. 205.

818 Schink, DVBl. 1995, 73 (74).

819 Richtlinie 97/11/EG des Rates vom 3.3.1997 zur Änderung der Richtlinie 85/337/EWG über die Umweltverträglichkeitsprüfung bei bestimmten öffentlichen und privaten Projekten, ABl. L 73 vom 14.3.1997, S. 5.

820 Frenz, Europäisches Umweltrecht, S. 133, Rdn. 399.

na und Flora, die einzelnen Umweltmedien, ferner Sach- und kulturelle Güter sowie die Wechselwirkungen zwischen diesen, Art. 3 der Richtlinie 85/337/EWG. Die Richtlinie geht damit von einem medienübergreifenden Ansatz aus, in dem sie eine Gesamtbilanz der Umweltauswirkungen eines Projektes ziehen möchte.[821] Dies bringt den Vorteil mit sich, dass – anders als bei bloß sektoralen Prüfungen – eine umfassende Bewertung der Auswirkungen des beabsichtigten Projekts für die Umwelt möglich wird.[822]

Diejenigen Vorhaben, die der UVP zu unterstellen sind, sind in Art. 4 der Richtlinie 85/337/EWG und deren Anhängen I[823] und II[824] benannt. Die Vorschrift unterscheidet zwischen zwei Arten von Projekten, nämlich jenen, die obligatorisch einer UVP zu unterstellen sind (Art. 4 Abs. 1 der Richtlinie i.V.m. Anhang I) und solchen, die nur dann einer UVP zu unterziehen sind, wenn die Mitgliedstaaten aufgrund einer Einzelfalluntersuchung und/oder aufgrund von festzulegenden Schwellenwerten oder sonstigen Kriterien zu dem Schluss[825] kommen, bei diesen sei eine UVP durchzuführen, Art. 4 Abs. 2 der Richtlinie 85/337/EWG i.V.m. Anhang II. Nach Art. 1 Abs. 4 der Richtlinie findet diese keine Anwendung auf Projekte, die der nationalen Verteidigung dienen. Diese Ausnahme ist eng auszulegen.[826] Weiter sind solche Vorhaben ausgenommen, die über einen Akt des Gesetzgebers eines Mitgliedstaates genehmigt werden.[827]

---

821 Erbguth/Stollmann, ZUR 2000, 379 (380); Schink, NuR 1998, 173 (179).

822 Epiney, Umweltrecht in der Europäischen Union, S. 206.

823 In Anhang I sind verschiedene Arten von Projekten aufgeführt, etwa Raffinerien, Wärmekraftwerke, Kernkraftwerke, Endlagerstätten für radioaktive Abfälle, Hüttenwerke zur Erzeugung von Roheisen und Rohstahl, bestimmte Anlagen, die Asbest verwenden oder erzeugen, integrierte chemische Anlagen, verschiedene Infrastrukturvorhaben und bestimmte Abfallbeseitigungsanlagen etc. Viele dieser Projekte unterfallen der UVP-Pflicht jedoch nur dann, wenn bestimmte Schwellenwerte überschritten werden. Ist dies nicht der Fall, greift grundsätzlich Anhang II.

824 Hierin sind zwölf Kategorien von Projekten aufgelistet, die weite Teile der landwirtschaftlichen, gewerblichen, industriellen, chemischen und energiegewinnenden Anlagen sowie weitere Bereiche umfassen. Hierzu zählen nach der Änderung der Richtlinie auch die Änderungen und Erweiterungen bereits genehmigter oder durchgeführter Vorhaben, die erhebliche Auswirkungen auf die Umwelt entfalten können.

825 Bei der Evaluation sind die in Anhang III der Richtlinie benannten Kriterien zu berücksichtigen, die auf die Merkmale der Projekte, den Standort der Projekte sowie die Merkmale der potenziellen Auswirkungen abstellen.

826 EuGH, Rs. C–435/97 (WWF/Bozen), Slg. 1999, I–5613, Rdn. 65 f.

827 Nach der Rechtsprechung des EuGH kann diese Ausnahme – in Anknüpfung an den Wortlaut der Bestimmung sowie Ziel und Zweck der Richtlinie – nur dann zum Zuge kommen, wenn der nationale Gesetzgeber über solche Angaben verfügt, die denjenigen entsprechen, die der zuständigen Behörde vom Projektträger im Rahmen eines Genehmigungsverfahrens vorzulegen wären, EuGH, Rs. C–287/98 (Luxemburg/Lister), Slg. 2000, I–6917, Rdn. 49 ff.

Der Ablauf einer UVP ergibt sich aus den Artt. 5 ff. der Richtlinie 85/337/EWG i.V.m. Anhang IV. Die Mitgliedstaaten haben sicherzustellen, dass der Projektträger bestimmte Angaben in geeigneter Form vorlegt, auf denen dann die Prüfung beruht. Zu den Angaben zählt eine detaillierte Beschreibung des Projekts, die Beschreibung möglicher Auswirkungen auf die Umwelt und die Beschreibung möglicher oder vorgesehener Ausgleichsmaßnahmen und ihrer Wirkungen sowie eine nichttechnische Zusammenfassung der genannten Angaben. Die Vorschrift unterscheidet zwischen zwingenden vom Projektträger vorzulegenden Angaben[828] und solchen, die nur dann zugänglich zu machen sind, wenn dies nach Auffassung der Mitgliedstaaten notwendig ist und billigerweise vom Projektträger verlangt werden kann, Art. 5 Abs. 1 der Richtlinie 85/337/EWG i.V.m. Anhang IV. Den Mitgliedstaaten wird damit ein gewisser Gestaltungsspielraum eingeräumt. Sie können vor allem über die Mindestangaben hinaus vom Projektträger weitere Informationen verlangen, wenn sie es für sachdienlich halten.[829] Das mit der Änderungsrichtlinie eingeführte „Scoping-Verfahren" sieht hierneben vor, dass die zuständige Behörde eines Mitgliedstaates eine Stellungnahme über die vorzulegenden Angaben abgibt, falls der Projektträger dies verlangt, wobei dieser vor Abgabe der Stellungnahme anzuhören ist. Hiernach haben die Mitgliedstaaten sicherzustellen, dass die betroffenen Umweltbehörden[830] zu dem Genehmigungsantrag ihrerseits Stellung nehmen können und dass eine Beteiligung der Öffentlichkeit ermöglicht wird, Art. 6 der Richtlinie 85/337/EWG. Die Öffentlichkeitsbeteiligung muss mit den dafür vorgelegten Informationen durchgeführt werden. Die Öffentlichkeit muss sich vor der Genehmigung des Projekts hierzu äußern können, Art. 6 Abs. 2. Einzelheiten über die Unterrichtung der Öffentlichkeit können die Mitgliedstaaten selbst regeln.[831] Art. 6 Abs. 3 der Richtlinie nennt mögliche Elemente der Unterrichtung, etwa die Bestimmung des betroffenen Personenkreises, des Ortes, an dem die betreffenden Informationen ausliegen. In jedem Fall ist die unmittelbare Beteiligung der Öffentlichkeit sicherzustellen, weil nur dann dem Zweck der Vorschrift genügt ist, die Betroffenheiten zu ermitteln und der Genehmigungsbehörde die vollständigen Bewertungsunterlagen zuzuführen.[832] Sofern ein Mitgliedstaat erhebliche Einwirkungen eines Projekts auf die Umwelt eines anderen Mitgliedstaats feststellt, ist er gehalten, diesem die vom Projektträger nach Art. 5 der Richtlinie vorgelegten Angaben in dem Zeitpunkt zu übermitteln, in dem er sie

828 Diese sind in Art. 5 Abs. 3 der Richtlinie 85/337/EWG umschrieben.

829 Epiney, Umweltrecht in der Europäischen Union, S. 209.

830 Art. 6 Abs. 1 der Richtlinie 85/337/EWG spricht von „Behörden, die in ihrem umweltbezogenen Aufgabenbereich von dem Projekt berührt sein können".

831 Frenz, Europäisches Umweltrecht, S. 143, Rdn. 433.

832 Bartlsperger, DVBl. 1987, 1 (8).

seinen eigenen Staatsangehörigen zur Verfügung stellt, Art. 7 der Richtlinie 85/337/EWG. Das gilt nach der Vorschrift auch dann, wenn ein potentiell betroffener Mitgliedstaat einen entsprechenden Antrag stellt. Durch Art. 7 Abs. 3 der Richtlinie werden insbesondere die Behörden und die betroffene Öffentlichkeit des von den Auswirkungen des Projekts möglicherweise in Mitleidenschaft gezogenen Mitgliedstaats einbezogen; ihnen müssen entsprechende Informationen zur Verfügung gestellt werden, und ihnen muss die Möglichkeit eingeräumt werden, der die UVP durchführenden Behörde eine eigene Stellungnahme zuzuleiten. Art. 7 Abs. 4 der Richtlinie sieht außerdem die Aufnahme von Konsultationen der beteiligten Mitgliedstaaten vor. Die nach diesem Verfahren eingeholten Informationen sind von der Behörde im Rahmen des Genehmigungsverfahrens in ihrer Gesamtheit zu berücksichtigen. Die Änderungsrichtlinie verlangt darüber hinaus, dass auch die Ergebnisse der Anhörungen im Rahmen des Genehmigungsverfahrens berücksichtigt werden müssen, Art. 8 der Richtlinie 85/337/EWG. Es zählt die Gesamtschau, weil nur hierdurch die Behörde in der Lage ist, auf sämtliche denkbaren Prüfresultate zu reagieren.[833] Allerdings bedeutet der Terminus „berücksichtigen“ in diesem Zusammenhang, dass der am Ende einer UVP stehende Bericht die Genehmigungsbehörde nicht bindet; er hat lediglich die Bedeutung einer Vorbereitung der Genehmigungsentscheidung.[834] Gleichwohl muss es aufgrund dieser Berücksichtigungspflicht auch möglich sein, eine Genehmigung zu einem Projekt zu verweigern, andernfalls verlöre diese Pflicht ihren Sinn.[835] Schließlich verlangt Art. 9 der Richtlinie die Zugänglichmachung der Genehmigungsentscheidung einschließlich der mit ihr ggf. verbundenen Bedingungen sowie der Gründe und Erwägungen, auf denen sie beruht, allerdings nur, soweit die Mitgliedstaaten dies vorsehen. Art. 9 Abs. 1 der Richtlinie 85/337/EWG sieht eine Pflicht zur Bekanntgabe vor. Gleichermaßen sind die konsultierten Mitgliedstaaten zu informieren, die ihrerseits die betroffene Öffentlichkeit in Kenntnis setzen müssen, Art. 9 Abs. 2 der Richtlinie 85/337/EWG. Inwieweit die UVP-Richtlinie allein verfahrensrechtlichen[836] Charakter hatte oder ob sie auch die materiellen[837] Bedingungen einer Genehmigung änderte, war strittig.[838] Die Richtlinie sollte nach ihrem 5. Erwägungsgrund je-

833 Bunge, DVBl. 1987, 819 (824).

834 Hoppe/Püchel, DVBl. 1988, 1 (1 ff.); Frenz, Europäisches Umweltrecht, S. 145, Rdn. 439.

835 Epiney, Umweltrecht in der Europäischen Union, S. 211 m.w.N.

836 Ebbesson sieht „eher“ einen verfahrensrechtlichen Charakter, weil die Richtlinie keine Anforderungen an die jeweiligen betroffenen Tätigkeiten enthält, Ebbesson, Miljörätt, S. 78.

837 Nach Winter schien die Richtlinie selbst nicht zu differenzieren, Winter, AnwBl 2002, 75 (80)

838 Jans/von der Heide, Europäisches Umweltrecht, S. 381; ablehnend bspw. Schröder, NuR 2000, 481 (483).

doch nur die Grundlage eines neuen Prüfungsverfahrens sein, so dass von rein prozeduralen Regelungen auszugehen ist.

b) Umsetzungsschritte im nationalen schwedischen Umweltrecht

In Schweden herrschte lange Zeit Widerstand gegen die Einführung einer zwingenden Umweltverträglichkeitsprüfung.[839] Für Schweden als Mitglied des EWR war die Umsetzung der UVP-Richtlinie jedoch zwingend. Gleichermaßen war Schweden als Unterzeichnerstaat der Esbo-Konvention[840] verpflichtet, UVP-Regelungen einzuführen. Die ersten UVP-Vorschriften wurden 1991 im Gesetz über die natürlichen Ressourcen (NRL) verankert.[841] Zwischenzeitlich sind die Regelungen ins 6. Kapitel des Umweltgesetzbuches überführt und an supra- und internationale Vorgaben angepasst[842] worden. Der Begriff des *„Projekts"*, den die Richtlinie benutzt, ist im 6. Kapitel MB mit „Tätigkeiten und Maßnahmen" *(„verksamheter och åtgärder")* umschrieben. Gemäß den dortigen Bestimmungen hat ein Antrag auf Durchführung einer Tätigkeit oder Maßnahme eine Umweltverträglichkeitsstudie zu enthalten. Die Regierung ist ermächtigt, Ausnahmen von dieser Pflicht zu gewähren. Gleichermaßen ist die Regierung ermächtigt, den Anwendungsbereich dieser Bestimmung zu erweitern, was mit der Verordnung über umweltgefährdende Tätigkeiten und Gesundheitsschutz[843] geschehen ist. Hierin wird angegeben, dass Anmeldefälle, die umweltgefährdende Tätigkeiten betreffen, eine Umweltverträglichkeitsstudie in dem Umfang enthalten müssen, in dem es im Einzelfall nötig erscheint. Wenn eine Tätigkeit oder Maßnahme, für die die Vorschriften über Umweltverträglichkeitsstudien gelten, zu erheblichen Auswirkungen auf die Umwelt führen kann, gelten besondere Bestimmungen, etwa bezüglich Durchführung und Inhalt der Umweltverträglichkeitsstudie. Die Beurteilung darüber, ob eine Tätigkeit oder Maßnahme erhebliche Auswirkungen auf die Umwelt haben kann, oblieg der zuständigen Provinzialregierung. In diesen Fällen sind die besonderen Bestimmungen der

---

839 Bengtsson, Speciell fastighetsrätt/miljöbalken, S. 168; Ebbesson, JT 1999–2000, 3 (840).

840 Die Konvention (UN/ECE-Übereinkommen über die Umweltverträglichkeitsprüfung im grenzüberschreitenden Rahmen) ist nach der finnischen Stadt Espoo *(schwed. Esbo)* benannt, in der sie 1991 unterzeichnet wurde. Der schwedische Name des Übereinkommens lautet: *Konvention om miljökonsekvensbeskrivningar i ett gränsöverskridande sammanhang*, SÖ 1992:1.

841 Es wurde ein eigenes Kapitel für die UVP eingeführt. Die Gründe für die Einführung waren im Gesetzesvorschlag angeführt, vgl. prop. 1990/91:90, S. 165–190.

842 Die alten Regelungen hatten vielfach nicht den Vorgaben des Gemeinschaftsrechts bzw. denen der Esbo-Konvention entsprochen, vgl. Ebbesson JT 1999–2000, 3 (841).

843 *Förordning (1998:899) om miljöfarlig verksamhet och hälsoskydd.*

Verordnung über Umweltverträglichkeitsstudien[844] anzuwenden. In der Verordnung sind die Fälle benannt, in denen immer eine Umweltverträglichkeitsstudie durchzuführen ist, sowie diejenigen Kriterien benannt, die die Provinzialregierung in den anderen Fällen anzuwenden hat, in denen nicht per se von erheblichen Auswirkungen auf die Umwelt ausgegangen werden kann. Führt eine Tätigkeit oder Maßnahme zu solchen erheblichen Auswirkungen, muss eine Beratung mit anderen Behörden, den betroffenen Kommunen und der betroffenen Öffentlichkeit erfolgen. Bei grenzüberschreitenden Umweltauswirkungen sind die Behörden des Nachbarstaates gleichermaßen einzubinden. Die dann aufgestellte Umweltverträglichkeitsstudie muss wiederum den zwingenden Inhalt aufweisen, den die UVP-Verordnung vorgibt. Weiter kann auf die Ausführungen zur Vereinbarkeit der bestehenden schwedischen Regeln mit den Vorgaben der Aarhus-Konvention verwiesen werden.[845]

Die UVP-Richtlinie wurde im schwedischen Recht auch in einem anderen Gesetz, dem Plan- und Baugesetz[846], umgesetzt. Gegen die Umsetzung dort hatte die Kommission Einwände, die sie in einer begründeten Stellungnahme gemäß Art. 226 EGV[847] darlegte. Inhaltlich ging es um die Regelungen im Plan- und Baugesetz über die Erteilung der Baugenehmigung in den Fällen, in denen es für ein Vorhaben in einem bestimmten Bereich keinen Bebauungsplan gibt, vgl. 5. Kapitel § 18 Abs. 2 PBL. In diesen Fällen muss die Kommune prüfen, ob der Genehmigungserteilung ein Bebauungsplanverfahren vorausgehen muss. Im Rahmen eines Genehmigungsverfahrens wird die Forderung auf Durchführung einer UVP im schwedischen Baurecht nicht gestellt. Kommt die Kommune zu dem Schluss, ein Planverfahren sei nicht durchzuführen, wird eine UVP demnach nicht durchgeführt. In der anzuwendenden Vorschrift des 5. Kapitels, § 18 Abs. 2 PBL fehlt die Voraussetzung, dass die Kriterien der Anlage III zur UVP-Richtlinie anzuwenden sind. Weiter fehlen Vorschriften über den Inhalt einer UVP, Art. 5 Abs. 1 der UVP-Richtlinie. Schließlich fehlen Bestimmungen, die anderen Mitgliedstaaten das Recht einräumen, am Beratungsverfahren teilzunehmen, die Ergebnisse der UVP bekanntgegeben zu bekommen und über die Entscheidung im Verfahren unterrichtet zu werden, Artt. 7 und 9 der UVP-Richtlinie. Aufgrund dessen erarbeitete die Regierung einen Gesetzesvorschlag über die Anpassung der bemängelten Regelungen.[848] Das entsprechende Gesetz trat am 1. Mai 2005 in Kraft.

---

844 *Förordning (1998:905) om miljökonsekvensbeskrivningar.*

845 Siehe oben D) I) 2) b).

846 *Plan- och Bygglag (1987:10).*

847 Stellungnahme der Kommission vom 02.04.2003, C(2003)1019.

848 Prop. 2004/05:59.

2) IVVU-Richtlinie

Wie auch die UVP-Richtlinien beruht die IVVU-Richtlinie auf einem medienübergeifenden[849] und interaktiven Konzept, durch das ein Schutz der Umwelt insgesamt garantiert werden soll, Art. 1 der IVVU-Richtlinie. Materiell konzentriert sich die Richtlinie auf den Betrieb – und nicht die Errichtung – umweltrelevanter Industrieanlagen.[850] Während die UVP-Richtlinie also verfahrensrechtliche Regelungen etabliert, werden über die IVVU-Richtlinie materielle Vorgaben hinsichtlich der Prüfung von Vorhaben in den Mitgliedstaaten gemacht.[851] Nach mehrjährigen Vorarbeiten legt die Kommission unter dem 30. September 1993 einen Vorschlag für eine IVVU-Richtlinie vor.[852] Der Vorschlag orientierte sich im Wesentlichen am britischen „Environmental Protection Act", dessen integrierender Ansatz auf die besondere geografische und meteorologische Lage der Britischen Inseln zurückzuführen ist, die die Einhaltung von Umweltqualitätsstandards auch bei höheren Emissionsgrenzwerten erlaubt.[853] Die IVVU-Richtlinie sollte die 1984 verabschiedete Richtlinie zur Bekämpfung der Luftverunreinigungen durch Industrieanlagen[854] ablösen. Der Vorschlag der Kommission erntete viel Kritik.[855] Nachdem der Wirtschafts- und Sozialausschuss am 17. April 1997 Stellung genommen hatte,[856] billigte das Europäische Parlament den Vorschlag der Kommission in erster Lesung mit zahlreichen Änderungen.[857] Am 27. November 1995 legte der Rat einen gemeinsamen Standpunkt fest,[858] den das Europäische Parlament am 22. Mai 1996 in zweiter Lesung beriet und erneut Änderungsvorschläge unterbreitete.[859] Die Richtlinie wurde vom Rat unter dem 24. September 1996 erlassen[860] und trat nach ihrem Art. 22 am 30. Oktober 1996 in Kraft.

---

849 Zum integrativen Ansatz im Umweltrecht vgl. Schröder, NuR 2000, 481 ff.

850 Dolde, NVwZ 1997, 313 (313); Erbguth/Stollmann, ZUR 2000, 379 (379).

851 Winter, AnwBl 2002, 75 (81).

852 Vorschlag für eine Richtlinie des Rates über die integrierte Vermeidung und Verminderung der Umweltverschmutzung, KOM(1993) 423 endg. S. 1.

853 Zöttl, NuR 1997, 157 (159).

854 Richtlinie 84/360/EWG. Diese Richtlinie wird gemäß Art. 20 Abs. 2 der IVVU-Richtlinie elf Jahre nach deren Inkrafttreten aufgehoben.

855 Dolde, NVwZ 1997, 313 (313) m.w.N.

856 ABl. 1994 Nr. C 195, S. 54.

857 ABl. 1995 Nr. C 18, S. 82.

858 ABl. 1996 Nr. C 87, S. 8.

859 ABl. 1996 Nr. C 166, S. 9.

860 Von den Änderungsvorschlägen des Europäischen Parlaments wurde ein einziger aufgenommen, nämlich das Erfordernis einer nicht-technischen Zusammenfassung des Genehmigungs-

a) Regelungszweck der Richtlinie

Wie aus den Erwägungsgründen der Richtlinie hervorgeht, dient die Richtlinie zur Vermeidung, Verminderung und Beseitigung der Verschmutzung in allen Umweltmedien, um ein hohes Schutzniveau für die Umwelt zu erreichen. Insbesondere soll durch die Richtlinie erreicht werden, umweltbezogene Prüfungen nicht nur auf ein Medium beschränkt zu sehen, da hierdurch die Gefahr entsteht, dass die Prüfung einer Anlage unter Berücksichtigung eines Mediums zu Lasten eines anderen Mediums erfolgt, vgl. Erwägungsgrund 7 der IVVU-Richtlinie. Die Richtlinie gilt für den Betrieb bestehender und neuer Industrieanlagen, die ihrer Art nach in Anhang I zur Richtlinie aufgeführt sind. Die Richtlinie nennt in ihrem Art. 1 die integrierte Vermeidung und Verhinderung der Umweltverschmutzung infolge der in Anhang I benannten Tätigkeiten als Zweck. Sie sieht Maßnahmen zur Vermeidung und Verminderung von Emissionen in Luft, Wasser und Boden vor, um unbeschadet der Regelungen der UVP-Richtlinie sowie der sonstigen einschlägigen Gemeinschaftsbestimmungen ein hohes Schutzniveau für die Umwelt insgesamt zu erreichen. Anhang I enthält eine abschließende Aufzählung industrieller Tätigkeiten, die denjenigen in der UVP-Richtlinie entsprechen. Sie sind in sechs Gruppen aufgeteilt: Energiewirtschaft, Herstellung und Verarbeitung von Metallen, mineralverarbeitende Industrie, chemische Industrie, Abfallbehandlung, sonstige Industriezweige. Anlagen zur Forschung und zur Entwicklung neuer Erzeugnisse und Verfahren sind nicht erfasst. Die integrierte Herangehensweise zeigt[861] sich deutlich in den allgemeinen Grundpflichten der Betreiber gemäß Art. 3 der Richtlinie. Danach haben Mitgliedstaaten dafür zu sorgen, dass die Anlagen so betrieben werden, dass (a) alle geeigneten Vorsorgemaßnahmen gegen Umweltverschmutzungen, insbesondere durch den Einsatz der besten verfügbaren Techniken getroffen werden; (b) keine erheblichen Umweltverschmutzungen verursacht werden, (c) die Entstehung von Abfällen gemäß der Richtlinie 75/442/EWG über Abfälle vermieden wird; andernfalls werden sie verwertet oder, falls dies aus technischen oder wirtschaftlichen Gründen nicht möglich ist, beseitigt, wobei Auswirkungen auf die Umwelt zu vermeiden oder zu vermindern sind, (d) Energie effizient verwandt wird, (e) die notwendigen Maßnahmen ergriffen werden, um Unfälle zu verhindern und deren Folgen zu begrenzen; (f) bei einer endgültigen Stillegung die erforderli-

---

antrags, Änderung 21, 2. Lesung, ABl. 1996 Nr. C 166, S. 9. Diese Voraussetzung findet sich auch in der UVP-Richtlinie, vgl. dort Art. 5 Abs. 2 Spiegelstrich 4.

861 Die Richtlinie definiert diesen integrativen Ansatz nicht, er ergibt sich „lediglich“ aus einzelnen Bestimmungen und den Erwägungsgründen, Dolde, NVwZ 1997, 313 (314).

chen Maßnahmen getroffen werden, um jegliche Gefahr einer Umweltverschmutzung zu vermeiden und um einen zufriedenstellenden Zustand des Betriebsgeländes wiederherzustellen. Eine Anlage darf nur genehmigt werden, wenn sie den in der Richtlinie festgelegten Mindestanforderungen entspricht. Diese ergeben sich aus den Artt. 9, 10 der Richtlinie. Nach Art. 7 der Richtlinie dürfen die Mitgliedstaaten über diese Minimalforderungen hinausgehen. Eine Genehmigung hat alle Maßnahmen zu umfassen, die zur Erfüllung der Grundpflichten aus Art. 3 der Richtlinie im Hinblick auf ein hohes Schutzniveau der Umwelt insgesamt durch den Schutz von Luft, Wasser und Boden notwendig sind, Art. 9 Abs. 1 der Richtlinie 96/61/EG. Darüber hinaus müssen für bestimmte, besonders umweltschädigende Stoffe, die in Anlage III zur Richtlinie aufgeführt sind, Emissionsgrenzwerte festgelegt werden, die für die jeweilige Anlage die zulässigen Emissionen in Luft, Wasser und Boden definieren, Art. 9 Abs. 3 der Richtlinie 96/61/EG. Die Festlegung der Grenzwerte richtet sich nach der besten verfügbaren Technik, Art. 9 Abs. 4 S. 1, 1. Hs. der Richtlinie 96/61/EG. Unter der „besten verfügbaren Technik“, auf die auch das allgemeine Prinzip des Art. 3 lit. a) der Richtlinie 96/61/EG verweist, alle geeigneten Vorsorgemaßnahmen gegen Umweltverschmutzungen zu treffen (s.o.), ist nach der Richtlinie der effizienteste und fortschrittlichste Entwicklungsstand der Tätigkeiten und entsprechenden Betriebsmethoden zu verstehen. Dieser ist bezogen auf die Vermeidung, wenn nicht möglich, auf die Verminderung von umweltrelevanten Emissionen und muss soweit praktisch geeignet erscheinen, Art. 2 Nr. 11 der Richtlinie 96/61/EG. Verfügbar ist diese Technik jedoch nur bei wirtschaftlicher und technischer Vertretbarkeit in dem betroffenen industriellen Sektor, wobei ein grenzüberschreitender Austausch vorausgesetzt wird.[862] Weiter muss die Genehmigung Vorkehrungen zur „weitergehenden Vermeidung der weiträumigen oder grenzüberschreitenden Umweltverschmutzung“ vorsehen, und es muss ein „hohes Schutzniveau für die Umwelt insgesamt“ sichergestellt werden, wobei eine Konkretisierung dieser Vorgaben den Mitgliedstaaten obliegt, Art. 9 Abs. 4 S. 2 der Richtlinie 96/61/EG. Die zuständige Behörde soll gemäß Art. 8 S. 1 der Richtlinie eine Genehmigung mit Auflagen verbinden, die die Entsprechung der Anlage mit den Anforderungen der Richtlinie gewährleistet, etwa

862 Art. 16 Abs. 2 der Richtlinie 96/61/EG schreibt vor, dass die Kommission den Informationsaustausch zwischen den Mitgliedstaaten und den Industrien organisieren soll. Entsprechend hat die Kommission Merkblätter über diese besten verfügbaren Techniken bezogen auf die einzelnen Sektoren erstellt, vgl. Enders/Krings, DVBl. 2001, 1389 (1392 f). Diese Dokumente müssen von den mitgliedstaatlichen Behörden bei der Entscheidung berücksichtigt werden, was im konkreten Fall als beste verfügbare Technik in Frage kommt. Gleichwohl verbleibt ein entsprechender Interpretationsrahmen für dieses normative Tatbestandsmerkmal, vgl. Lange, ELJ 2002, 246 (253 f).

wenn eine Umweltqualitätsnorm[863] durch den Rückgriff auf die beste verfügbare Technik nicht eingehalten werden kann. Dann können zusätzliche Auflagen – im Vergleich zu dem Maßstab der besten verfügbaren Technik – vorgesehen werden, und zwar unbeschadet anderer Maßnahmen, die zur Einhaltung der Umweltqualitätsnormen ergriffen werden können, Art. 10 der Richtlinie 96/61/EG. Durch diese Bestimmung wird also eine Verknüpfung mit den Umweltqualitätsnormen hergestellt.[864] Diese sind nach der Konzeption der Richtlinie keine bloßen Orientierungspunkte, sondern ihre Nichteinhaltung muss zu weiteren Maßnahmen seitens der Behörden führen, nachdem diese eine entsprechende Wertung – ausgerichtet an dem Ziel des hohen Schutzniveaus[865] – durchgeführt haben.[866] Schließlich muss die Genehmigung geeignete Überwachungsmaßnahmen vorsehen, Art. 9 Abs. 5 der Richtlinie 96/61/EG. Darüber hinaus schreibt die Richtlinie auch ein Mindestmaß an Öffentlichkeitsbeteiligung bei den Prüfungsverfahren vor. Gemäß Art. 15 Abs. 1 UAbs. 1 der IVVU-Richtlinie sind die Mitgliedstaaten gehalten, die erforderlichen Maßnahmen zu treffen, um sicherzustellen, dass Anträge auf Genehmigung neuer Anlagen oder wesentlicher Änderungen der betroffenen Öffentlichkeit während eines angemessenen Zeitraums zugänglich gemacht werden, damit diese dazu Stellung nehmen kann, bevor die zuständige Behörde ihre Entscheidung trifft. Diese Entscheidung einschließlich mindestens einer Durchschrift der Genehmigung und etwaiger nachfolgender überarbeiteter Fassungen muss der Öffentlichkeit ebenfalls zur Verfügung stehen, Art. 15 Abs. 5 der IVVU-Richtlinie. Darüber hinaus bestimmt Art. 15 Abs. 2 der IVVU-Richtlinie, dass die Ergebnisse der Emissionsüberwachung der Öffentlichkeit zur Verfügung zu stellen sind.

b) Umsetzung im nationalen schwedischen Umweltrecht

Eine Umsetzung der IVVU-Richtlinie war bis zur Einführung des Umweltgesetzbuches noch nicht erfolgt. Die Umsetzung der Richtlinie wurde während des Gesetzgebungsverfahrens zum MB diskutiert.[867] Regelungen mit der gleichen Zielsetzung wie sie die Richtlinie hatte, fanden sich zuvor im Umweltschutzgesetz.[868] Die IVVU-Richtlinie ist – nach Auffassung des schwedischen Gesetzge-

---

863 Hierunter sind die durch das Gemeinschaftsrecht aufgestellten Anforderungen zu verstehen, Art. 2 Ziff. 7 der Richtlinie 96/61/EG.

864 Appel, DVBl. 1995, 399 (400); Epiney, Umweltrecht in der Europäischen Union, S. 259.

865 Entsprechendes gilt im Rahmen der UVP nach Art. 4 Abs. 2 der UVP-Richtlinie, vgl. EuGH, NVwZ 1997, 473, (474 f, Tz. 48 ff.).

866 Lübbe-Wolf, NuR 1999, 241 (243); Frenz, Europäisches Umweltrecht, S. 161, Rdn. 501.

867 Prop. 1997/98:45, S. 331–333.

868 Siehe oben B) II) 3) a).

bers – vornehmlich in den Bestimmungen des 9. Kapitels des MB umgesetzt worden.[869] Zur Umsetzung dienen aber auch die allgemeinen Rücksichtnahmeregeln im 2. Kapitel MB. Das 9. Kapitel des MB regelt die umweltgefährdenden Tätigkeiten und den Gesundheitsschutz. Umweltgefährdende Tätigkeiten sind nach dem 9. Kapitel, § 1 MB Tätigkeiten, die Emissionen mit sich bringen, gleich, welches Medium betroffen ist. Diese Tätigkeiten können durch die Regierung im Einzelfall für einen bestimmten Teil des Landes verboten werden, wenn die Tätigkeit zur Verunreinigung von Boden, Wasser oder Grundwasser führen würde, 9. Kapitel, § 4 MB. Neben diesem örtlichen Bezug kann die Regierung auch in anderen Fällen Tätigkeiten verbieten oder etwa die Genehmigung mit Auflagen versehen, wenn die im Hinblick auf den Schutz der Umwelt oder der Gesundheit der Menschen angezeigt ist, 9. Kapitel, § 5 MB. Das 9. Kapitel, § 6 MB enthält eine Ermächtigung für die Regierung, eine Verordnung zu erlassen, in der bestimmte Anlagen oder Tätigkeiten aufgeführt sind, die der Genehmigung oder zumindest der Anmeldung bedürfen. Gemäß dem 2. Kapitel, § 3 Abs. 1 MB sind die (potenziellen) Betreiber verpflichtet, alle Schutzmaßnahmen, Begrenzungen und Vorsichtsmaßnahmen vorzunehmen, die erforderlich sind, um Schäden an der Umwelt und der Gesundheit der Menschen vorzubeugen oder ihnen entgegenzuwirken. Für die gewerblichen Tätigkeiten gibt Satz 2 der benannten Vorschrift vor, dass die beste mögliche Technik zu verwenden ist. Der Begriff geht damit gemäß Art. 7 der IVVU-Richtlinie zulässigerweise über die Anforderungen aus Art. 9 Abs. 4 S. 1 i.V.m. Art. 3 lit. a) der IVVU-Richtlinie hinaus, wonach die beste verfügbare Technik Tatbestandsmerkmal ist. Schweden hat diese Mindestanforderung bewusst angehoben.[870] In diesem Zusammenhang ist auf die Vorschriften des 5. Kapitels des MB hinzuweisen. Diese regeln die Einführung und den Inhalt von Umweltqualitätsnormen sowie deren Einhaltung und die Überwachung. Für eine umweltgefährdende Tätigkeit ist ein geeigneter Ort zu finden. Geeignet ist ein Ort, wenn dort der Zweck der Tätigkeit mit dem geringstmöglichen Eingriff in die Umwelt oder die menschliche Gesundheit erreicht werden kann, 2. Kapitel, § 4 MB. Das 2. Kapitel, § 5 Satz 1 MB gebietet den effizienten Umgang mit Rohstoffen und Energie und gibt vor, die Möglichkeiten zu Wiederverwendung und Wiederverwertung zu nutzen. Satz 2 bestimmt, dass erneuerbare Energiequellen vorrangig verwandt werden sollen. Die Verwendung chemischer Produkte oder genetisch veränderter Organismen, die die Umwelt oder die menschliche Gesundheit gefährden können, ist gemäß dem 2. Kapitel, § 6 Satz 1 MB dann untersagt, wenn der Stoff oder Organismus durch einen weniger gefährlichen ersetzt werden

869 Vgl. hierzu auch NJA II. 1998, S. 686 f.

870 NJA II. 1998, S. 584.

kann. Weiter kann die Pflicht zur Beseitigung aller Schäden nach Beendigung einer umweltgefährdenden Tätigkeit genannt werden, 2. Kapitel, § 8 MB. Die näheren Bestimmungen hierzu finden sich im 10. Kapitel des MB. Schließlich finden sich entsprechende Vorschriften in anderen Gesetzen wie dem Wegegesetz[871] oder dem Gesetz über den Bau von Eisenbahnen[872] sowie im Plan- und Baugesetz.[873]

3) Änderung und Ergänzung der UVP-Richtlinie und der IVVU-Richtlinie – Inhalt der Richtlinie 2003/35/EG hinsichtlich der Öffentlichkeitsbeteiligung

Wie erwähnt, ist es gemäß ihrem Erwägungsgrund 11 Ziel der Richtlinie 2003/35/EG, die UVP-Richtlinie und die IVVU-Richtlinie zu ändern, um ihre vollständige Übereinstimmung mit den Bestimmungen des Aarhus-Übereinkommens, insbesondere mit den Artt. 6 und 9 Abs. 2 und 4, sicherzustellen.[874] Im Wesentlichen geht es also um die Normierung von – gerichtlich durchsetzbaren – Beteiligungsrechten für Umweltorganisationen in Vorhaben, die unter die Vorschriften der benannten Richtlinien fallen. So gesehen handelt es sich bei den Änderungen der Richtlinien um Ergänzungen.[875]

a) Inhalt der Richtlinie 2003/35/EG

Die Änderung der UVP-Richtlinie erfolgt durch Art. 3 der Richtlinie 2003/35/EG, die Änderung der IVVU-Richtlinie durch Art. 4 der Richtlinie 2003/35/EG.

(1) Begriffsbestimmungen

Die Begriffsbestimmungen der UVP- und der IVVU-Richtlinie wurden gemäß Art. 3 Nr. 1 bzw. Art. 4 Nr. 1 lit. b) der Richtlinie 2003/35/EG im Sinne Aarhus-Konvention um die Begriffe „Öffentlichkeit“ und „betroffene Öffentlichkeit“ ergänzt. Diese Definitionen fehlten sowohl in der UVP-Richtlinie[876] als auch in

---

871 *Väglag (1971:948).*

872 *Lag (1995:1649) om byggande av järnväg.*

873 *Plan- och Bygglag (1987:10).*

874 Diese Zielsetzung ergibt sich gleichermaßen aus Art. 1 der Richtlinie 2003/35/EG.

875 Louis, NuR 2004, 287 (289).

876 Systematisch korrekt hätten sie nach meiner Auffassung unter Art. 1 Abs. 2 der UVP-Richtlinie aufgeführt werden müssen.

der IVVU-Richtlinie, obwohl die Begriffe selbst dort in einzelnen Vorschriften verwandt worden waren.[877]

(i) Der Begriff der „Öffentlichkeit"

Demnach sind unter „Öffentlichkeit" eine oder mehrere natürliche oder juristische Personen und, in Übereinstimmung mit den innerstaatlichen Rechtsvorschriften oder der innerstaatlichen Praxis deren Vereinigungen, Organisationen oder Gruppen zu verstehen. Die Definition ist für beide Richtlinien gleich.

(ii) Der Begriff der „betroffenen Öffentlichkeit"

„Betroffene Öffentlichkeit" meint die von umweltbezogenen Entscheidungsverfahren gemäß Art. 2 Abs. 2 der UVP-Richtlinie betroffene oder wahrscheinlich betroffene Öffentlichkeit oder die Öffentlichkeit mit einem Interesse daran, wobei im Sinne dieser Begriffsbestimmung Nichtregierungsorganisationen, die sich für den Umweltschutz einsetzen und alle nach innerstaatlichem Recht geltenden Voraussetzungen erfüllen, ein Interesse haben.

Für die IVVU-Richtlinie ist „betroffene Öffentlichkeit" die von einer Entscheidung über die Erteilung oder Aktualisierung einer Genehmigung oder von Genehmigungsauflagen betroffene oder wahrscheinlich betroffene Öffentlichkeit oder die Öffentlichkeit mit einem Interesse daran. Wie auch bei der UVP-Richtinienergänzung haben Nichtregierungsorganisationen, die sich für den Umweltschutz einsetzen und alle nach innerstaatlichem Recht geltenden Voraussetzungen erfüllen, ein Interesse.

(iii) Frühzeitige und effektive Beteiligung

1. UVP-Richtlinie

Art. 3 Nr. 4 der Richtlinie 2003/35/EG bestimmt die Ersetzung der alten Absätze 2 und 3 des Art. 6 der UVP-Richtlinie und schreibt in dem neuen Abs. 4 vor, dass die Mitgliedstaaten sicherzustellen haben, dass die betroffene Öffentlichkeit frühzeitig und in effektiver Weise die Möglichkeit erhält, sich an den umweltbezogenen Entscheidungsverfahren gemäß Art. 2 Abs. 2 zu beteiligen. Spätestens muss die Informierung erfolgen, sobald die Informationen nach vernünftigem

877 Vgl. bspw. Art. 2 Abs. 3 lit. a) und b) der UVP-Richtlinie zum Begriff der „Öffentlichkeit". Art. 6 Abs. 2 der UVP-Richtlinie verwendet in seinem 1. Spiegelstrich den Begriff der „Öffentlichkeit", in seinem 2. Spiegelstrich den der „betroffenen Öffentlichkeit". Art. 9 Abs. 1 der UVP-Richtlinie verwendet nur den Begriff der „betroffenen Öffentlichkeit".

Ermessen zur Verfügung gestellt werden können. Im Einzelnen ist über Folgendes zu informieren:

a) den Genehmigungsantrag;
b) die Tatsache, dass das Projekt Gegenstand einer UVP ist und gegebenenfalls die Tatsache, dass Artikel 7 Anwendung findet;
c) genaue Angaben zu den jeweiligen Behörden, die für die Entscheidung zuständig sind, bei denen relevante Informationen erhältlich sind bzw. bei denen Stellungnahmen oder Fragen eingereicht werden können, sowie zu vorgesehenen Fristen für die Übermittlung von Stellungnahmen oder Fragen;
d) die Art möglicher Entscheidungen oder, soweit vorhanden, den Entscheidungsentwurf;
e) die Angaben über die Verfügbarkeit der Informationen, die gemäß Artikel 5 eingeholt werden;
f) die Angaben, wann, wo und in welcher Weise die relevanten Informationen zugänglich gemacht werden;
g) Einzelheiten zu den Vorkehrungen für die Beteiligung der Öffentlichkeit nach Absatz 5 dieses Artikels.

Der Öffentlichkeit ist gemäß dem neuen Abs. 3 innerhalb eines angemessenen zeitlichen Rahmens folgendes zugänglich zu machen:

a) alle Informationen, die gemäß Artikel 5 eingeholt worden sind;
b) in Übereinstimmung mit den nationalen Rechtsvorschriften die wichtigsten Berichte und Empfehlungen, die der bzw. den zuständigen Behörde(n) zu dem Zeitpunkt vorliegen, zu dem die betroffene Öffentlichkeit nach Absatz 2 dieses Artikels informiert wird;
c) in Übereinstimmung mit den Bestimmungen der Richtlinie 2003/4/EG andere als die in Absatz 2 dieses Artikels genannten Informationen, die für die Entscheidung nach Artikel 8 von Bedeutung sind und die erst zugänglich werden, nachdem die betroffene Öffentlichkeit nach Abs. 2 dieses Artikels informiert worden ist.

Weiter wird der betroffenen Öffentlichkeit die Möglichkeit zugestanden, sich frühzeitig und in effektiver Weise an den umweltbezogenen Entscheidungsverfahren gemäß Art. 2 Abs. 2 zu beteiligen. Die betroffene Öffentlichkeit hat zu diesem Zweck das Recht, der zuständigen Behörde bzw. den zuständigen Behörden gegenüber Stellung zu nehmen und Meinungen zu äußern, wenn alle Optionen noch offen stehen und bevor die Entscheidung über den Genehmigungsantrag getroffen wird, Abs. 4.

2. IVVU-Richtlinie

Art. 4 Nr. 3 der Richtlinie 2003/35/EG ändert die Vorschrift des Art. 15 Abs. 1 der IVVU-Richtlinie und bestimmt, dass die Mitgliedstaaten sicherzustellen haben, dass die betroffene Öffentlichkeit frühzeitig und in effektiver Weise die Möglichkeit erhält, sich an folgenden Verfahren zu beteiligen:

- Erteilung einer Genehmigung für neue Anlagen;
- Erteilung einer Genehmigung für wesentliche Änderungen des Betriebs einer Anlage;
- Aktualisierung der Genehmigung oder der Genehmigungsauflagen für eine Anlage im Einklang mit Artikel 13 Absatz 2 erster Gedankenstrich.
  Für diese Beteiligung gilt das in Anhang V genannte Verfahren.

Weiter wird ein neuer Abs. 5 eingefügt, wonach die zuständige Behörde die Öffentlichkeit nach den entsprechenden Verfahren zu unterrichten hat und ihr folgende Informationen zugänglich zu machen hat:

a) den Inhalt der Entscheidung einschließlich einer Kopie der Genehmigung und etwaiger Genehmigungsauflagen sowie späterer Aktualisierungen und
b) nach Prüfung der von der betoffenen Öffentlichkeit vorgebrachten Bedenken und Meinungen die Gründe und Erwägungen, auf denen die Entscheidung beruht, einschließlich Angaben über das Verfahren zur Beteiligung der Öffentlichkeit.

(iv) Einklagbares Recht der Beteiligung

Die Beteiligungsrechte werden durch den durch Art. 3 Nr. 7 der Richtlinie 2003/35/EG neu eingefügten Art. 10 a der UVP-Richtlinie zu einklagbaren Rechten erklärt. Inhaltlich nahezu völlig gleichlautend[878] regelt Art. 4 Nr. 4 der Richtlinie 2003/35/EG die Einfügung einer entsprechenden Norm (Art. 15 a) in die IVVU-Richtlinie. Nach dieser Vorschrift haben die Mitgliedstaaten sicherzustellen, dass Mitglieder der betroffenen Öffentlichkeit, die entweder ein ausreichendes Interesse haben (Art. 10 a Abs. 1 lit. a) der UVP-Richtlinie/Art. 15 a der IVVU-Richtlinie) oder eine Rechtsverletzung geltend machen, sofern das Verwaltungsverfahrensrecht bzw. Verwaltungsprozessrecht eines Mitgliedstaates dies als Voraussetzung erfordert (Art. 10 a Abs. 1 lit. b) der UVP-Richtlinie/Art. 15 a Abs. 1 lit. b) der IVVU-Richtlinie), Zugang zu einem Überprüfungsverfahren vor einem Gericht oder einer anderen auf gesetzlicher Grundlage

878 So auch Ekhardt, NuR 2006, 221 (222).

geschaffenen unabhängigen und unparteiischen Stelle haben, um die materielle und verfahrensrechtliche Rechtmäßigkeit von Entscheidungen, Handlungen oder Unterlassungen anzufechten, für die die Bestimmungen dieser Richtlinie über die Öffentlichkeitsbeteiligung gelten. Gemäß Art. 10 a Abs. 2 der UVP-Richtlinie/Art. 15 a Abs. 2 der IVVU-Richtlinie bleibt es den Mitgliedstaaten überlassen zu regeln, in welchem Verfahrensstadium die Entscheidungen, Handlungen oder Unterlassungen angefochten werden können. Gleichermaßen bleibt es gemäß Art. 10 a Abs. 3 der UVP-Richtlinie/Art. 15 a Abs. 3 der IVVU-Richtlinie den Mitgliedstaaten überlassen festzulegen, was als ausreichendes Interesse und als Rechtsverletzung im Sinne von Art. 10 a Abs. 1 der UVP-Richtlinie/Art. 15 a Abs. 1 der IVVU-Richtlinie anzusehen ist. Es gilt jedoch, einen weiten Zugang zu Gerichten zu erreichen, wie sich aus den Erwägungsgründen 3 und 4 der Richtlinie 2003/35/EG ergibt. Da das Interesse bzw. die Rechtsverletzung als Alternativen ausgestaltet sind, kann der Mitgliedstaat bei der Umsetzung der Richtlinie zwischen diesen wählen.[879] Gleich, welche Alternative er wählt, ergibt sich zugunsten der Umweltorganisationen, dass entweder die Interessen, die sie vertreten, ausreichende Interessen nach Art. 10 a Abs. 1 lit. a) der UVP-Richtlinie/Art. 15 a Abs. 1 lit. a) der IVVU-Richtlinie sind oder sie Träger als von Rechten i.S.d. Art. 10 a Abs. 1 b) der UVP-Richtlinie/Art. 15 a Abs. 1 lit. b) der IVVU-Richtlinie anzusehen sind und damit eine Rechtsverletzung geltend machen können. Unabhängig vom Anknüpfungspunkt des Interesses oder der Rechtsverletzung ist daher den Umweltorganisationen Zugang zu den Gerichten einzuräumen, und zwar in allen Verfahren, die auf der UVP- oder der IVVU-Richtlinie beruhen.[880]

b) Auswirkungen auf das nationale schwedische Recht

(1) Aktuelle Rechtslage

(i) Beteiligungsrechte im UVP-Verfahren

Die nationalstaatlichen schwedischen Bestimmungen über Beteiligungsrechte der Allgemeinheit in Entscheidungsverfahren mit Umweltbezug finden sich im 6. Kapitel des Umweltgesetzbuches, dem Kapitel über die Umweltverträglichkeitsprüfung. Ein Beteiligungsverfahren nach den UVP-Vorschriften des Umweltgesetzbuches ist immer dann erforderlich, wenn die geplante Tätigkeit oder Maßnahme genehmigungspflichtig ist. Vorschriften über die Genehmigungs-

879 Louis, NuR 2004, 287 (290).

880 Ebenda.

pflicht einer Tätigkeit finden sich im 9. Kapitel über umweltgefährdende Tätigkeiten und Gesundheitsschutz sowie im 11. Kapitel über wasserbezogene Tätigkeiten und darüber hinaus bei der Zulässigkeitsprüfung durch die Regierung im 17. Kapitel des Umweltgesetzbuches.

Die einzelnen integrierten Verfahrensschritte der Umweltverträglichkeitsprüfung sind in den §§ 4 ff. des 6. Kapitels MB geregelt. Zunächst hat derjenige, der eine Tätigkeit betreiben möchte bzw. eine Maßnahme ergreifen möchte, die genehmigungspflichtig oder zustimmungsbedürftig ist, frühzeitig die zuständige Behörde, die Provinzialregierung, zu unterrichten, 6. Kapitel, § 4 Abs. 1 MB. Weiter hat er einzelne, die von dem Vorhaben besonders betroffen sein können, zu informieren. In Betracht kommen etwa die direkten Nachbarn der geplanten Tätigkeit. Die Unterrichtung Dritter muss rechtzeitig *(„i god tid“)* erfolgen, bevor der Antrag auf Genehmigungserteilung selbst gestellt wird und die Umweltverträglichkeitsprüfung durchgeführt wird, um eine möglichst effiziente Beteiligung sicherzustellen. Weiter ist der Vorhabenträger verpflichtet, sämtliche relevanten Auskünfte über Ort, Umfang, Ausformung und Umweltverträglichkeit der geplanten Tätigkeit der Provinzialregierung und den betroffenen Dritten zu erteilen. Danach muss die Provinzialregierung darüber entscheiden, ob die geplante Tätigkeit erhebliche Auswirkungen auf die Umwelt haben kann, 6. Kapitel, § 4 Abs. 3 MB. Sofern die Provinzialregierung nicht zugleich die Genehmigungsbehörde ist, muss von letzterer eine Stellungnahme hierzu eingeholt werden.

Wenn die Provinzialregierung zu dem Ergebnis kommt, dass das geplante Vorhaben einen erheblichen Einfluss auf die Umwelt haben kann, ist ein erweitertes Informationsverfahren durchzuführen, 6. Kapitel, § 5 MB.[881] Innerhalb dieses erweiterten Informationsverfahrens ist nicht nur die direkt betroffene Allgemeinheit, sondern auch die Allgemeinheit und die Organisationen zu beteiligen, von denen (lediglich) angenommen werden kann, dass sie von dem Vorhaben betroffen sein werden. Mit Allgemeinheit ist hier also ein erheblich größer Personenkreis gemeint als der im 6. Kapitel, § 4 MB genannte.[882] Hierzu zählen nicht nur die unmittelbaren Nachbarn, sondern auch weiter entfernt wohnende Mitbürger. Darüber hinaus sind im Gesetzestext Organisationen wörtlich be-

881 Die Regierung hat in der von ihr erlassenen UVP-Verordnung *(förordning (1998:905) om miljökonsekvensbeskrivningar)* eine Reihe von Tätigkeiten aufgelistet, bei denen immer erhebliche Auswirkungen anzunehmen sind, so dass immer ein erweitertes Beratungsverfahren durchzuführen ist.

882 Bengtsson, Speciell fastighetsrätt/miljöbalken, S. 169.

nannt.[883] Gemäß dem 4. Kapitel, § 6 Abs. 1 MB sind auch Behörden sowie die Öffentlichkeit in anderen Staaten zu beteiligen, wenn eine Betroffenheit angenommen werden kann. Gleichermaßen ist ein Staat zu beteiligen, der dies begehrt, 4. Kapitel, § 6 Abs. 2 MB. Das 6. Kapitel, § 7 MB enthält einzelne Vorgaben darüber, wie eine Umweltverträglichkeitsprüfung ausgestaltet sein soll bzw. welche Angaben in ihr enthalten sein sollen.

Nach dem 6. Kapitel, § 8 MB ist die Umweltverträglichkeitsprüfung zusammen mit dem Antrag auf Genehmigungserteilung bekannt zu machen und der Öffentlichkeit Gelegenheit zu geben, sich hierzu zu äußern. Auch wenn dies nicht ausdrücklich aus dem Gesetzestext hervorgeht, muss nach allgemeiner Auffassung eine solche Bekanntmachung Angaben über Ort und Dauer des Vorhabens beinhalten, damit die Bekanntmachung ihre Funktion erfüllen kann.[884] Die Dauer der Bereithaltung der Umweltverträglichkeitsprüfung und des Antrags bestimmt sich im Einzelfall im Hinblick auf das geplante Vorhaben und nach der Zeit, die erforderlich ist, damit die Öffentlichkeit Informationen einholen und Stellungnahmen anfertigen kann bzw. Eingaben machen kann.[885] Ausdrückliche Vorgaben für Fristen gibt es im 6. Kapitel MB nicht. Die beschlussfassende Behörde hat bei Absetzen ihrer Entscheidung die Ergebnisse der Beratung und die Stellungnahmen zu beachten, 6. Kapitel, § 9 MB.

(ii) Vorgaben der Verordnung über Umweltverträglichkeitsprüfungen

Ermächtigt durch das 6. Kapitel, § 4 Abs. 4 MB hat die Regierung, wie bereits erwähnt, die Verordnung über Umweltverträglichkeitsprüfungen (MKBF)[886] erlassen. Gemäß § 3 MKBF sind sämtliche in der Anlage zu der Verordnung benannten Tätigkeiten immer als besonders umweltgefährdend anzusehen mit der Folge, dass ein gesonderter Beschluss der Provinzialverwaltung hierüber nicht zu ergehen braucht und immer ein erweitertes Beratungsverfahren durchzuführen ist. Die Liste der Tätigkeiten der Anlage zu der Verordnung ist weitreichender als die der Anhänge I und II der UVP-Richtlinie.[887]

883 6. Kapitel, § 5 Satz 2 MB. Nach dieser Vorschrift müssen auch Behörden und Kommunen beteiligt werden, wenn angenommen werden kann, dass sie von dem geplanten Vorhaben berührt werden.

884 NJA 1998 II., S. 635.

885 Ebenda.

886 *Förordning (1998:905) om miljökonsekvensbeskrivningar.*

887 *Förordning (1998:905) om miljökonsekvensbeskrivningar, bilaga I och II.*

(iii) Weitere Vorschriften über die Durchführung von Umweltverträglichkeitsprüfungen

Hinsichtlich der Überplanung von Boden finden sich im Plan- und Baugesetz[888] (PBL) Vorschriften über eine besondere Form der Umweltverträglichkeitsprüfung und über die Möglichkeiten der Allgemeinheit, sich während der Beratungsphase und der Auslegungszeit zu beteiligen und so die Entscheidung der Genehmigungsbehörde zu beeinflussen, 5. Kapitel, §§ 18 ff. PBL. Die Bestimmungen des Umweltgesetzbuches über die Umweltverträglichkeitsprüfung gelten nicht für Umweltverträglichkeitsprüfungen nach dem Plan- und Baugesetz, weil die Vorschriften des Plan- und Baugesetzes insoweit spezieller sind.[889] Allerdings sind die Behörden, die nach dem Umweltgesetzbuch entscheiden, gehalten, Pläne nach dem Plan- und Baugesetz und andere Planungsgrundlagen, die in einer Angelegenheit verfügbar sind, Dritten zugänglich zu halten, soweit diese nötig sind, um Fragen der Haushaltung mit Boden oder Wasser zu beantworten, 6. Kapitel, § 11 MB.

(2) Anpassungsbedarf

(i) Beteiligungsberechtigte Personen

In Verwaltungsverfahren über die Erteilung von Genehmigungen usw. hat in Schweden jedermann das Recht, im Rahmen des Verfahrens gehört zu werden, Einwendungen vorzubringen, Fragen zu stellen und nicht zuletzt Akten einzusehen.[890] Teils beruht dies auf dem Recht der freien Akteneinsicht,[891] teils auf dem verwaltungsrechtlichen Offizialprinzip, das es den Behörden gebietet, selbst die Sachverhalte so sorgfältig und umfassend wie möglich zu erforschen,[892] um am Ende des Verfahrens eine richtige Entscheidung zu treffen.[893] Dieses Beteiligungsrecht besteht unabhängig davon, ob der einzelne selbst betroffen ist oder ob er sich auf ein Allgemeingut beruft.[894] Für Umweltorganisationen gilt daher, dass sie sich ungeachtet der strengen Grenzen des 16. Kapitels, § 13 MB und

---

888 *Plan- och Bygglag (1987:10).*

889 Ebbesson, Access to Justice in Environmental Matters in the EU, S. 466 f.

890 Ebbesson, Miljörätt, S. 86.

891 Siehe oben D) I) 2) a) (1) c) (ii).

892 Vgl. bspw. das 22. Kapitel, § 11 Abs. 2 MB.

893 Nordh, Talerätt i miljömål, S. 245 und S. 333; Strömberg, Allmän förvaltningsrätt, S. 100; Ebbesson, Access to Justice in Environmental Matters, S. 446.

894 Ebbesson, Miljörätt, S. 86.

ohne „*sakägare*"[895] zu sein, am UVP-Verfahren beteiligen können und dürfen.[896] Die Beteiligungsberechtigung ist gleichermaßen weitreichend bei Prüfungen der Verwaltung nach dem PBL.[897] Letztlich gilt auch hier, dass ein großes Maß an Öffentlichkeitsbeteiligung aufgrund der herrschenden Prinzipien über Aktenöffentlichkeit und Amtsermittlung garantiert sein muss.

(ii) Anfechtungsberechtigung

Im Unterschied zu den eben beschriebenen Beteiligungsrechten unterliegt das Anfechtungsrecht den allgemeinen Kriterien.[898] Insbesondere muss der einzelne von einer Verwaltungsentscheidung betroffen sein, diese Verwaltungsentscheidung muss ihn in seinen eigenen Rechten verletzen, und die Entscheidung muss anfechtbar sein, damit der einzelne sie anfechten darf, § 22 FL und § 22 a FPL. Als Ausnahmeregelung zu diesem Grundsatz findet sich die Vorschrift des 16. Kapitels, § 13 MB über das Anfechtungsrecht für Umweltorganisationen mit seinen engen Voraussetzungen.[899]

1. Eigene Rechte/Selbstbetroffenheit

Der neue Art. 10 a der UVP-Richtlinie/Art. 15 a der IVVU-Richtlinie schreibt vor, dass die Mitgliedstaaten die gerichtliche Überprüfung der materiellrechtlichen und verfahrensrechtlichen Rechtmäßigkeit von Entscheidungen, Handlungen oder Unterlassungen sicherzustellen haben. Die durch die Richtlinien vermittelten Beteiligungsrechte sind Verfahrensrechte, die dem einzelnen zustehen sollen und die er nach dem Willen des Richtliniengebers auch gerichtlich durchsetzen können soll. Anders wäre das durch die Richtlinie 2003/35/EG verfolgte Ziel, eine möglichst breite Beteiligung der Öffentlichkeit in Entscheidungsverfahren zu erreichen, kaum sicherzustellen. Ein breit angelegtes Beteiligungsrecht entfaltet nämlich keine Wirkung, wenn seine Verletzung durch die Verwaltung nicht gerichtlich geprüft werden kann. Sind diese formalen Rechte „eigene" Rechte der zu beteiligenden Bürger, müssen sie sich auch auf eine Verletzung dieser Rechte vor einem Gericht berufen können. Wenn die Beteiligung der Allgemeinheit und insbesondere der Umweltorganisationen in solchen Verfahren gefördert werden soll, müssen auch die Organisationen die Beteiligungsrechte im Zweifel einklagen können. Soweit es also im schwedischen Verwaltungsrecht

895 Siehe oben D) I) 2) b).
896 Ebbesson, Miljörätt, S. 86.
897 Bengtsson, Speciell fastighetsrätt/miljörätt, S. 52 und S. 56.
898 Siehe oben B) IV) 1) und C) IV) 1).
899 Siehe oben C) IV) 2).

bzw. Verwaltungsprozessrecht auf eine Rechtsverletzung ankommt, können Umweltorganisationen diese eigenen Rechte – nach der Grundregel des 16. Kapitels, § 12 MB bzw. den allgemeinen Regeln über das Anfechtungsrecht – gerichtlich durchsetzen.

2. *Unanfechtbarkeit bestimmter Verwaltungsentscheidungen*

a. *Entscheidungen im laufenden Verfahren*

Wie bereits oben[900] erwähnt kennt das schwedische Verwaltungsrecht keine einheitlichen Regeln zur Anfechtbarkeit *(„överklagbarhet")* von Verwaltungsentscheidungen. Als Grundsatz gilt, dass eine Entscheidung dann angefochten werden kann, wenn sie erhebliche rechtliche oder tatsächliche Auswirkungen für den einzelnen hat.[901] Solche Auswirkungen werden allen Entscheidungen abgesprochen, die lediglich während eines Verwaltungsverfahrens ergangen sind, also keine Schlussentscheidungen darstellen. Denn in diesen Fällen mutet man dem einzelnen zu, auf die Schlussentscheidung zu warten, die er dann anfechten kann. Bei der Anfechtung der Entscheidung insgesamt können auch Fehler der Behörde im laufenden vorangegangenen Verfahren angegriffen werden.[902] Zu diesen Verfahrenshandlungen und Entscheidungen während eines Verfahrens[903] zählen sämtliche hier relevante Beteiligungsrechte. Damit wären Verstöße gegen die Beteiligungsrechte erst am Ende eines Verfahrens mit Erteilung der jeweiligen Genehmigung und nicht bereits vorher gesondert anfechtbar. Dies dürfte sich zwar negativ auf die Wahrnehmung dieser Rechte bzw. das Interesse der Allgemeinheit daran auswirken. Allerdings erlaubt die Richtlinie den Mitgliedstaaten ausdrücklich, selbst zu bestimmen, in welchem Stadium Entscheidungen, Handlungen und Unterlassungen angefochten werden dürfen, so dass die bisherige grundsätzliche Praxis in Schweden nicht geändert zu werden braucht.[904] Al-

900 Siehe oben B) IV) 1).

901 Warnling-Nerep, En introduktion till förvaltningsrätt, S. 71.

902 In einem Fall über die Erteilung eines Führerscheins lehnte *Regeringsrätten* die Anfechtung einer Anordnung zur Vorlage eines Gesundheitszeugnisses ab und verwies den Kläger darauf, dass er auf die abschließende – aufgrund der Nichtvorlage des Attestes ablehnende – Entscheidung der Führerscheinstelle zur Erteilung des Führerscheins zu warten habe und diese dann anfechten könne, RÅ 1976, ref. 126.

903 Z.B. die behördliche Entscheidung, ein erweitertes Beratungsverfahren nicht durchzuführen oder Teile der Öffentlichkeit nicht zu beteiligen.

904 Dagegen hat *Regeringsrätten* im Hinblick auf Art. 6 EMRK entschieden, dass solche Rechtsstreite während eines Verfahrens möglich sein müssen, um dem Bürger effektiven Rechtsschutz zu gewähren.

lerdings muss dann sichergestellt werden, dass auch rein formelle Fehler angreifbar sein müssen.[905]

b. Entscheidungen der Regierung

Problematisch sind jedoch einmal mehr Entscheidungen der Regierung. Diese sind grundsätzlich nur nach den Voraussetzungen des RPL anfechtbar und dann nur, wenn der einzelne selbst in Rechten betroffen ist, die im 8. Kapitel, §§ 2 und 3 RF aufgeführt sind, § 1 RPL.[906] Verfahrensrechte gehören nicht zu den in der Verfassung aufgezählten Rechte, deren Verletzung eine Rechtsprüfung zuließe. Eine Rechtsprüfung scheidet damit aus, so dass gegen Entscheidungen der Regierung ein Rechtsmittel nicht möglich ist. Wenn Schlussentscheidungen der Regierung, also etwa die Erteilung einer Genehmigung, nicht angegangen werden können, findet daher auch keine Prüfung der Verletzung eines Verfahrensrechts einer Umweltorganisation statt. Hier ist folglich eine Änderung der Anfechtungsmöglichkeiten erforderlich.

c. Unanfechtbarkeit von Realakten

Nach Art. 10 a Abs. 1 letzter Hs. der UVP-RichtlinieArt. 15 a Abs. 1 letzter Hs. der IVVU-Richtlinie ist jede Verfahrenshandlung, neben Entscheidungen auch Handlungen und Unterlassungen im Verfahren durch die beteiligten Behörden, anfechtbar, für die die Bestimmungen dieser Richtlinie über die Öffentlichkeitsbeteiligung gelten. Anfechtbar sind grundsätzlich nur Entscheidungen *(„beslut")*[907] der Verwaltung, § 22 FL. Damit sind solche Entscheidungen gemeint, die erhebliche Wirkungen auf einen Beteiligten, idealerweise rechtliche Wirkungen haben.[908] Einfaches Verwaltungshandeln im Sinne etwa eines Realakts oder unverbindliche Entscheidungen mit vorbereitendem Charakter zählen nicht hierzu.[909] Hier wird eine Änderung der einschlägigen Regelungen im Umweltgesetzbuch erforderlich werden, insoweit als zumindest die einzelnen Entscheidungen, Handlungen und Unterlassungen im Verfahren nach dem 6. Kapitel MB der gerichtlichen oder sonstigen Überprüfung durch eine unabhängige Stelle zugänglich gemacht werden. In einer Denkschrift zum Vorschlag der Kommission vom

905 Bunge, ZUR 2004, 141 (144).

906 Vgl. hierzu auch oben B) IV) 1) c).

907 Sterzel spricht von „den richtigen Verwaltungsakten" *(„de riktiga besluten")* in einer Sache oder Angelegenheit, vgl. Sterzel in NJH, S. 1037.

908 Siehe oben B) IV) 1) a).

909 Sterzel in NJH, S. 1037.

18. Januar 2001[910] zur späteren Richtlinie 2003/35/EG konstatierte die Regierung, dass insofern eine Änderung „wahrscheinlich“ erforderlich werde.[911] Diese Zurückhaltung ist nach dem eindeutigen Wortlaut der Vorschriften der § 34 FPL und § 14 RB nicht gerechtfertigt. Dadurch, dass im schwedischen Verwaltungsrecht nur Entscheidungen im engeren Sinne angefochten werden können, stehen Realakte außen vor. Dieser Mangel an Rechtsschutzmöglichkeiten ist mit den Vorgaben der Richtlinie nicht vereinbar.

d. Unanfechtbarkeit von Unterlassungen

Mit „Unterlassungen“ im Sinne der Richtlinie 2003/35/EG werden zunächst solche nicht vorgenommenen Entscheidungen oder Handlungen einer Behörde zu verstehen sein, die diese im Rahmen eines ordnungsgemäßen Verfahrens zumindest nach Ansicht der klagenden Umweltorganisation hätte vornehmen müssen. Dies gilt etwa für eine unterlassene Auslegung der Antragsunterlagen oder für ein unterlassenes Beratungsverfahren. Unterlassene Verwaltungshandlungen i.w.S. können im schwedischen Verwaltungsrecht grundsätzlich nicht angefochten werden, da es nach der schwedischen Verwaltungsrechtslehre eines *„beslut“*, einer Entscheidung der Verwaltung, bedarf um Rechtsschutz in Anspruch nehmen zu können.[912] Daher muss Schweden bei der Umsetzung der Richtlinie wie auch bei der Umsetzung der Richtlinie 2003/4/EG das Instrument der Untätigkeitsklage in sein Verwaltungsprozessrecht einführen.

3. Das besondere Anfechtungsrecht der Umweltorganisationen aus dem 16. Kapitel, § 13 MB

Wie erwähnt wiederholt die Richtlinie 2003/35/EG die Regelungssystematik der Aarhus-Konvention und überlässt es den Mitgliedstaaten, im Rahmen der Definition der „betroffenen Öffentlichkeit gemäß ihrem Art. 3 Nr. 1 die Nichtregierungsorganisationen, denen sie ein Klagerecht zuerkennen möchten, selbst zu bestimmen bzw. die Voraussetzungen zu deren Anerkennung hierzu selbst kraft eigener Souveränität festzulegen. Direkte Auswirkungen auf das Klagerecht der Organisationen in Schweden bzw. an die rechtlichen Anforderungen bestehen damit genauso wenig wie bei der gedachten direkten Transformation der Aar-

910 KOM(2000) 839 endg.

911 Regeringens promemoria 2000/01:103, Gliederungspunkt I., 2.

912 Siehe oben C) IV) 2) b) (5) (iii).

hus-Konvention ins schwedische Recht.[913] Allerdings ist für die Ausgestaltung der Öffentlichkeitsbeteiligung in den Mitgliedstaaten zu beachten, dass die Richtlinie 2003/35/EG gerade eine breite Öffentlichkeitsbeteiligung unter Einbeziehung der Umweltorganisationen erreichen will,[914] so dass der tatsächliche Ausschluss fast sämtlicher relevanter Organisationen in Schweden durch die engen Voraussetzungen der Vorschrift des 16. Kapitels, § 13 MB nicht haltbar ist. Denn gemäß Art. 249 UAbs. 3 EGV ist jede Richtlinie hinsichtlich des von jedem Mitgliedstaat zu erreichenden Ziels verbindlich. Schließlich sind die Mitgliedstaaten bei der Umsetzung gehalten, die größtmögliche Übereinstimmung mit den Vorgaben der jeweiligen Richtlinie zu erreichen.[915] Statt einer breiten Beteiligung auch der Verbände, so, wie von der Richtlinie verlangt, blieben nur ein, zwei schwedische Organisationen übrig, die gegen negative Entscheidungen der Verwaltung gerichtlich vorgehen könnten. Ungeachtet dessen begegnet das Anfechtungsrecht für Umweltorganisationen den gleichen inhaltlichen Restriktionen wie das Anfechtungsrecht des einzelnen.[916]

c) Ergebnis

Die Richtlinie 2003/35/EG definiert erstmals für die UVP-Richtlinie und die IVVU-Richtlinie die Begriffe der „Öffentlichkeit" und der „betroffenen Öffentlichkeit". Sie fordert darüber hinaus frühzeitige und effiziente Beteiligung der Bürger am UVP-Verfahren bzw. an Genehmigungsverfahren im Sinne der IVVU-Richtlinie und garantiert den Bürgern insoweit einklagbare Rechte. Schweden erfüllt zwar die Anforderungen der so neugestalteten Richtlinien hinsichtlich der Möglichkeiten der Beteiligung aufgrund seines weitreichenden Demokratie- und Öffentlichkeitsverständnisses. Es muss jedoch dieses Verständnis mit weitreichenderen Rechtsschutzmöglichkeiten untermauern als sie derzeit bestehen. Dazu zählt, dass auch der Bürger oder eine Umweltorganisation einfaches Verwaltungshandeln oder Unterlassungen der Verwaltung anfechten können. Hierzu zählt darüber hinaus auch, dass man Umweltverbänden ein weitreichenderes Anfechtungsrecht einräumt als derzeit der Fall ist und die engen Anforderungen an die Zulässigkeit der Verbandsklage lockert, so dass dem

913 Entsprechend äußerte sich auch die Regierung in einer Denkschrift anlässlich des Richtlinienvorschlags der Kommission (KOM(2000) 839 endg.) zur späteren Richtlinie 2003/35/EG, vgl. *Regeringens promemoria* 2000/01:103, Gliederungspunkt I., 2.

914 Erwägungsgründe 3 und 4 der Richtlinie 2003/35/EG.

915 EuGH – Kommission/Frankreich, Rs. 9252/85 – Slg. 1988, 2243 (2263), EuGH – Kommission/Italien, Rs. 262/85 – Slg. 1987, 3073 (3097).

916 Siehe vorstehend.

Willen des Richtliniengebers, eine möglichst breite Öffentlichkeitsbeteiligung zu erreichen, unter Einschluss der Umweltorganisationen Rechnung getragen wird.

IV) Richtlinienvorschlag der Kommission vom 24. Oktober 2003

1) Allgemeines

Zur Umsetzung der 3. Säule der Aarhus-Konvention, den Zugang zu Gerichten in Umweltangelegenheiten, hat die Kommission am 24. Oktober 2003 gestützt auf Art. 175 Abs. 1 EGV einen Richtlinienvorschlag vorgelegt.[917] Der Vorschlag dient der Vervollständigung des Umsetzung der Vorgaben der Aarhus-Konvention. Der Richtlinienvorschlag dient neben der Umsetzung der Aarhus-Konvention aber zusätzlich der Behebung von Mängeln bei der Durchsetzung des Umweltrechts in der Gemeinschaft. Der Vorschlag hat eine längere Vorgeschichte. Bereits Anfang der 90er Jahre des vorigen Jahrhunderts war ein entsprechender Richtlinienvorschlag im Arbeitsprogramm der Kommission vorgesehen und eine Arbeitsgruppe zu *„access to justice"* eingerichtet, die allerdings bis zur Konferenz von Aarhus keine wesentlichen Erfolge vorzeigen konnte.[918] Nach Unterzeichnung der Aarhus-Konvention und deren Inkrafttreten am 30. Oktober 2001 begann die Kommission mit der Umsetzung der Konvention in das Gemeinschaftsrecht.

a) Erstes Arbeitspapier vom 11. April 2002

Im Rahmen des auf die Unterzeichnung der Aarhus-Konvention folgenden Konsultationsprozesses erstellte die Kommission unter dem 11. April 2002 ein Arbeitspapier, in dem als Ziele eines künftigen Richtlinienvorschlags ein hohes Niveau an Umweltschutz zu garantieren, für eine wirksame Umsetzung und praktische Anwendung des Umweltrechts in der EG und den Mitgliedstaaten zu sorgen, die Aarhus-Konvention umzusetzen und schließlich für die *good governance*[919] zu sorgen, genannt waren.[920] Das Papier erhielt vielfältige Kritik aus allen Richtungen. Die Mitgliedstaaten stellten die Kompetenz der Gemeinschaft

---

917 KOM(2003) 624 endg.

918 Dross, ZUR 2004, 152 (152).

919 Der Begriff stammt aus der Entwicklungszusammenarbeit und meint die Übertragung und Einführung der wesentlichen Grundsätze westlicher Demokratien auf die Entwicklungsländer, vgl. Streinz-Pitschas, EUV/EGV, Art. 177 EGV, Rdn. 24.

920 Working document (11–04–2002) Access to justice in environmental matters.

zum Erlass einer Richtlinie über den Zugang zu Gerichten in Frage und verwiesen auf das Subsidiaritätsprinzip aus Art. 5 Abs. 2 EGV. Gleichermaßen waren sie der Auffassung, der Vorschlag diene nicht der Umsetzung der Aarhus-Konvention, sondern schaffe weitere Rechte.[921] Vertreter der Wirtschaft kritisierten die im Vorschlag vorgesehene Möglichkeit, gegen Private klagen zu können, Umweltverbände waren umgekehrt der Auffassung, die Vorschläge der Kommission griffen zu kurz und forderten die Einführung einer Popularklage im Umweltrecht.

(1) Subjektiver Anwendungsbereich

Bereits im ersten Arbeitspapier machte die Kommission klar, dass die Klagebefugnis eben nicht jedermann zustehen sollte. Sie unterschied zwischen *„the public"* und *„the public concerned"*, also der Öffentlichkeit und der betroffenen Öffentlichkeit sowie anerkannten Nichtregierungsorganisationen *(„non-gouvernemental organizations")* und Bürgerinitiativen *(„citizens groupings")*. Mit Rücksicht auf diejenigen Mitgliedstaaten, denen eine Popularklage fremd war, begrenzte das Arbeitspapier die Klageberechtigung für Umweltverbände auf die nach nationalem Recht bestehenden Möglichkeiten. Außerdem sollte den Organisationen nur ein Klagerecht zukommen, wenn sie dort in einer Gegend aktiv waren, die betroffen war oder zu sein drohte. Das Arbeitspapier sah zwei Möglichkeit vor, den Organisationen das Klagerecht einzuräumen. Zum einen konnte ein Mitgliedstaat im Wege der Vorabanerkennung berechtigte Organisationen benennen, zum anderen sollte die Anerkennung während eines konkreten Überprüfungsverfahrens *(„ad hoc")* erfolgen können. Sollte ein Mitgliedstaat für die Vorabanerkennung optieren, war er gleichwohl gehalten, eine „Ad-hoc-Anerkennung" als Voraussetzung für eine Klagebefugnis von solchen Organisationen vorzusehen. Eine Klagebefugnis sollte auch grenzüberschreitend möglich sein, wenn sich Schäden an der Umwelt auch direkt auf eine Kommune in einem Nachbarland auswirkten. Allerdings ergab sich aus dem Papier nicht, ob eine Organisation aus einem Mitgliedstaat die Voraussetzungen dieses Mitgliedstaates zur Klageberechtigung erfüllen musste oder diejenigen des Mitgliedsstaates, in dem etwa eine umweltgefährdende Tätigkeit stattfand, die es anzufechten galt.

Daneben sollte Bürgerinitiativen eine Klagebefugnis zugestanden werden, weil diese lokale Gegebenheiten am besten kennen und darüber hinaus ein starkes Interesse am Schutz ihrer unmittelbaren Umwelt hätten. Zur Eingrenzung dieser Klageberechtigung statuierte das Papier die Möglichkeit der Mitgliedstaaten, eine Mitgliederzahl für die Bürgerinitiativen vorzugeben. Weiter sollten die-

921 So auch v. Danwitz, NVwZ 2004, 272 (279).

se Mitglieder ihren Wohnsitz dort haben, wo die erwarteten Schäden eintreten würden, deren Verhinderung Zweck der Bildung der Bürgerinitiative gewesen ist. Eine grenzüberschreitende Klagebefugnis, wie bei den Organisationen, war auch hier vorgesehen. Schließlich sollte auch Kommunen oder Regionen ein Klagerecht eingeräumt werden. Nähere Ausgestaltungen hierzu fanden sich jedoch nicht.

(2) Objektiver Anwendungsbereich

Klagegegenstand sollten behördliche Entscheidungen sein, sofern sie sog. „umweltbezogene Bestimmungen des Rechts“ betrafen, rechtlich bindend waren und Außenwirkung besaßen. Gleiches galt für Unterlassungen behördlichen Handelns. Diese waren nach dem Papier anfechtbar, wenn die Behörde eine Pflicht zum Handeln getroffen hatte, sie dieser aber nicht nachgekommen war. Sofern sich das Nichthandeln auf einen Privaten bezog, der Umweltrecht verletzt hatte, sollte ein Verfahren gegen die Behörde möglich sein, die ihrer Aufsichtspflicht nicht nachgekommen war.

Prüfungsgegenstand sollte das gemeinschaftliche Umweltrecht sein, das die Mitgliedstaaten umgesetzt hatten. Auf diese Weise sollte den erkannten Vollzugsdefiziten entgegengewirkt werden. Weiter sollte auch rein nationales Umweltrecht Prüfungsgegenstand sein. Der Gleichklang war nach Auffassung der Kommission erforderlich, weil einer umweltrechtlichen Norm eines Mitgliedstaates nicht immer deren Herkunft anzusehen war. Allerdings hatte das Papier die Möglichkeit der Nationalstaaten vorgesehen, rein nationales Recht auszunehmen, dies im Hinblick auf die Subsidiaritätsklausel des Art. 5 Abs. 2 EGV.

(3) Verfahren und Kosten

Hinsichtlich des Prüfungsverfahrens sollte es den Mitgliedstaaten überlassen werden, ein gerichtliches Verfahren oder ein Verfahren durch eine unabhängige unparteiische Stelle einzuführen. Auch ein Vorverfahren sollte in denjenigen Fällen vorgesehen werden, in denen ein Mitgliedstaat eine gerichtliche Prüfung vorsehen wollte. Die Kommission blieb demnach bei den Vorgaben der Aarhus-Konvention. Die Notwendigkeit des vorläufigen Rechtsschutzes wurde ebenfalls diskutiert. Im Hinblick darauf, dass diese Möglichkeit nicht in allen Mitliedstaaten gegeben war, wurde jedoch nur eine grundsätzliche Regelung ohne Präzisierung der einzelnen Voraussetzungen aufgenommen. Das Papier stellte weiter fest, dass zu hohe Kosten für ein Verfahren ein Hemmnis für den einzelnen oder begünstigte Organisationen darstellen könnten. Unter Berücksichtigung der

Maßgabe des Art. 9 Abs. 4 der Aarhus-Konvention wurde bestimmt, dass solche Verfahren nicht übermäßig teuer sein dürften.

b) Das zweite Arbeitspapier und der Richtlinienvorschlag vom 24. Oktober 2003

Die Kommission arbeitete die vorgebrachten Bedenken in das zweite Arbeitspapier ein. Dieses wurde zur Grundlage des am 24. Oktober 2003 vorgelegten Vorschlages zur Richtlinie über den Zugang zu den Gerichten in Umweltangelegenheiten. Der Inhalt des Vorschlags soll im Folgenden besprochen und die Vereinbarkeit des schwedischen Rechts mit den einzelnen Regelungen des Vorschlags diskutiert werden.

2) Ziel des Richtlinienvorschlags

Ziel der vorgeschlagenen Richtlinie ist es, ein gemeinsames Niveau aller Mitgliedgliedstaaten für den Zugang zu Gerichten und anderen Prüfungsinstanzen in Umweltfragen zu erreichen. Die mangelnde Durchsetzung des Umweltrechts führt die Kommission insbesondere auf die Tatsache zurück, dass die Klagebefugnis auf diejenigen Personen beschränkt ist, die direkt von einer Rechtsverletzung betroffen sind. Sie konstatiert, dass die Durchsetzung des Umweltrechts sich nach den einschlägigen Erfahrungen dadurch verbessern lässt, dass man „repräsentativen Umweltschutzverbänden" die Möglichkeit einräumt, Rechte der Umwelt in verwaltungs- oder gerichtlichen Verfahren wahrzunehmen.[922] In Schweden hat das Umweltministerium sich in einer Denkschrift zum Richtlinienvorschlag und dessen Auswirkungen auf das nationale schwedische Umweltrecht bzw. Umweltprozessrecht beschäftigt.[923] Der Gesetzesvorschlag vom 20. Januar 2005, der sich mit der Umsetzung sowohl der Vorgaben der Aarhus-Konvention als auch der Richtlinien 2003/4/EG und 2003/35/EG beschäftigte, benannte zwar auch den Richtlinienvorschlag, beschäftigte sich jedoch ausdrücklich nicht inhaltlich mit diesem, weil er noch nicht endgültig verhandelt war.[924] Zwischenzeitlich lag der Richtlinienvorschlag dem Europäischen Parlament im Verfahren der Mitentscheidung zur ersten Lesung vor. Unter Beachtung der Berichte des Ausschusses für Umweltfragen, Volksgesundheit und Verbrauchergesundheit, des Ausschusses der Freiheiten und Rechte der Bürger, Justiz und innere Angelegenheiten sowie des Ausschusses für Recht und Binnenmarkt

922 KOM(2003) 624 endg., S. 3.

923 *Faktapromemoria*, 2003/04:FPM42.

924 Prop. 2004/05:65, S. 30.

hat das Parlament den Vorschlag der Kommission mit Änderungen gebilligt.[925] Daneben hat der Europäische Wirtschafts- und Sozialausschuss seine Stellungnahme abgegeben.[926]

3) Regelungsinhalt des Richtlinienvorschlags und Vereinbarkeit des bestehenden nationalen schwedischen Rechts

a) Subjektiver Anwendungsbereich

(1) Regelungsinhalt

Der Richtlinienvorschlag unterscheidet im persönlichen Anwendungsbereich zwischen „Mitgliedern der Öffentlichkeit", der „betroffenen Öffentlichkeit" und sog. „qualifizierten Einrichtungen".

Unter „Mitglied der Öffentlichkeit" sind gemäß der Begriffsdefinition aus Art. 1 Abs. 1 lit. b) des Richtlinienentwurfs eine oder mehrere natürliche oder juristische Personen sowie nach Maßgabe des innerstaatlichen Rechts die von diesen Personen gebildeten Vereinigungen, Personen oder Gruppen zu verstehen. Die „betroffene Öffentlichkeit" ist diejenige Öffentlichkeit, die von einem umweltbezogenen Rechtsakt betroffen oder wahrscheinlich betroffen ist. Qualifizierte Einrichtungen sind gemäß der Begriffsbestimmung in Art. 1 Abs. 1 lit. c) des Richtlinienentwurfs solche Vereinigungen, Organisationen oder Gruppen, deren Ziel der Umweltschutz ist und die nach dem Verfahren des Art. 9 des Richtlinienvorschlags anerkannt worden sind.

Nach Art. 4 des Richtlinienvorschlags ist Mitgliedern der betroffenen Öffentlichkeit Zugang zu Verwaltungsverfahren oder Gerichtsverfahren zu gewähren, sofern sie (a) ein ausreichendes Interesse haben oder (b) eine Rechtsverletzung geltend machen, wenn das Verwaltungsprozessrecht eines Mitgliedstaates dies als Voraussetzung verlangt. Der Normierung der Möglichkeit einer allgemeinen Klagebefugnis im Sinne einer „Popularklage", also der Möglichkeit, zugunsten des einzelnen losgelöst von den genannten Voraussetzungen „Interesse bzw. Rechtsverletzung" zu klagen, hatte die Kommission bereits zuvor im Rahmen des Konsultationsverfahrens insbesondere den beteiligten Umweltverbänden gegenüber im Hinblick auf das Subsidiaritätsprinzip aus Art. 5 UAbs. 2 EGV eine Absage erteilt.[927] Insbesondere verwies sie darauf, dass auch die Aarhus-

925 Sitzungsprotokoll vom 31.03.2004, P5_TA–PROV(2004)0239.

926 ABl. C 117 vom 30.4.2004, S. 55.

927 KOM(2003) 624 endg., S. 13 f.

Konvention die Ausgestaltung des Klagerechts sowohl des einzelnen als auch der Umweltorganisationen den Unterzeichnerstaaten habe überlassen wollen, so dass für eine Transformation der Vorgaben der Konvention weiterführende Schritte nicht nötig seien.[928] Allerdings sollen die Mitgliedstaaten nach Art. 4 Abs. 2 des Richtlinienvorschlags verpflichtet werden, einen möglichst umfassenden Zugang zu Gerichten zu gewährleisten und in diesem Sinne entweder die Voraussetzungen des Interesses oder der Rechtsverletzung festzulegen. An dieser Stelle wiederholt sich der bereits bei der Aarhus-Konvention sowie den eingefügten Art. 10 a der UVP-Richtlinie und Art. 15 a der IVVU-Richtlinie festgestellten Widerspruch, wonach auf der einen Seite die Popularklage ausgeschlossen werden soll, auf der anderen Seite aber dem Postulat des möglichst weiten und umfassenden Zugangs zu Gerichten entsprochen werden soll, um die Verantwortlichkeit und Transparenz in Entscheidungsverfahren zu fördern.[929] Im Richtlinienvorschlag wird dieser Widerspruch über die Vorschrift des Art. 5 gelöst, der so genannten „qualifizierten Einrichtungen" eine besondere Rolle zuspricht.

Neben der Klagebefugnis von Mitgliedern der Öffentlichkeit will die Kommission auch von ihr so genannten „qualifizierten Einrichtungen" eine Klagebefugnis zubilligen, Art. 5 des Richtlinienvorschlags. Die qualifizierten Einrichtungen brauchen zur Wahrnehmung des Klagerechts weder ein Interesse noch eine Rechtsverletzung geltend zu machen. Nach der Konzeption des Richtlinienvorschlags reicht es einer entsprechend anerkannten qualifizierten Einrichtung, sich in einem Verfahren auf ihre besondere Stellung zu berufen, um klageberechtigt zu sein. Die Regelung über die Einführung der qualifizierten Einrichtungen erfuhr im Verfahren Kritik. Es wurde bemängelt, dass die Gemeinschaft weder die Kompetenz habe, diese Frage zu klären, noch dass die Aarhus-Konvention eine solche Regelung zur Transformation durch die Unterzeichnerstaaten vorgebe; insbesondere ergebe sich aus Art. 9 Abs. 2 der Aarhus-Konvention die Zuordnung der Regelung der Klagebefugnis qualifizierter Einrichtungen zugunsten der Mitgliedstaaten.[930] Die Kommission verwies darauf, dass die Konvention es jeder Vertragspartei, also auch der Gemeinschaft, überlasse, den Umfang der Klagebefugnis in ihren innerstaatlichen Rechtsvorschriften zu regeln.[931] Damit hat sich die Kommission der Argumentation der Kritiker eines umfassenden Klagerechts bedient. Die Regelung über den Umfang der

---

928 KOM(2003) 624 endg., S. 14.

929 Schlacke, NuR 2004, 629 (633).

930 So der Ausschuss für die Freiheiten und Rechte der Bürger, Justiz und innere Angelegenheiten in seiner vorläufigen Stellungnahme, 2003/0246(COD), S. 4 f.

931 KOM(2003) 624 endg., S. 14.

Klagebefugnis hat sie mit dem Richtlinienvorschlag und den Vorschriften über die qualifizierten Einrichtungen vorgenommen. Soweit hierin einen Verstoß gegen das Prinzip der begrenzten Einzelermächtigung aus Art. 5 Abs. 2 EGV[932] im Verhältnis zu den Mitgliedstaaten gesehen werden sollte, mochte die Kommission dem nicht folgen. Denn dieses besondere Klagerecht fuße nach ihrer Auffassung auf den allgemeinen Erwägungen zur Verfolgung der Ziele des Umweltschutzes und der größtmöglichen Beteiligung der Öffentlichkeit unter Einschluss der aus ihr gebildeten Organisationen.[933] Ein verfahrensrechtlicher Eingriff erfolge ihrer Ansicht nach nicht, da lediglich gemeinschaftsrechtlich die Voraussetzung der Rechtsverletzung oder des Interesses fingiert werde, ohne dass betroffene Mitgliedstaaten hierzu ihre Verfahren ändern müssten. Darüber hinaus gebe die Richtlinie genau vor, welche Kriterien eine Organisation erfüllen müsse, um als qualifizierte Einrichtung zu gelten und von dem geplanten Klagerecht profitieren zu können, so dass auch in dieser Hinsicht mit einer Verwässerung mitgliedstaatlicher Verfahrensgrundsätze nicht gerechnet zu werden brauche.

Gleichwohl muss darauf hingewiesen werden, dass die Befugnis nach Art. 5 des Richtlinienvorschlags ebenfalls kein umfassendes – unbegrenztes – Klagerecht einräumt. Denn um als qualifizierte Einrichtung anerkannt zu werden, muss die jeweilige Organisation ein Prüfungsverfahren durchlaufen.

Das Verfahren hierzu ergibt sich aus den Vorschriften der Artt. 8 und 9 des Richtlinienvorschlags. Danach müssen bestimmte satzungsgemäße Kriterien erfüllt sein. Das wichtigstes Kriterium, das eine anzuerkennende Umweltorganisation erfüllen muss, ist die Verfolgung von Umweltschutzinteressen (lit. a)). Die Organisationen dürfen keinen Erwerbscharakter haben und müssen so organisiert sein, dass sie ihr satzungsmäßiges Ziel, die Umwelt zu schützen, verfolgen können (lit. b)). Darüber hinaus müssen sie eine gewisse Zeit bestanden haben und aktiven Umweltschutz betrieben haben. Der Richtlinienvorschlag setzt für das Zeitelement eine Höchstgrenze von drei Jahren an, (lit. c)). Schließlich muss ein Buchprüfer innerhalb dieser Zeit ihre Jahresabschlüsse geprüft haben (lit. d)). Das Klagerecht ist darüber hinaus geografisch begrenzt. Qualifizierte Organisationen können nur dort gegen umweltrechtliche Verstöße vorgehen, wo sie geografisch tätig sind, im Hinblick auf das gemeinschaftsrechtliche Diskriminierungsverbot allerdings unabhängig davon, ob der Verstoß im eigenen Mitgliedstaat stattfindet oder in einem anderem. Ansonsten steht es den Mitglied-

932 So sind jedenfalls die weiteren Ausführungen auf S. 5 Abs. 2 seiner Stellungnahme zu verstehen, 2003/0246(COD), S. 5.

933 Nach Auffassung der Kommission ist diese Begünstigung gerechtfertigt, weil solche Organisationen eine „immer wichtigere Rolle im nationalen und internationalen Umweltschutz spielen", vgl. KOM(2003) 624 endg., S. 15.

staaten frei, die Einzelheiten des Verfahrens zu regeln, Art. 9 Abs. 4 des Richtlinienvorschlags. Der Vorschlag erlaubt zwei Arten der Anerkennung, die bereits im ersten Arbeitspapier vorgelegt worden waren. Entweder erfolgt die Anerkennung von Fall zu Fall (sog. „Ad-hoc-Verfahren") oder aber durch Vorab-Verfahren. Entscheidet sich ein Mitgliedstaat für die Vorab-Anerkennung, ist er allerdings hierneben weiter verpflichtet, die Möglichkeit der zügigen „Ad-hoc-Anerkennung" in einem laufenden Verfahren zu gewährleisten, Art. 9 Abs. 1 UAbs. 2 des Richtlinienvorschlags. Ablehnende Entscheidungen auf Anerkennung müssen bei einem Gericht oder einer unabhängigen und unparteiischen Einrichtung anfechtbar sein, Art. 9 Abs. 4 des Richtlinienvorschlags.

(2) Vereinbarkeit

Wie bereits ausgeführt, ist der einzelne nach den Vorschrift des 16. Kapitels, § 12 des Umweltgesetzbuches berechtigt, eine Verwaltungsentscheidung anzufechten, wenn sie ihn betrifft, sich also gegen ihn wendet und ihm durch Zweck und Ziel der Entscheidung ein Schaden oder ein Nachteil entstehen kann.[934] Nach Auffassung von *Regeringsrätten* steht das umweltrechtliche Klagerecht im Prinzip jedem zu, der Schaden oder Nachteile durch die genehmigte umweltgefährdende Tätigkeit erleiden kann.[935] Die Angelegenheiten, die nicht unter das Umweltgesetzbuch fallen, sind nach den allgemeinen Regeln des § 22 FL und des § 33 FPL zu prüfen. Nach beiden Vorschriften muss wie beim MB auch eine Betroffenheit des Klägers vorliegen.[936] Nach den Vorschriften des RPL kann „der einzelne" Prüfung von Regierungsentscheidungen nur dann begehren, wenn er in bestimmten geschützten Rechten verletzt ist.[937] Da Art. 4 des Richtlinienvorschlags, wie Art. 9 Abs. 2 der Aarhus-Konvention auch, die Bestimmung der Anfechtungsberechtigten in die Hände der Mitgliedstaaten legt, ergibt sich kein Änderungs- bzw. Anpassungsbedarf. Auch die Einschränkung der geltend zu machenden Rechte im Rahmen der Rechtsprüfung vor *Regeringsrätten* begegnet keinen Bedenken. Änderungen für den einzelnen im Hinblick auf sein Anfechtungsrecht bringt die vorgeschlagene Richtlinie nicht mit sich.

Sofern eine Umweltorganisation nicht in eigenen Rechten verletzt ist, sondern sich auf allgemeine Naturschutzinteressen beruft, ist die Vorschrift des 16. Kapitels, § 13 MB mit den bereits erwähnten engen tatbestandlichen Voraussetzun-

934 Prop. 1997/98:45, S. 483 f.

935 RÅ 1990, ref. 75 und RÅ 1997, ref. 38 noch für ML und NRL und oben C) IV) 1) für die Weitergeltung dieser Rechtsprechung unter dem Umweltgesetzbuch.

936 Siehe oben C) IV) 1) b).

937 Siehe oben B) IV) 1) c).

gen anzuwenden.[938] Die Prüfung der Voraussetzungen erfolgt – in den Worten der Kommission – „ad hoc“, anlässlich einer konkreten Klagesituation, was den verfahrensmäßigen Vorgaben des Art. 9 Abs. 1 der vorgeschlagenen Richtlinie entspricht. Hinsichtlich der materiellen Voraussetzungen ergeben sich jedoch Probleme. Zum einen ist dem Richtlinienvorschlag das Element der Mitgliederzahl fremd. Nach dem 16. Kapitel, § 13 MB muss eine anfechtungsberechtigte Organisation jedoch über mindestens 2.000 Mitglieder verfügen. Diese Vorgabe ist daher zu streichen. Zum anderen ist das Kriterium der Dauer zu beachten. Der Richtlinienvorschlag spricht von „nicht mehr als“ drei Jahren *(„denna tid får inte överstiga tre år“)*, das 16. Kapitel, § 13 MB von „mindestens“ drei Jahren *(„i minst tre år“)* Tätigkeitsdauer. Das Zeitkriterium des 16. Kapitels, § 13 MB beginnt also einen Tag später als der Richtlinienvorschlag zubilligt. Eine noch zulässige Schnittmenge von einem Tag besteht nach den Wortlauten nicht, so dass dieses Merkmal des 16. Kapitels, § 16 MB gegen die Vorgaben des Art. 8 lit. c) des Richtlinienvorschlags streitet. Schließlich kann auch die Voraussetzung, dass die Umweltorganisation „in Schweden“ tätig sein muss bzw. sein musste, keinen Bestand haben. Abgesehen davon, dass sie allgemeinen Antidiskriminierungsgrundsätzen des Gemeinschaftsrechts zuwiderläuft, regelt die vorgeschlagene Richtlinie ausdrücklich in ihrem Art. 5 Abs. 2, dass eine nach Art. 9 des Richtlinienvorschlags in einem Mitgliedstaat anerkannte qualifizierte Einrichtung Zugang zu einer internen Überprüfung nach Art. 6 des Richtlinienvorschlags haben muss. Das Kriterium „in Schweden tätig“ wird aufgrund der Vorgaben der Nordischen Umweltschutzkonvention[939] nur für die Mitgliedstaaten Dänemark und Finnland umgangen. Für begünstigte Organisationen aus anderen Mitgliedstaaten gibt es eine solche Möglichkeit nicht, so dass diese geschaffen werden muss.

Ein generelles Anfechtungsrecht für Umweltorganisationen in anderen Gesetzen als im Umweltgesetzbuch bestand mit Einführung des MB nicht. Verstöße gegen Umweltrechtliche Vorschriften aus diesen anderen Gesetzen konnten daher von Umweltorganisationen nicht angegangen werden, außer sie sind in eigenen Rechten betroffen. Wie aus dem Gesetzesvorschlag vom 20. Januar 2005[940] ersichtlich ist, hat die Regierung den grundsätzlichen Mangel erkannt und in Einzelgesetzen mit Umweltbezug Verweise auf das 16. Kapitel, § 13 MB aufgenommen. Nach dem neuen § 75 a des Straßengesetzes[941] können Entscheidungen des zentralen Straßenamtes *(„Vägverket“)* in Bezug auf die Feststellung eines

938 Siehe oben C) IV).

939 Siehe oben FN 527.

940 Prop. 2004/05:65.

941 *Väglagen (1971:948).*

Arbeitsplans für Straßen von einer ideellen Vereinigung, wie sie im 16. Kapitel, § 13 MB benannt ist, angefochten werden. Gleiche Regelungen finden sich im 5. Kapitel, § 1 a im Gesetz über den Bau von Schienenwegen[942] in Bezug auf die Feststellung eines Schienenwegeplans, in § 4 a im Gesetz über die Einrichtung, Ausweitung und Aufhebung öffentlicher Fahrrinnen und öffentlicher Häfen[943] hinsichtlich der Entscheidung des Schifffahrtsamtes *(„Sjöfartsverket")* über die Tätigkeiten selbst sowie im 14. Kapitel, § 2 a des Luftfahrtgesetzes[944] über Entscheidungen über die Einrichtung und den Betrieb von Flughäfen selbst und im 16. Kapitel, § 4 a des Mineraliengesetzes[945] über Entscheidungen des Bergamtes über Bearbeitungskonzessionen selbst. Hier sei erwähnt, dass lediglich die Regelungen im Straßengesetz und im Gesetz über den Bau von Schienenwegen Entscheidungen über den Beginn eines Planverfahrens betreffen, die anderen eingefügten Vorschriften jedoch die Genehmigungsentscheidung selbst. Damit sollte sicherlich die Richtlinie 2003/35/EG umgesetzt werden. Allerdings strahlt die Umsetzung in den 3. Pfeiler der Aarhus-Konvention aus.[946] Auf diese Weise ist zumindest hinsichtlich der Regelungen im Gesetz über die Einrichtung, Ausweitung und Aufhebung öffentlicher Fahrrinnen und öffentlicher Häfen sowie im Luftfahrtgesetz und im Mineraliengesetz schon eine Regelung getroffen, die für Genehmigungen usw. außerhalb des MB auf das Verbandsklagerecht aus dem MB verweist.

Die Rechtsprüfung bei Entscheidungen der Regierung steht nur einem einzelnen zu. Umweltorganisationen sind nicht „einzelne" im Sinne des RPL, so dass ihnen ein Klagerecht vor *Regeringsrätten* nicht zukommt.[947]

Dem schwedischen Recht ist die Vorabanerkennung von klageberechtigten Umweltverbänden nicht bekannt. Im Gesetzgebungsverfahren zu MB hatte man sich zwar eine solche Lösung überlegt und insoweit auf die Erfahrungen Dänemarks verwiesen. Jedoch war dieses Verfahren als zu starr empfunden worden, weil kurzfristige Anerkennungen in laufenden Rechtsstreiten damit nicht möglich seien.[948] Der Richtlinienvorschlag umgeht diese Problematik, indem er in Art. 9 Abs. 1 UAbs. 2 denjenigen Mitgliedstaaten, die sich für eine Vorabanerkennung entscheiden, aufgibt, zusätzlich für die Möglichkeit der „Ad-hoc-Anerkennung" zu sorgen. Nach dem 16. Kapitel, § 13 MB besteht die Möglichkeit der Ad-hoc-Anerkennung von Umweltorganisationen. Diese Möglichkeit

942 *Lag (1995:1649) ombyggande av järnväg.*

943 *Lag(1983:293) om inrättande, utvidgning och avlysning av allmän farled och allmän hamn.*

944 *Luftfartslagen (1957:297).*

945 *Minerallagen (1991:45).*

946 Schlacke, ZUR 2004, 129 (129).

947 Siehe oben B) IV) 1) c) und Ebbesson, JT 1999–2000, 3 (10 f.).

948 Siehe oben C) III) 2) b) (1).

besteht jedoch nur für das Umweltprozessrecht nach dem MB und die Gesetze, die, wie oben gezeigt, hierauf verweisen, nicht aber für Verfahren nach den anderen Gesetzen mit Umweltbezug, etwa dem Plan- und Baugesetz. Hier besteht entsprechender Anpassungsbedarf.

b) Objektiver Anwendungsbereich

(1) Regelungsinhalt

Der objektive Anwendungsbereich der Richtlinie wird in Art. 2 Abs. 1 lit. g) geregelt. Danach bezieht sich das Klagerecht des einzelnen und der besonders privilegierten Organisationen auf das Umweltrecht der Gemeinschaft und die Gesetzgebung der Mitgliedstaaten, die aufgrund einer gemeinschaftlichen Regelung erfolgt ist. Zunächst hatte die Kommission angedacht, auch das einzelstaatliche Umweltrecht ohne gemeinschaftsrechtlichen Hintergrund einzubeziehen mit der Möglichkeit der Mitgliedstaaten des Opting-out.[949] Der Vorschlag enthält stattdessen eine Möglichkeit der Mitgliedstaaten des Opting-in. Umweltrecht ist definiert als Rechtsetzung, die den Schutz oder die Verbesserung der Umwelt zum Ziel hat, eingeschlossen die Gesundheit der Menschen und den vernünftigen Umgang mit natürlichen Ressourcen. Der Vorschlag gibt eine Liste Schutzgüter vor, die nicht abschließend ist. Die Beschränkung bezüglich des nationalen Umweltrechts der Mitgliedstaaten ist kritisiert worden.[950] Dies mit gutem Grund. Denn es ist nicht ersichtlich, wie im Einzelfall zwischen nationaler Gesetzgebung, die eine gemeinschaftsrechtliche Regelung umsetzt, und einer ausschließlich oder teilweisen nationalstaatlichen Regelung zu unterscheiden ist.[951]

Die vorgeschlagene Richtlinie erfasst nach dem Wortlaut ihrer schwedischen Sprachfassung Maßnahmen der Verwaltung *(„förvaltningsåtgärder“).*[952] Nach den Erläuterungen des Richtlinienvorschlags ist hierunter jede umweltrechtliche Maßnahme einer Behörde zu verstehen, die rechtsverbindlich und nach außen

949 Working document (11–04–2002) Access to justice in environmental matters, http://europa.eu.int/comm/environment/aarhus/aarhus1.pdf (22.6.2004).

950 Pernice/Rodenhoff, ZUR 2004, 149 (149).

951 Sadeleer/Roller/Dross, Access to Justice in Environmental Matters and the role of NGOs, S. 207. Hier wird vorgeschlagen, die Probleme durch eine weite Auslegung zu umgehen.

952 Die deutsche Sprachfassung verwendet hinsichtlich der Handlungen von Verwaltungen den Begriff des „Verwaltungsakts“ (vgl. bspw. Art. 4 Abs. 1 des Richtlinienvorschlags) und hinsichtlich der Handlungen von Privatpersonen den Begriff des „Akts“ (vgl. Art. 3 des Richtlinienvorschlags).

wirksam ist.[953] Unter Maßnahmen der Verwaltung sind demnach nur Entscheidungen im Sinne von *„beslut“*[954] zu verstehen, nicht aber einfaches Verwaltungshandeln im Sinne von Realakten.[955] Weiter definiert der Vorschlag das Unterlassen einer Maßnahme. Ein Unterlassen im Sinne des Richtlinienvorschlags ist das Versäumnis einer Behörde, eine Maßnahme, die in der Umweltgesetzgebung vorgeschrieben ist, zu ergreifen.[956]

(2) Vereinbarkeit

Das bestehende Anfechtungsrecht des 16. Kapitels, § 13 MB ist inhaltlich zu eng gefasst. Denn es besteht nur gegen Entscheidungen über Genehmigungen, Erlaubnisse oder Dispense. Der Richtlinienvorschlag will jedoch nach der Legaldefinition des Art. 2 Abs. 1 lit. d) sämtliche Entscheidungen, die aufgrund des Umweltrechts getroffen werden, einbeziehen. Hierzu zählt beispielsweise auch die Entwidmung eines Naturschutzgebietes, die sonst von Umweltorganisationen in Schweden nicht angefochten werden könnte. Abhilfe kann dadurch geschaffen werden, dass die positive Aufzählung der anfechtbaren Entscheidung fallen gelassen wird, etwa zugunsten einer Generalklausel.

Die vorgeschlagene Richtlinie erfasst auch das unterlassene Verwaltungshandeln, also diejenigen Fälle, in denen eine Behörde hätte handeln müssen bzw. eine Entscheidung treffen müssen, dies aber nicht macht. Wie auch schon oben bei der Diskussion der Aarhus-Konvention[957] sowie der Richtlinien 2003/4/EG[958] und 2003/35/EG[959] angesprochen, kennt das schwedische Verwaltungsrecht bzw. Verwaltungsprozessrecht die Möglichkeit einer Untätigkeitsklage nicht, so dass hier Anpassungsbedarf besteht. Da die Untätigkeitsklage weitere Gesetze als nur das Umweltgesetzbuch umfassen muss, dürfte eine zentrale Regelung in einem allgemeinen Gesetz sinnvoll sein,[960] anderenfalls das FL, das FPL und das MB sowie das PBL und weitere Einzelgesetze geändert werden müssten.

953 *En förvaltningsåtgärd är enligt direktivet en allmänt tillämplig och rättsligt bindande åtgärd som vidtas av en myndighet i enlighet med miljölagstiftningen*, vgl. KOM(2003) 624 endg., S. 12.

954 Siehe oben B) IV) 1) a).

955 Zur richtlinienkonformen Auslegung vgl. Callies/Ruffert-Kahl, EUV/EGV-Kommentar, Art. 10 EGV, Rdn. 40 m.w.N.

956 *En förvaltningsförsummelse är en myndighets underlåtenhet att vidta en åtgärd som föreskrivs i miljölagstiftningen*, vgl. KOM(2003) 624 endg., S. 12.

957 Siehe oben D) I) 2) c) (1) (iii).

958 Siehe oben D) II) 2) g).

959 Siehe oben D) III) 3) b) (2) (ii).

960 Wie oben C) IV) 2) b) (5) (iii) erwähnt, gab es schon einmal den Vorschlag, ein Gesetz zur die Einführung von Untätigkeitsklagen auf den Weg zu bringen.

Ein weiteres Problem ergibt sich aus der Definition des Art. 2 Abs. 1 lit. g) des Richtlinienvorschlags, wonach „Umweltrecht" im Sinne der Richtlinie eine Rechtsvorschrift bedeutet, deren Ziel der Schutz oder die Verbesserung der Umwelt einschließlich der menschlichen Gesundheit und des Schutzes der vernünftigen Nutzung natürlicher Ressourcen ist. Diese Definition gilt für die gesamte Richtlinie, auch für die geplanten Vorschriften der Artt. 4 bis 7 des Richtlinienvorschlags. Nach dieser Definition können also auch Verstöße gegen Vorschriften außerhalb des Umweltgesetzbuches angefochten werden, solange sie nur den Schutz eines der benannten Rechtsgüter bezweckt. Es kann sich also um Vorschriften des Gesundheitsschutzes, aber auch des Plan- und Baurechts handeln. Verletzungen von Vorschriften dieser Gesetze können zur Zeit mit dem Anfechtungsrecht aus dem 16. Kapitel, § 13 MB nicht angegangen werden, sondern die Rechtsverstöße sind auf Vorschriften des Umweltgesetzbuches beschränkt. Auch hier ergibt sich Anpassungsbedarf.

c) Verfahren der internen Überprüfung

(1) Regelungsgehalt

Der Richtlinienvorschlag enthält in seinem Art. 6 auch eine Regelung über eine sog. „interne Prüfung". Diese Vorschrift gibt den klagebefugten Mitgliedern der Öffentlichkeit wie auch den klagebefugten qualifizierten Einrichtungen das Recht, einen Antrag auf interne Überprüfung bei der Behörde zu stellen, wenn sie der Ansicht sind, dass ein Verwaltungsakt oder die Unterlassung eines Verwaltungsaktes gegen umweltrechtliche Vorschriften verstößt. Eine vom Mitgliedstaat benannte Behörde überprüft dann die Entscheidung verwaltungsintern. Fristen und die Form solcher Anträge sind von den Mitgliedstaaten selbständig festzulegen, wobei die vorgeschlagene Richtlinie eine Vierwochenfrist ab Erlass des Verwaltungsakts bzw. bei einer Unterlassung ab dem Tag, an dem die Behörde hätte tätig werden müssen, als Mindestgrenze vorsieht, Art. 6 Abs. 1 UAbs. 2 des Richtlinienvorschlags. Es ist jeder Antrag zu prüfen, außer er ist erkennbar unbegründet. Ein Antrag ist innerhalb von zwölf Wochen zu bescheiden, mit einer Begründung zu versehen und dem Antragsteller bekannt zu geben. Die Entscheidung lautet auf Anordnung einer Maßnahme zur Beachtung des Umweltrechts oder auf Ablehnung des Antrags, Art. 6 Abs. 2 des Richtlinienvorschlags. Kann die vom Mitgliedstaat bestimmte Behörde dem Antrag nicht innerhalb der vorgegebenen Frist entsprechen, hat sie dies dem Antragsteller unter Angabe von Gründen schnellstmöglich mitzuteilen und zu erklären, wann die Entscheidung erfolgt, Art. 6 Abs. 3 des Richtlinienvorschlags. Diese Entscheidung muss dann unter Berücksichtigung von Art, Umfang und Schwere des Verstoßes gegen die Umweltvorschriften innerhalb einer angemessenen Frist, spätestens aber 18 Wochen nach Eingang des Antrags erfolgen, wobei der Antragsteller unverzüglich hiervon zu unterrichten ist, Art. 6 Abs. 4 des Richtlinienvorschlags.

(2) Vereinbarkeit

Hinsichtlich der geforderten internen Überprüfung von Entscheidungen ergeben sich ebenfalls Probleme. Seit der Verwaltungsrechtsreform von 1986 besteht die Möglichkeit der *„omprövning"*, wörtlich übersetzt der „Nachprüfung" einer Verwaltungsentscheidung *(„beslut")* durch diejenige Behörde, die sie zuvor selbst getroffen hatte.[961] Nach § 27 FL soll die Ausgangsbehörde ihre Entscheidung überprüfen, selbst wenn diese bereits gerichtlich angefochten worden ist, solange hierüber noch nicht abschließend entschieden worden ist. Sie braucht es aber nicht zwingend zu tun. Bei diesem Rechtsinstitut handelt es sich also um die Möglichkeit der Selbstberichtigung der Behörde.[962] Art. 6 Abs. 1 der vorgeschlagenen Richtlinie verlangt von den Mitgliedstaaten jedoch, eine solche interne Überprüfung neben der Möglichkeit, ein Gericht oder eine entsprechende Stelle anzurufen, sicherzustellen. Darüber hinaus soll diese interne Überprüfung von einer Behörde, die nach innerstaatlichem Recht hierzu benannt worden ist, durchgeführt werden. Nach dem Wortlaut des Art. 6 Abs. 1 des Richtlinienvorschlags ist die Möglichkeit der internen Überprüfung nicht zwingend der gerichtlichen Prüfung vorgeschaltet,[963] jedoch zwingend als eine weitere Möglichkeit der Überprüfung von Verwaltungsentscheidungen neben der gerichtlichen oder sonstigen vorgesehen. Allerdings sind die Mitgliedstaaten gehalten, eine Behörde zu benennen, die die interne Überprüfung vornimmt. Die vorgeschlagene Vorschrift des Art. 6 liest sich so, dass eine einzige Behörde benannt werden soll, die mit der internen Überprüfung aller umweltbehördlichen Entscheidungen betraut werden soll. Zwar wird in den Erläuterungen zum Vorschlag auch von „den Behörden" im Plural gesprochen.[964] Allerdings bezieht sich dieser Plural

961 Siehe oben B) I) 4).

962 Warnling-Nerep, En introduktion till förvaltningsrätten, S. 59.

963 Die Regierungskanzlei sieht die Möglichkeit, dass der Richtlinienvorschlag eine zwingende Vorprüfung voraussetzen will, vgl. 2003/04FPM42, S. 8. Diese Auffassung streitet gegen den Wortlaut des Vorschlags, sowohl in der schwedischen als auch in der englischen, der französischen und der deutschen Fassung. Selbst die schwedische Sprachfassung des Vorschlags gibt diese Auslegung nicht zwingend vor. Sollte man seitens der Regierung bei dieser Auffassung bleiben, müssten die Regelungen der *„omprövning"* entsprechend geändert werden, so dass die eigentlich fakultative Überprüfung zwingend wird.

964 KOM(2003) 624 endg., S. 14.

auf sämtliche von allen Mitgliedstaaten im Sinne der vorgeschlagenen Vorschrift benannten Behörden und nicht mehrere Behörden bloß eines Mitgliedstaates. Weiter gibt der Vorschlag vor, dass die Anträge auf interne Überprüfung innerhalb bestimmter Zeitfristen gestellt und bearbeitet werden müssen. Das Institut der *„omprövning"* kennt keine besonderen Fristen, so dass die Vorgaben des Art. 6 des Richtlinienvorschlags hierzu ins schwedische Verwaltungsrecht übernommen werden müssten und entsprechende Fristen vorgeschrieben werden müssten.

d) Anfechtung der Handlungen Privater

(1) Regelungsgehalt

In Art. 3 gibt der Richtlinienvorschlag den Mitgliedstaaten auf, sicherzustellen, dass Mitgliedern der Öffentlichkeit, die die in innerstaatlichem Recht vorgesehenen Kriterien erfüllen, Zugang zu Verwaltungs- oder Gerichtsverfahren haben, um gegen einen Akt oder die Unterlassung von Handlungen von Privatpersonen, der bzw. die gegen Umweltrecht verstößt, vorzugehen. Nach den „detaillierten Erläuterung der vorgeschlagenen Richtlinie" beschränkt sich der Vorschlag aus Gründen der Subsidiarität darauf, die Vorschriften für Verstöße und Unterlassungen von Behörden genauer festzulegen; Vorschriften für Verstöße von Privatpersonen würden dagegen nach Auffassung der Kommission zu sehr in die Rechtssysteme der Mitgliedstaaten eingreifen.[965] Dies würde bedeuten, dass sich das Gemeinschaftsrecht mit Fällen befasste, die sehr ähnlich gelagert seien wie Klagen von Privatpersonen gegen andere Privatpersonen, die Eindeutig in den Zuständigkeitsbereich der Mitgliedstaaten fielen.[966] Aus diesem Grund beschränke sich der Vorschlag an dieser Stelle darauf, die Pflicht aus der Aarhus-Konvention aufzugreifen, er überlasse es aber den Mitgliedstaaten, die Vorschriften im Einzelnen festzulegen.[967]

(2) Vereinbarkeit

Das Umweltrecht ist eine Unterdisziplin des Verwaltungsrechts. Unter der Ägide des Umweltrechts sind daher zunächst nur Behörden als Passivlegitimierte in einem verwaltungsgerichtlichen Verfahren und in einem Verwaltungsverfahren denkbar. Eine grundsätzliche Möglichkeit, gegen Maßnahmen Privater mit Um-

965 KOM(2003) 624 endg., S. 13.
966 Ebenda.
967 Ebenda.

weltbezug vorzugehen, gibt es im schwedischen Recht nicht. Will man als Bürger gegen Maßnahmen Privater mit Umweltbezug auf Verwaltungsebene oder vor Verwaltungsgerichten vorgehen, wird man scheitern. Klagen vor den Verwaltungsgerichten sind nur gegen Entscheidungen *(„beslut")* von Behörden möglich, § 14 AFDL. Die Vorschrift meint Behörden im engeren Sinn.[968] Auch die Vorschriften, und damit auch die Vorschriften über die Anfechtung *(„överklagande")* von Entscheidungen der Verwaltung des FL (§§ 22–25) gelten nur für Behörden im engeren Sinn, § 1 FL. Die Vorschriften im Umweltgesetzbuch geben dem Berechtigten (vgl. das 16. Kapitel §§ 12, 13) ebenfalls die Möglichkeit, gegen Behörden vorzugehen. Das gleiche Problem ergab sich, wie aufgezeigt, hinsichtlich der Herausgabe von Umweltinformationen, wenn diese bei privaten Dritten vorlagen oder gespeichert waren. Hier ergibt sich nach einer Gesetzesänderung seit kurzem – auf Grundlage der Richtlinie 2003/4/EG – für den Bürger die Möglichkeit Umweltinformationen auch bei Privaten anfordern zu dürfen.[969] Ein grundsätzliches Recht der Allgemeinheit, Rechtsschutz gegen Handlungen von Privaten anzustrengen gibt es jedoch nicht, so dass auch hier Anpassungsbedarf besteht.

4) Ergebnis

Zwar ist nicht davon auszugehen, dass die Richtlinie wie vorgeschlagen verabschiedet werden wird.[970] Dies zu Überlegenszwecken einmal angenommen würde bedeuten, dass eine Reihe Vorschriften im schwedischen Umwelt- und Verwaltungsrecht geändert oder ergänzt werden müssten. Sind die bestehenden Voraussetzungen für das Anfechtungsrecht im Allgemeinen nicht zu beanstanden, werden die engen Voraussetzungen der jetzigen Vorschrift des 16. Kapitels, § 13 MB weiter zu fassen sein. Dies gilt sowohl für das Mindestmitgliederkriterium als auch für die umfassende Beschränkung der Tätigkeit einer Umweltorganisation auf das Königreich Schweden. Beide Voraussetzungen müssen wegfallen, um es auch ausländischen Organisationen – ungeachtet der Mitgliederstärke – zu ermöglichen, umweltrechtliche Verstöße in Schweden anzugehen. Das Zeitelement – die Frage, wie lange eine Organisation tätig gewesen sein muss, um anfechtungsberechtigt zu sein – muss angepasst werden; hier würde

968 Wennergren, Förvaltningsprocesslagen m.m., § 14 AFDL, S. 64.

969 Siehe oben D) I) 2) a) (3) und (4).

970 Die Regierungskanzlei drängt in ihrer ersten Stellungnahme darauf, die vorgeschlagene Richtlinie inhaltlich auf das zu beschränken, was nach den Vorgaben der Aarhus-Konvention zwingend erforderlich ist und den Mitgliedstaaten größtmögliche Freiheiten bei der Umsetzung der Richtlinie bzw. der Ausfüllung der Freiheiten einzuräumen, vgl. 2003/04:FPM42, S. 9.

allerdings eine leichte grammatikalische Korrektur bereits helfen. Darüber hinaus ist der Anwendungsbereich der Vorschrift zu kurz gefasst, weil nur Genehmigungen, Erlaubnisse und Dispense erfasst sind. Diese müssen ihrerseits nach dem MB ergangen sein. Der Richtlinienvorschlag will eine weite Anwendung erreichen, so dass Umweltvorschriften auch in anderen Gesetzen zu berücksichtigen sind. Verstöße gegen solche Vorschriften müssen für Umweltorganisationen ebenfalls anfechtbar sein. Auch die Vorschriften des RPL müssen hinsichtlich der Klagebefugnis angepasst werden, wenn man sich nicht entschließt, die überkommene Tradition der besonderen Stellung der Regierung im Verwaltungs- und Prüfungsaufbau zu ändern und die herkömmlichen Anfechtungsregeln für anwendbar erklärt, wobei diese ihrerseits erst an die Vorgaben der gedachten Richtlinie anzupassen sind. Ferner ergibt sich auch auf Seiten der potenziell Passivlegitimierten Änderungsbedarf. Denn die bestehenden Regelungen geben Klageberechtigten und damit auch klageberechtigten Umweltorganisationen nur begrenzte Möglichkeiten Verstöße Privater gegen bestehendes Umweltrecht gerichtlich geltend zu machen oder der Kontrolle der Umweltverwaltung zuzuführen.

Art. 13 des Richtlinienvorschlags sah für das Inkrafttreten der Richtlinie den 1. Januar 2005 vor. Die Mitgliedstaaten sollten 18 Monate Zeit zur Umsetzung der Richtlinie in nationales Recht haben. Zwar findet sich im vorgeschlagenen Art. 11 noch keine Zeitbestimmung für die Umsetzung. Allerdings ergibt sich diese aus den Erläuterungen zum Vorschlag.[971] Das Europäische Parlament hat bereits den Änderungsvorschlag eingebracht, das Inkrafttreten der Richtlinie auf den 1. Januar 2006 zu verschieben.[972] Dieses Datum ist ebenfalls überholt. Erst wenn der Zeitpunkt des Inkrafttretens gesichert ist, wird vernünftigerweise eine Regelung über das Ende der Umsetzungsfrist erfolgen können.

971 KOM(2003) 624 endg., S. 16.

972 Sitzungsprotokoll vom 31.03.2004, P5_TA–PROV(2004)0239, Abänderung 23.

E) Zusammenfassung/Ausblick

Auch in Schweden mehrt sich die Einsicht, dass Umweltschutz nicht nur mit staatlichen Mitteln oder durch staatliche Institutionen gewährleistet werden kann oder gar muss, sondern es notwendig ist, dem einzelnen und Zusammenschlüssen einzelner in Umweltorganisationen die Teilnahme am Umweltschutz zu ermöglichen.[973] Diese Einsicht hat zur Schaffung des Anfechtungsrechts für Umweltorganisationen im 16. Kapitel, § 13 MB geführt. Wenngleich man damals seitens des Gesetzgebers offenkundig noch die sprichwörtliche Angst vor der eigenen Courage hatte und das einzuführende Recht eng ausgestaltete, um dadurch nur einen geringen bzw. überschaubaren Teil an in Schweden tätigen Organisationen in Verwaltungsverfahren oder zu Verwaltungsrechtsstreiten zuzulassen, war doch der damalige Schritt ein entscheidender, kehrte er den jahrzehnte währenden Ansatz in der schwedischen Gesetzgebung und damit der schwedischen Politik um, Umweltschutz zur exklusiven Staatsaufgabe zu machen. Diese Einsicht zeugt damit letztlich auch von entsprechendem Vertrauen, das der Staat in seine Bürger hat. Vor diesem Hintergrund ist, gerade im Vergleich zu anderen europäischen Staaten und deren Erfahrungen mit Verbandsklagerechten, zu wünschen, dass der schwedische Gesetzgeber die Beschränkungen aus der Vorschrift des 16. Kapitels, § 13 MB nimmt.

Die jüngsten Gesetzesänderungen und -ergänzungen weisen indessen in eine andere Richtung. Bei der Umsetzung der Vorgaben der Richtlinie 2003/35/EG geht der schwedische Gesetzgeber gerade nur so weit, dass er die Regelung aus dem 16. Kapitel, § 13 MB entsprechend auch für andere Gesetze mit Umweltbezug für anwendbar erklärt. Die Vorschrift selbst ändert er nicht. Da die Vorschrift weder in persönlicher noch in sachlicher Hinsicht mit den Vorgaben der Richtlinie vereinbar ist, sondern zu kurz greift, führt die Ausweitung der Anwendung in die Regelungsbereiche anderer Gesetze mit Umweltbezug in die falsche Richtung. Im Gesetzgebungsverfahren zum MB hatte seinerzeit bereits die bürgerliche Regierung auf die supra- und internationalen Entwicklungen verwiesen und festgehalten, dass die Einführung eines umfassenden Verbandsklagerechts in Zukunft notwendig werde. Diese eigene Feststellung ignorierte man und hielt an der überkommenen Vorstellung fest, Umweltschutz sei Aufgabe des

973 Lindblom, Miljöprocess, Del II, S. 747.

Staates. Die Einführung des Amtes eines Umweltombudmanns wurde verfolgt. Der nachfolgende Vorschlag der Linksregierung wandte sich zwar hiergegen, seinen Müttern und Vätern fehlte ebenfalls der Mut, die supra- und internationalen Entwicklungen voll aufzunehmen und Umweltorganisationen mit einem umfassenden Anfechtungsrecht auszustatten. An diesem Punkt scheint der schwedische Gesetzgeber verharren zu wollen.

Immerhin geht es nicht nur um die persönliche Komponente, sondern auch um die Änderung sachlicher Voraussetzungen. Betrachtet man die Maßgabe der beiden Richtlinien wie auch der Aarhus-Konvention, Rechtsbehelf bei Untätigkeit einer Behörde einzuführen, scheitert der schwedische Gesetzgeber gleichermaßen an eigenen überkommenen Rechtstraditionen. Die Bearbeitung des Kommissionsvorschlags zur vollständigen Umsetzung des 3. Pfeilers der Aarhus-Konvention zeigten allerdings die Einsicht des schwedischen Gesetzgebers auf, diesen Bereich im eigenen Umweltrecht ändern zu müssen. Dennoch wirkt diese Einsicht aufoktroyiert. Der Gesetzgeber zögert und wartet eine endgültige umzusetzende Richtlinie ab, anstatt sich bereits jetzt mit einer Umsetzung zu befassen.

Es ist nur eine Frage der Zeit, bis die Kommission eine Stellungnahme über die mangelhafte Umsetzung der Richtlinien 2003/4/EG und 2003/35/EG abgibt und Schweden hierauf reagieren muss. Möglicherweise führt dies dazu, dass die zögerliche Haltung zur Umsetzung der relevanten Inhalte der Richtlinien wie auch der Aarhus-Konvention überdacht wird.

Weiterer Anstoß für eine Diskussion könnte die Veröffentlichung einer amtlichen Statistik über die Ausnutzung des bestehenden Verbandsklagerechts sein. Möglicherweise zeigt sich, dass die Ängste vor einem Missbrauch wie in anderen Staaten auch übertrieben sind, so dass eine Aufhebung der Einschränkungen der Vorschrift des 16. Kapitels, § 13 MB – gleichsam von innen heraus, ohne Zwang von außen – vollzogen werden kann.

F) Ergänzung

Mit Urteil vom 15.10.2009 entschied der EuGH in einem Vorabentscheidungsverfahren nach Art. 234 EGV im Sinne dieser Arbeit, dass Art. 10a der Richtlinie 85/337EG in der durch die Richtlinie 35/2003/EG geänderten Fassung einer nationalen Rechtsvorschrift entgegensteht, die das Recht auf Anfechtung einer Entscheidung über einen Vorgang im Sinne dieser Richtlinie in geänderter Fassung Umweltschutzvereinigungen vorbehält, die mindestens 2.000 Mitglieder haben.[974] Das Ersuchen zur Vorabentscheidung erfolgte im Rahmen eines Rechtsstreits zwischen der Umweltschutzorganisation *„Djurgården-Lilla Värtans Miljöskyddsförening"* und der Stadt Stockholm *(„Stockholms kommun")*, in dem die Umweltschutzorganisation in den ersten Instanzen[975] unterlegen war, unter anderem, weil sie die nach dem 16. Kapitel, § 13 erforderliche Mindestmitgliederanzahl von 2.000 nicht nachweisen konnte und ihr daher die Aktivle-

974 EuGH, Urteil vom 15.10.2009 – C–263/08.

975 Die Stadt Stockholm *(Stockholms kommun)* hatte mit einem Energieunternehmen einen Vertrag über den Bau eines Tunnels von etwa 1 km Länge geschlossen, der nördlich der Insel *Djurgården*, zwischen *Hjorthagen* und *Fisksjöäng*, durch Gestein führen sollte. In diesem Tunnel sollten als Ersatz für Hochspannungs-Freileitungen unterirdische Stromleitungen verlegt werden. Die Umsetzung dieses Vorhabens machte zum einen die Ableitung von Grundwasser erforderlich, das in den Stromleitungs- und den dazugehörigen Zufahrtstunnel eindrang. Zum anderen mussten auf bestimmten Grundstücken im fraglichen Gebiet Anlagen zur Ab- und Einleitung von Grundwasser in den Grund oder das Gestein zum Ausgleich für ein etwaiges Absinken des Grundwasserspiegels errichtet und unterhalten werden. Die Provinzialregierung im Bezirk Stockholm *(Länsstyrelse i Stockholms län)* entschied mit Beschluss vom 27. Mai 2004 aufgrund einer für das Projekt zuvor durchgeführten Umweltverträglichkeitsprüfung, dass der fragliche Vorgang erhebliche Auswirkungen auf die Umwelt, insbesondere auf das Grundwasser, haben könnte. Mit Urteil vom 13. Dezember 2006 genehmigte das Umweltgericht erster Instanz *(Miljödomstol vid Stockholms tingsrätt)* der Stadt Stockholm die Durchführung der fraglichen Arbeiten. Die Umweltorganisation legte gegen diese Entscheidung beim Umweltobergericht *(Miljööverdomstol)* Rechtsmittel ein, das von diesem jedoch mit der Begründung für unzulässig erklärt wurde, die Umweltschutzorganisation erfülle nicht die Voraussetzung des 16. Kapitels, § 13 des Umweltgesetzbuchs, wonach sie mindestens 2.000 Mitglieder haben müsse, um zur Anfechtung von Urteilen und Beschlüssen im Sinne des Umweltgesetzbuchs befugt zu sein. Die Umweltschutzorganisation legte gegen diese Entscheidung Rechtsmittel bei *Högsta domstolen* ein.

gitimation fehlen sollte. *Högsta domstolen* legte dem EuGH folgende drei Fragen[976] zur Vorabentscheidung (Art 234 EG) vor:

1. Ist Anhang II Nr. 10 der Richtlinie 85/337 dahin auszulegen, dass er eine wasserrelevante Tätigkeit umfasst, bei der eindringendes Grundwasser aus einem Tunnel für Hochspannungsleitungen abgeführt wird und Wasser in den Grund oder das Gestein eingeleitet (zugeführt) wird, um eine etwaige Grundwasserabsenkung auszugleichen, einschließlich der Errichtung und Unterhaltung von Anlagen und Einleitung?
2. Falls die Frage 1 zu bejahen ist: Verlangt Art. 10a der Richtlinie 85/337 – wonach die betroffene Öffentlichkeit unter bestimmten Voraussetzungen Zugang zu einem Überprüfungsverfahren vor einem Gericht oder einer anderen auf gesetzlicher Grundlage geschaffenen unabhängigen unparteiischen Stelle haben muss, um die materiellrechtliche und verfahrensrechtliche Rechtmäßigkeit einer Entscheidung anzufechten – auch, dass die betroffene Öffentlichkeit befugt ist, die Entscheidung eines Gerichts über einen Antrag auf Genehmigung in einem Fall anzufechten, in dem sie die Möglichkeit hatte, sich an dem Verfahren über den Genehmigungsantrag vor diesem Gericht zu beteiligen und sich in diesem Verfahren zu äußern?
3. Falls die Fragen zu 1 und 2 zu bejahen sind: Sind Art. 1 Abs. 2, Art. 6 Abs. 4 und Art. 10a der Richtlinie 85/337 dahin auszulegen, dass ein Mitgliedstaat unterschiedliche Anforderungen in Bezug auf die betroffene Öffentlichkeit im Sinne von Art. 6 Abs. 4 bzw. Art. 10a aufstellen kann, so dass kleine, auf lokaler Ebene organisierte Umweltschutzvereinigungen berechtigt sind, an dem Entscheidungsverfahren gemäß Art. 6 Abs. 4 für Projekte teilzunehmen, die möglicherweise erhebliche Auswirkungen auf die Umwelt in dem Gebiet haben, in dem die Vereinigung tätig ist, sie aber kein Anfechtungsrecht im Sinne von Art. 10a haben?

Der EuGH bejahte alle drei Fragen. Zu den hier relevanten Vorlagefragen 2 und 3 führte er nach Bejahung der Vorlagefrage 1 aus:

Zu Nr. 2: Die UVP-Richtlinie sehe in Art. 10a zugunsten der Mitglieder der betroffenen Öffentlichkeit, die bestimmte Voraussetzungen erfüllen, die Möglichkeit für den Zugang zu einem Überprüfungsverfahren vor einem Gericht oder einer unabhängigen Stelle vor, um die materiell-rechtliche und verfahrensrechtliche Rechtmäßigkeit von Entscheidungen, Handlungen oder Unterlassungen anzufechten, für die die Bestimmungen dieser Richtlinie gelten. So müsse nach dem Wortlaut dieser Bestimmung jeder, der als Teil der betroffenen Öffent-

976 Az. Ö 1824–07.

lichkeit entweder ein ausreichendes Interesse habe oder, wenn dies nach nationalem Recht erforderlich sei, geltend mache, durch einen der in der UVP-Richtlinie bezeichneten Vorgänge in seinen Rechten verletzt zu sein, eine solche Anfechtung vornehmen können. Außerdem gehe aus dieser Bestimmung hervor, dass jede Nichtregierungsorganisation, die sich für den Umweltschutz einsetze und die nach nationalem Recht geltenden Voraussetzungen erfülle, zur betroffenen Öffentlichkeit zähle, die nach Art. 1 Abs. 2 in Verbindung mit Art. 10a der UVP-Richtlinie ein Anfechtungsrecht habe. Mit Art. 6 Abs. 4 der UVP-Richtlinie werde insbesondere der betroffenen Öffentlichkeit eine effektive Beteiligung an den umweltbezogenen Entscheidungsverfahren garantiert, soweit bei den Projekten mit erheblichen Auswirkungen auf die Umwelt zu rechnen sei. Die Tatsache, dass eine Genehmigung wie die im Ausgangsverfahren fragliche für ein Projekt über die unterirdische Verlegung von Stromleitungen und eine Grundwasserentnahme, die eine Entscheidung im Sinn des Art. 10a der UVP-Richtlinie darstelle, von einem Gericht im Rahmen seiner verwaltungsbehördlichen Zuständigkeit erteilt worden sei, hindere eine Vereinigung, die die in Rdnr. 35 des vorliegenden Urteils wiedergegebenen Voraussetzungen erfülle, nicht daran, diese Entscheidung nach den Modalitäten des nationalen Rechts anzufechten. Zum einen sei das Anfechtungsrecht nach Art. 10a der UVP-Richtlinie unabhängig davon, ob die Behörde, die die angefochtene Entscheidung oder Maßnahme erlassen hat, verwaltungsbehördlichen oder gerichtlichen Charakter habe. Zum anderen unterscheide sich die Beteiligung am umweltbezogenen Entscheidungsverfahren unter den Voraussetzungen der Artt. 2 Abs. 2 und 6 Abs. 4 der UVP-Richtlinie von einer gerichtlichen Anfechtung und habe auch eine andere Zielsetzung als diese, da sich eine solche Anfechtung gegebenenfalls gegen die am Ende dieses Verfahrens ergehende Entscheidung richten könne. Diese Beteiligung habe daher keine Auswirkungen auf die Voraussetzungen für die Ausübung des Anfechtungsrechts. Somit sei auf die zweite Frage zu antworten, dass es den Mitgliedern der betroffenen Öffentlichkeit im Sinne von Art. 1 Abs. 2 und Art. 10a der UVP-Richtlinie möglich sein müsse, die von einer der nationalen Gerichtsbarkeit eines Mitgliedstaats zugehörigen Stelle erlassene Entscheidung über den Antrag auf Genehmigung eines Projekts anzufechten, gleichviel, welche Rolle sie in dem Verfahren über den Genehmigungsantrag vor dieser Stelle durch ihre Beteiligung an und ihre Äußerung in diesem Verfahren habe spielen können.

Zu Nr. 3: Die UVP-Richtlinie unterscheide zum einen die betroffene Öffentlichkeit nach den Vorgängen, die unter die Richtlinie fallen, und zum anderen innerhalb der betroffenen Öffentlichkeit eine Untergruppe natürlicher und juristischer Personen, die aufgrund ihrer besonderen Stellung in Bezug auf den fraglichen Vorgang nach Art. 10a ein Recht zur Anfechtung der Entscheidung haben müssten, mit der dieser Vorgang genehmigt werde. Die Richtlinie verweise für die Festlegung der Voraussetzungen, denen die Zulässigkeit der Klage unterworfen werden könne, auf die nationalen Rechtsvorschriften. Diese Voraussetzungen könnten sowohl ein „ausreichendes Interesse“ als auch eine „Rechtsverletzung“ sein, je nachdem, ob die nationalen Rechtsvorschriften für gewöhnlich auf den einen oder den anderen der beiden Begriffe zurückgriffen. Nach Art. 1 Abs. 2 in Verbindung mit Art. 10a der UVP-Richtlinie sei davon auszugehen, dass von den Nichtregierungsorganisationen, die sich für den Umweltschutz einsetzten, diejenigen, die „die nach innerstaatlichem Recht geltenden Voraussetzungen erfüllten“, ein „ausreichendes Interesse an der Anfechtung“ hätten oder eines der Rechte innehätten, das durch einen der unter die Richtlinie fallenden Vorgänge verletzt sein könnte. Zwar überlasse es Art. 10a mit seiner Verweisung auf Art. 1 Abs. 2 der UVP-Richtlinie den nationalen Gesetzgebern, die Voraussetzungen dafür zu bestimmen, dass eine Nichtregierungsorganisation, die sich für den Umweltschutz einsetze, etwa eine Vereinigung, unter den oben genannten Voraussetzungen ein Anfechtungsrecht haben könne, doch müssen die so festgelegten nationalen Rechtsvorschriften zum einen **„einen weiten Zugang zu Gerichten“** sicherstellen und zum anderen die **praktische Wirksamkeit derjenigen Bestimmungen** der UVP-Richtlinie **gewährleisten, die die gerichtliche Anfechtung betreffen**. Folglich dürfe nicht die Gefahr bestehen, dass diese nationalen Rechtsvorschriften diejenigen Gemeinschaftsvorschriften gegenstandslos machten, nach denen alle, die ein ausreichendes Interesse an der Anfechtung eines Projekts hätten und deren Rechte verletzt seien, wozu auch Umweltschutzvereinigungen gehörten, die Möglichkeit haben müssten, vor den zuständigen Gerichten gegen dieses Projekt vorzugehen. Insoweit könne ein nationales Gesetz verlangen, dass eine solche **Vereinigung,** die gerichtlich gegen ein unter die UVP-Richtlinie fallendes Projekt vorgehen möchte, **ein natur- und umweltschutzbezogenes Ziel** habe. Außerdem sei nicht auszuschließen, dass sich die Voraussetzung, dass eine Umweltschutzvereinigung eine Mindestzahl an Mitgliedern haben müsse, als sachdienlich erweisen könne, um sicherzustellen, dass diese Vereinigung auch tatsächlich existiere und tätig sei. Die erforderliche Mitgliederzahl dürfe jedoch vom nationalen Recht nicht so hoch angesetzt werden, dass sie den Zielen der UVP-Richtlinie, insbesondere dem Ziel, die gerichtliche Kontrolle der unter die Richtlinie fallenden Vorgänge unschwer zu ermöglichen, zuwiderlaufe. Hierzu sei festzustellen, dass die UVP-Richtlinie zwar vorsehe, dass die Mitglieder der betroffenen Öffentlichkeit, die ein ausreichendes Interesse an der Anfechtung eines Vorgangs hätten oder deren Rechte durch einen Vorgang verletzt sein könnten, die Möglichkeit haben müssten, die Entscheidung anzufechten, mit der dieser Vorgang genehmigt werde, dass es diese Richtlinie jedoch keineswegs zulasse, die Anfechtungsmöglichkeit mit der

Begründung zu beschränken, dass die Betroffenen sich bereits in der Phase der Beteiligung am Entscheidungsverfahren nach Art. 6 Abs. 4 hätten äußern können. Zudem betreffe die UVP-Richtlinie nicht ausschließlich Vorgänge von regionaler oder nationaler Bedeutung, sondern auch solche geringeren Umfangs, mit denen sich auf lokaler Ebene organisierte Vereinigungen besser befassen könnten. Wie die Generalanwältin in Nr. 78 ihrer Schlussanträge ausgeführt habe, werde den auf lokaler Ebene organisierten Vereinigungen durch die fragliche schwedische Regelung jede Möglichkeit der gerichtlichen Anfechtung genommen. Die schwedische Regierung, die derzeit nur bei zwei Vereinigungen anerkenne, dass sie mindestens 2.000 Mitglieder hätten und somit die Voraussetzung des Kapitels 16, § 13 des schwedischen Umweltgesetzbuchs erfüllten, hätte geltend gemacht, dass auf lokaler Ebene organisierte Vereinigungen sich an eine dieser beiden Vereinigungen wenden und sie um die Erhebung einer Klage ersuchen könnten. Das Bestehen nur dieser Möglichkeit werde aber nicht den Anforderungen der Richtlinie 85/337 gerecht, da diese ermächtigten Vereinigungen zum einen möglicherweise nicht dasselbe Interesse daran hätten, sich mit einem Vorgang von beschränkter Reichweite zu befassen, und zum anderen Gefahr liefen, mit zahlreichen Ersuchen dieser Art überhäuft zu werden, so dass sie zwangsläufig eine Auswahl anhand nicht kontrollierbarer Kriterien treffen müssten. Schließlich würde ein solches System naturgemäß zu einer Filterung der umweltbezogenen Anfechtungen führen, die dem Geist der Richtlinie zuwiderliefe, die, wie aus Rdn. 33 des vorliegenden Urteils hervorgehe, darauf abziele, die Umsetzung des Århus-Übereinkommens sicherzustellen. Folglich sei auf die dritte Frage zu antworten, dass Art. 10a der UVP-Richtlinie einer nationalen Rechtsvorschrift entgegenstehe, die das Recht auf Anfechtung einer Entscheidung über einen Vorgang im Sinne dieser Richtlinie Umweltschutzvereinigungen vorbehalte, die mindestens 2.000 Mitglieder habe.

Das Urteil des EuGH ergab es ein geteiltes Echo. Während die Umweltseite das Urteil naturgemäß begrüßte und eine rasche Anpassung des nationalen Rechts forderte, kamen aus der Wirtschaft die bereits im Gesetzgebungsverfahren zum MB vorgebrachten Argumente zur angeblichen Gefahr einer Verzögerung von Vorhaben durch anfechtungswillige Vereinigungen.[977] Im Umweltministerium arbeitete man gleichwohl zügig an einem Gesetzesvorschlag, der den Ausschüssen unter dem 12.01.2010 zur Stellungnahme übersandt wurde.[978] Dem Vorschlag war der neue Wortlaut der relevanten Vorschrift des 16. Kapitels, § 13 MB beigefügt. Danach sollte die Vorschrift wie folgt geändert werden:

977 Dagens nyheter vom 15.10.2009, Artikel abzurufen unter www.dn.se/nyheter/sverige/eus-domstol-ger-miljoforening-ratt1.975340.

978 Promemoria, abzurufen unter: www.regeringen.se/content/1/c6/11/48/46/08b72938.pdf.

„Wenn es für eine Partei oder einen Anfechtungsberechtigten möglich ist, ein Urteil oder einen Beschluss über Erlaubnisse, Genehmigungen und Dispense gemäß diesem Gesetzbuch, über Aufhebung von Schutz von Gebieten gemäß dem 7. Kapitel oder über Aufsicht gemäß dem 10. Kapitel oder in solchen Fragen gemäß den Vorschriften, die aufgrund des Gesetzbuches erlassen worden sind, anzufechten, darf das Urteil oder der Beschluss auch von einer ideellen Vereinigung oder einer anderen juristischen Person angefochten werden, die

1. *als hauptsächlichen Zweck hat, Naturschutz- oder Umweltschutzinteressen wahrzunehmen,*
2. *nicht mit Gewinnerzielungsabsicht arbeitet,*
3. *in Schweden mindestens drei Jahre lang tätig gewesen ist, und*
4. *wenigstens 100 Mitglieder hat oder auf andere Weise zeigt, dass die Tätigkeit von der Allgemeinheit unterstützt wird.*

Das Recht zur Anfechtung gemäß Absatz 1 gilt auch, wenn es lediglich um die Anfechtung von Bedingungen oder einer anderen Bestimmung im Urteil oder Beschluss geht und gleichermaßen wenn das Urteil oder der Beschluss das Ergebnis einer Prüfung gemäß dem 22. Kapitel, § 26, 24. Kapitel, §§ 2, 3, 5, 6 oder 8 dieses Gesetzbuchs oder einer Prüfung gemäß dem 7. Kapitel, §§ 13, 14, oder 16 des Gesetzes (1998:812) mit besonderen Bestimmungen über wasserbezogenen Tätigkeiten ist. Das Recht zur Anfechtung gilt jedoch nicht für Urteile und Beschlüsse, die die Streitkräfte, das Amt für Fortifikation, das Amt für Beschaffung oder die Radioanstalt der Streitkräfte betreffen.

Derjenige, der gemäß Absatz 1 anfechten will, soll dies tun, bevor die Anfechtungsfrist für die Parteien oder Anfechtungsberechtigten abgelaufen ist."

Das Gesetzgebungsverfahren läuft noch. Mit der Fassung des Vorschlags ist jedoch bereits ersichtlich, dass nur die Kritik des EuGH betreffend die Forderung der Mitgliederstärke in der neuen Vorschrift berücksichtigt wird, sieht man von redaktionellen Änderungen ab. Alle weiteren Kritikpunkte, etwa zur Dauer der Tätigkeit und dem damit verbundenen Ausschluss von Ad-hoc-Vereinigungen, bleiben damit bestehen.

Literaturverzeichnis

Alexius-Borgström, Katarina	Argument för och emot inrättandet av en Djurombudsman, in: SvJT 1999, 968
Appel, Ivo	Emissionsbegrenzung und Umweltqualität, in: DVBl. 1995, 399
Askelöf, Thomas; Fernemann Heurgren, Ragna	Kapitel Schweden, in: Winter, Gerd (Hrsg.), Öffentlichkeit von Umweltinformationen, Europäische und nordamerikanische Rechte und Erfahrungen, Schriftenreihe des Zentrums für Europäische Rechtspolitik an der Universität Bremen (ZERP), Band 12, Baden-Baden, 1990
Backer, Inge Lorange	Innføring i naturressurs – og miljørett, 4. Aufl., Oslo, 2002
Bartlsperger, Richard	Leitlinien zur Regelung der gemeinschaftsrechtlichen Umweltverträglichkeitsprüfung unter Berücksichtigung der Straßenplanung, in: DVBl. 1987, 1
Bartholomäi, Reinhard	Sustainable Development und Völkerrecht: Nachhaltige Entwicklung und integrative Gerechtigkeit in der Staatenpraxis, Baden-Baden, 1997
Basse, Ellen Margrethe	Environmental Law in Denmark, The Hague, 2000
Basse, Ellen Margrethe	Miljøretten, Bind I, Almindelige emner, København, 2001
Beaucamp, Guy	Umweltrechtsvergleichung – Hoffnungen, Probleme und Ausschnitte aus der Realität, in: UPR 2001, 134

Beckman, Lars K.; Bäärnhielm, Mauritz; Nilsson, Leif I.; Synnergren, Stieg	Fastighetsrätt, Stockholm, 1999
Beckmann, Martin	Die integrative immissionsschutzrechtliche Genehmigung – Ein Instrument auch des Investitionsschutzes und der Rechtssicherheit für den Vorhabenträger?, in: NuR 2003, 715
Bengtsson, Bertil	Allemansrättsliga komplikationer, in: SvJT 1985, 425
Bengtsson, Bertil	Speciell Fastighetsrätt, Miljöbalken, 8. Aufl., Uppsala, 2003
Bengtsson, Bertil; Bjällås, Ulf; Rubenson, Stefan; Strömberg, Rolf	Miljöbalken, en kommentar, del 1 (1–15 kap.), Stockholm, 2000
Bengtsson, Bertil	Miljöbalkens återverkningar, Stockholm, 2001
Beyerlin, Ulrich	Umweltvölkerrecht, München, 2000
Beyerlin, Ulrich	The role of NGOs in International Environmental Litigation, in: ZaöRV (2001) 61/2–3, 357
Bizer, Johann; Ormond, Thomas; Ulrike Riedel	Die Verbandsklage im Naturschutzrecht, Schriften des Instituts für Umweltrecht (IUR), Bremen, Taunusstein, 1990
Bombay, Peter	The Role of Environmental NGOs in International Environmental Conferences and Agreement: Some Important Features, in: EELR 2001, 228
Bohlin, Alf	Offentlighetsprincipen, 6. Aufl., Stockholm, 2001
Brownlie, Ian	Principles of public international law, 6. Aufl., Oxford, 2003

Bunge, Thomas	Die Umweltverträglichkeitsprüfung von Projekten: Verfahrensrechtliche Erfordernisse auf der Basis der EG-Richtlinie vom 27. Juni 1985, in: DVBl. 1987, 819
Bunge, Thomas	Rechtsschutz bei der UVP nach der Richtlinie 2003/35/EG, in: ZUR 2004, 141
Callies, Christian; Ruffert, Mathhias	Kommentar zu EU-Vertrag und EG-Vertrag, 2. Aufl., 2002, Neuwied, zitiert als: Callies/Ruffert-Bearbeiter
Cervin, Ulf; Jensen, Ulf	Mark- och miljörätt, 11. Aufl., Stockholm, 1996
Dahm, Georg; Delbrück, Jost; Wolfrum, Rüdiger	Völkerrecht, Band I/2, Der Staat und andere Völkerrechtssubjekte; Räume unter internationaler Verwaltung, 2. Aufl., Berlin, 2002
Danwitz, Thomas von	Aarhus-Konvention: Umweltinformation, Öffentlichkeitsbeteiligung, Zugang zu den Gerichten, in: NVwZ 2004, 272
Dolde, Klaus-Peter	Die EG-Richtlinie über die integrierte Vermeidung und Verhinderung der Umweltverschmutzung (IVU-Richtlinie) – Auswirkungen auf das deutsche Umweltrecht, in: NVwZ 1997, 313
Dross, Miriam	Die Access-Studie: Konsequenzen für den Richtlinienvorschlag zu Klagerechten in Umweltangelegenheiten, in: ZUR 2004, 152.
Ebbesson, Jonas	Svenska miljöbeslutsprocesser i ljuset av internationell rätt – Del 1 och 2, in: JT 1999–2000, S. 3 und S. 823
Ebbesson, Jonas	Nytt och gammalt i „modern“ miljörätt, in: MT 1996, 143

Ebbesson, Jonas — Sweden/Suède, in: Ebbesson, Jonas (Hrsg.), Access to Justice in Environmental Matters in the EU, Den Haag, 2002

Ebbesson, Jonas — Comparative Introduction/Introduction comparative, in: Ebbesson, Jonas (Hrsg.), Access to Justice in Environmental Matters in the EU, Den Haag, 2002

Ebbesson, Jonas — Miljörätt, Uppsala, 2003

Ekelöf, Per Olof — Rättegång, Band II, 5. Aufl., Stockholm, 1977

Ekhardt, Felix — Europäische Klagebefugnis: Öffentlichkeitsrichtlinie, Klagerechtsrichtlinie und ihre Folgen, in: NVwZ 2005, 532

Ekhardt, Felix — Verwaltungsgerichtliche Kontrolldichte unter europäischen und internationalem Einfluss, in: NuR 2006, 221

Enders, Rainald; Krings, Michael — Das Artikelgesetz aus immisionsschutz- und abfallrechtlicher Sicht – zur Umsetzung der UVP-Änderungsrichtlinie, der IVU-Richtlinie, der Deponierichtlinie und weiterer Richtlinien zum Umweltschutz, in: DVBl. 2001, 1389

Epiney, Astrid — Umweltrecht in der Europäischen Union, 2. Aufl., Köln, 2005

Epiney, Astrid — Zu den Anforderungen der Aarhus-Konvention an das europäische Gemeinschaftsrecht, in: ZUR Sonderheft 2003, 177, zitiert als: ZUR 2003, 176

Epiney, Astrid; Scheyli, Martin — Strukturprinzipien des Umweltvölkerechts, Baden-Baden, 1998

Epiney, Astrid; Sollberger, Kaspar — Zugang zu Gerichten und gerichtliche Kontrolle im Umweltrecht, Rechtsvergleich, völker- und europarechtliche Vorgaben und Perspektiven für das deutsche Recht, Berlin, 2002

Erbguth, Wilfried; Stollmann, Frank	Die Verzahnung der integrativen Elemente von IVU- und UVP-Änderungsrichtlinie, in: ZUR 2000, 379
Erichsen, Hans-Uwe	Das Recht auf freien Zugang zu Informationen über die Umwelt, in: NVwZ 1992, 409
Ericsson, Lars	Miljöskyddslagen i praktiken – en kommentar till lagen och dess tillämpning, Lund, 1990
Falke, Josef	Die Aarhus-Konvention und der Zugang zu Gerichten in Umweltangelegenheiten, in: Falke, Josef und Schlacke, Sabine (Hrsg.), Neue Entwicklungen im Umwelt- und Verbraucherrecht, Schriftenreihe des Vereins für Umweltrecht, Band 14, Berlin, 2004, S. 99, zitiert als: Bearbeiter in VUR
Fisahn, Andreas	Effektive Beteiligung solange noch alle Optionen offen sind – Öffentlichkeitsbeteiligung nach der Aarhus-Konvention, in: ZUR 2003, 136
Frenz, Walter	Europäisches Umweltrecht, München, 1997
Gillberg, Björn O.	Claims for Damages as an Offensive Weapon in Envionmental Protection Activities, in: Juridica Lapponica 10, S. 171
Gillberg, Minna	From Green Image to Green Practice, Lund, 1999
Haller, Walter Dolf	Der schwedische Justitieombudsman, Winterthur, 1965
Hellners, Trygve; Malmquist, Bo	Förvaltningslagen med kommentarer, 2. Aufl., Stockholm, 2007
Hemström, Carl	Organisationernas rättsliga ställning – Om ekonomiska och ideella föreningar, 7. Aufl., Stockholm, 2000
Hemström, Carl; Lagerstedt, Anders	Associationsrättslig Rättspraxis, Stockholm, 1999

Hoppe, Werner; Püchel, Gerald	Zur Anwendung der Art. 3 und 8 EG-Richtlinie zur UVP bei der Genehmigung nach dem Bundes-Immissionsschutzgesetz, in: DVBl. 1988, 1
Isoz, Henning	Stiftelselagen, Stockholm, 1997
Jans, Jan H.; Heide, Ann-Katrin von der	Europäisches Umweltrecht, Groningen, 2003
Jeder, Petra	Neue Entwicklungen im Umweltrecht vor dem Hintergrund der Åarhus-Konvention, in: Jahrbuch des Umwelt- und Technikrechts, herausgegeben von Hendler, Reinhard, Marburger, Peter, Reinhardt, Michael und Schröter, Meinhard, Berlin, 2002
Jonzon, Sven-Gösta; Delin, Lars; Bengtsson Bertil	Naturvårdslagen, 3. Aufl. Stockholm, 1988
Karnov	Svensk lagsammling med kommentarer, 1996/97, Band 2, Stockholm, 1996, zitiert als: Karnov-Bearbeiter-Jahr-Band
Karnov	Svensk lagsammling med kommentarer, 1998/99, Band 2, Stockholm, 1998, zitiert als: Karnov-Bearbeiter-Jahr-Band
Kloepfer, Michael	Umweltrecht, 3. Aufl., 2004
Koch, Hans-Joachim	Umweltrecht, 2. Aufl., 2002, zitiert als: Koch-Bearbeiter
Koch, Hans-Joachim	Die Verbandsklage im Umweltrecht, in: NVwZ 2007, 369
Koester, Veit	Århus-konventionen om „borgerlige rettigheder“ på miljøområdet især i et menneskerettighedsperspektiv, in: Juristen 1999, 87
Krämer, Ludwig	EC Environmental Law, 5. Aufl., London, 2003

Lange, Bettina	From Boundary Drawing to Transitions: the Creation of Normativity under the EU Directive on Integrated Pollution Prevention and Control, in: ELJ 2002, 246
Lavin, Rune	Domstols kompetens enligt artikel 6 i Europakonventionen, in: JT 1995/96, 731
Lee, Maria	EU Environmental Law – Challenges, Change and Decision-Making, Oxford, 2005
Leffler, Henrik	Passivitetstalan – Ett nödvändigt rättsmedel enligt EG-rätten, in: FT 1999, 131
Lindblom, Per-Henrik	Miljöprocess, Del I, Uppsala, 2001
Lindblom, Per-Henrik	Miljöprocess, Del II, Uppsala, 2002
Lindell, Bengt	Civilprocessen, 2. Aufl., Uppsala, 2003
Louis, Hans Walter	Die Übergangsregelungen für das Verbandsklagerecht nach den §§ 61, 69 Abs. 7 BNatSchG vor dem Hintergrund der europarechtlichen Klagerechte für Umweltverbände auf Grund der Änderung der IVU- und der UVP-Richtlinie zur Umsetzung des Aarhus-Übereinkommens, in: NuR 2004, 287
Lübbe-Wolff, Gertrude	Integrierter Umweltschutz – Brauchen die Behörden mehr Flexibilität?, in: NuR 1999, 241
Macrory, Richard; Turner, Sharon	Participatory Rights, Transboundary Environmental Governance and EC Law, in: CMLR 2002, 489
Mahmoudi, Said	EU:s miljörätt, 2. Aufl., Stockholm, 2003
Mahmoudi, Said; Rubenson, Stefan	Miljörättens grunder. Svenska och europäiska regler i ett internationellt perspektiv, Stockholm, 2004
Michanek, Gabriel	Energirätt, Uppsala, 1990

Michanek, Gabriel; Björkmann, Ulla — Miljörätten i förändring – en antologi, Uppsala, 2003, zitiert als: Michanek, Utvecklingen av miljörätten i Sverige

Michanek, Gabriel; Zetterberg, Charlotta — Den svenska miljörätten, Uppsala, 2004

Michanek, Gabriel — Svensk miljörätt, 2. Aufl., Uppsala, 1993

Moe, Mogens — Miljøret, 4. Aufl., København, 2000

Mohr, Tilmann — Die Haftung für ökologische Schäden im nordischen und im vereinheitlichten EG-Recht, Berlin, 2005

Nergelius, Joakim — Förvaltningsprocess, normprövning och europarätt, Stockholm, 2000

Nial, Håkan; Johansson, Svante — Svensk associationsrätt, 7. Aufl., Stockholm, 1998

Nordh, Robert — Talerätt i miljömål, Uppsala, 1999

Nowak, Carsten — Informations- und Dokumentenzugangsfreiheit in der EU, in: DVBl. 2004, 272

Ödmann, Ella — Planering och lagstiftning, Lund, 1991

Østberg, Øivind — The Case(s) of Framtiden i Våre Hender and Naturskyddsföreningen I Strömstad vs. Borregaard and Saugbrugsforeningen – Discharges from Wood-Processing Industry into the Glomma and Iddefjorden, in Juridica Lapponica 10, S. 215

Pernice, Ingolf — Gestaltung und Vollzug des Umweltrechts im Europäischen Binnenmarkt – Europäische Impulse und Zwänge für das deutsche Umweltrecht, in: NVwZ 1990, 414

Pernice, Ingolf; Rodenhoff, Vera — Die Gemeinschaftskompetenz für eine Richtlinie über den Zugang zu Gerichten in Umweltangelegenheiten, in: ZUR 2004, 149

Phillips, Charles	The Proposed Swedish Environmental Code (Miljöbalken) – A brief overview with some comments on standing to protect the environment, in: ELNI Newsletter 2/1993, 9, zitiert als: ELNI 1993, 9
Ragnemalm, Hans	Några besvärsrättsfrågor inom miljörätten. Anteckningar med anledning av två rättsfall, in: FT 1971, 104
Ragnemalm, Hans	Om litispendens i förvaltningsrätten, in: FT 1974, 57
Ragnemalm, Hans	Förfarandet efter förvaltningsrättsreformen, in: FT 1975, 155
Rengeling, Hans-Werner	Handbuch zum europäischen und deutschen Umweltrecht, Band I, 2. Auflage, Köln, 2003, zitiert als EUDUR-Bearbeiter
Revsbech, Karsten	Lærebog i miljøret, 3. Aufl., København, 2002
Rubenson, Stefan	Miljöbalken, 3. Aufl., Stockholm, 2002
Rubenson, Stefan	Miljörätt, in: Sandgren, Claes (Hrsg.) Norstedts Juridiska Handbok, 17. Auflage, Stockholm, 2001, zitiert als: Bearbeiter in: NJH
Sadeleer, Nicolas de; Roller, Gerhard; Dross, Miriam	Access to Justice in Environmental Matters and the role of NGOs, Groningen, 2005
Sands, Philippe	Priciples of International Environmental Law, 2. Aufl., Cambridge, 2003
Scheyli, Martin	Aarhus-Konvention über Informationszugang, Öffentlichkeitsbeteiligung und Rechtsschutz in Umweltbelangen, in: Archiv des Völkerrechts, Heft 2/2000, S. 217.
Schink, Alexander	Gemeinschaftsrechtliche Fortentwicklung der UVP, in: DVBl. 1995, 73

Schink, Alexander — Die Umweltverträglichkeitsprüfung – eine Bilanz, in: NuR 1998, 173

Schlacke, Sabine — Aarhus-Konvention – Quo vadis?, in: ZUR 2004, 129

Schlacke, Sabine — Rechtsschutz durch Verbandsklage – Zum Fortentwicklungsbedarf des umweltbezogenen Rechtsschutzsystems, in: NuR 2004, 629

Schwanenflügel, Matthias von — Das Öffentlichkeitsprinzip des EG-Umweltrechts, in: DVBl. 1991, 93

Schröder, Meinhard — Europarecht und integriertes Umweltrecht, in: NuR 2000, 418

Seelig, Robert; Gündling, Benjamin — Die Verbandsklage im Umweltrecht, in: NVwZ 2002, 1033

Sommermann, Karl-Peter — Die Bedeutung der Rechtsvergleichung für die Fortentwicklung des Staats- und Verwaltungsrechts in Europa, in: DÖV 1999, 1017

Starck, Christian — Rechtsvergleichung im öffentlichen Recht, in: JZ 1997, 1021

Stjernquist, Nils — Die Entwicklung des öffentlichen Rechts Schwedens in den Jahren 1954 bis 1969, in: JöR 18 (1969), 276

Streinz, Rudolf — Kommentar zum Vertrag über die Europäische Union und zum Vertrag zur Gründung der Europäischen Gemeinschaft, München, 2003, zitiert als: Streinz-Bearbeiter

Strömberg, Håkan — Partsbegreppet i förvaltningsrätten, FT 1984, 339

Strömberg, Håkan — Allmän förvaltningsrätt, 20. Aufl., Malmö, 2000

Strömberg, Håkan — Handlingsoffentlighet och sekretess, 9. Aufl., Lund, 2003

Strömberg, Håkan; Lundell, Bengt	Speciell förvaltningsrätt, 15. Aufl., Malmö, 2004
Strömberg, Rolf	Vattenlagen med kommentar, Stockholm, 1984
Strömholm, Stig	Rätt, rättskällor och rättstillämpning, 5. Aufl., 1996
Strömholm, Stig	Svensk rätt – en översikt, Uppsala, 2001, zitiert als: Strömholm-Bearbeiter in: Svensk rätt
Sundberg, Halvar G. F.	Allmän förvaltningsrätt, Stockholm, 1955
Svärd, Stig Olof; Rahmn, Thomas	Prövning enligt Miljöskyddslagen, Stockholm, 1975
Torp, Eivind	Naturressurslagen och instrumentet „Riksintresse", in: MT 1995, 350
Warnling-Nerep, Wiweka	Rättsprövning av förvaltningsbeslut, in: FT 1991, S. 129
Warnling-Nerep, Wiweka	Skall rättprövningslagen „skrotas"? Några reflektioner kring regeringsrådet Wahlgrens „provokativa funderingar", in: FT 1996, 1
Warnling-Nerep, Wiweka	En introduktion till förvaltningsrätten, 7. Aufl., Stockholm, 2003
Wates, Jeremy	The Public Participation Convntion – Progress Report on the Negotiation, in: ELNI 1997, 29
Wennergren, Bertil	Förvaltningsprocesslagen m.m., 5. Aufl., Stockholm, 2005
Westerlund, Li	Rättsprövning och miljölagstiftning, in: MT 1995, 212
Westerlund, Staffan	Kommentar till miljöskyddslagen, Stockholm, 1982, zitiert als: Westerlund, Miljöskyddslagen

Westerlund, Staffan	Miljörättsliga grundfrågor, København, 1987
Westerlund, Staffan	Den svenska miljölagstiftningen i korthet, in: MT 1993, 20
Westerlund, Staffan	Svensk Miljörättsutveckling – En situationsbetraktelse 1996, in: MT 1996, 285
Westerlund, Staffan	Sweden, in: Hallo, Ralph E. (Hrsg.), Access to Environmental Information in Europe – The Implimentation and Implications of Directive 90/313/EC, London, 1996
Winter, Gerd	Direktwirkung von EG-Richtlinien, in: DVBl. 1991, S. 657
Winter, Gerd	Neuere Entwicklungen des Umweltrechts der EU, in: AnwBl 2/2002, S. 75
Woxholth, Geir	Forvaltningsloven, Oslo, 1986
Zöttl, Johannes	Die EG-Richtlinie über die integrierte Vermeidung und Verminderung der Umweltverschmutzung – Ein neues Umweltschutzinstrument des Gemeinschaftsrecht, in: NuR 1997, 157
Zschiesche, Michael	Die Aarhus-Konvention – mehr Bürgerbeteiligung durch umweltrechtliche Standards?, in: ZUR 2001, 177

Kolibri 360 GmbH
Ferdinand-Jühlke-Straße 7
99095 Erfurt, Deutschland
produktsicherheit@kolibri360.de